福建低碳技术创新机制研究

刘燕娜　余建辉　等著

中国环境科学出版社·北京

图书在版编目（CIP）数据

福建低碳技术创新机制研究/刘燕娜，余建辉等著.
—北京：中国环境科学出版社，2010.12
ISBN 978-7-5111-0435-9

Ⅰ. ①福… Ⅱ. ①刘… ②余… Ⅲ. ①技能—技术革新—福建省 Ⅳ. ①TK01

中国版本图书馆 CIP 数据核字（2010）第 257165 号

责任编辑 陈雪云
责任校对 扣志红
封面设计 中通世奥

出版发行 中国环境科学出版社
（100062 北京东城区广渠门内大街 16 号）
网　　址：http://www.cesp.com.cn
联系电话：010-67112765（总编室）
发行热线：010-67125803，010-67213405（传真）
印　　刷 北京中科印刷有限公司
经　　销 各地新华书店
版　　次 2010 年 12 月第 1 版
印　　次 2010 年 12 月第 1 次印刷
开　　本 787×960 1/16
印　　张 13.75
字　　数 215 千字
定　　价 35.00 元

前　言

一

“低碳经济”一词最早正式出现于 2003 年的英国能源白皮书《我们能源的未来：创建低碳经济》，指以低能耗、低污染为基础的绿色生态经济。低碳经济是一种以能源的清洁开发与高效利用为基础，以低能耗、低污染、低排放为基本经济特征，经济效益、社会效益和生态效益相统一，顺应可持续发展理念和控制温室气体排放要求的经济发展模式。其核心是相关低碳技术的研发与创新，产业结构和制度的创新与转型以及人类生存发展的传统的高能耗观念的根本性转变。

随着低碳经济概念的提出和发展，全球气候变暖以及由此引发的能源安全、生态安全、水资源安全、粮食安全等问题引起了更深层次的关注，国际社会已经对碳排放问题伴随着的能源消耗和现有经济发展模式进行了深刻的反思：1992 年《联合国气候变化框架公约》的通过拉开了全球合作应对气候变化的序幕；1997 年《京都议定书》对主要工业国家的温室气体排放量做出了更为明确的规定；2007 年 12 月，在印度尼西亚巴厘岛举行的联合国气候变化大会通过了“巴厘路线图”，为应对气候变化谈判的关键议题确立了明确的议程；2009 年 12 月召开的哥本哈根会议，要求重新架构一个有执行力的行动纲领；2010 年 12 月的坎昆会议针对气候问题交出了一份令绝大多数国家基本认可的答卷，开启了全球气候变化合作的新时代。虽然针对全球气候变暖和碳排放问题的全球谈判某种程度上是各国利益的博弈过程，但可以看出世界各国对低碳经济发展模式已经逐渐形成了共识。在缓解全球气候变暖和减少碳排放问题上，中国政府一如既往地为推进绿色、低碳和可持续发展而努力，体现了对本国人民和世界人民的高度责任感。

福建省作为东南沿海省份，与中国台湾一水之隔，近年来在建设海峡西岸经济区的战略驱动下，战略定位更加清晰，经济增长迅速，综合实力不断增强。但从产业现状看，作为海峡西岸经济区主体的福建正在向重化工业迈进的过程中，总体上还处于工业化的中期，现有产业结构中，资源依赖型产业占据了很大比重，重点发展的三大产业集群大多数是资源消耗量大、污染较为严重的行业：石油化工业为高消耗、高污染行业；机械制造业与船舶修造业为高消耗、高废弃行业；纺织业、制鞋业、食品加工业、家具业、陶瓷业、塑料管材、石材、林产化工业等传统制造产业集群基本上是资源消耗量大、环境污染严重的产业。从福建省的资源和环境现状看，福建是一个少煤、无油、无天然气且常规能源短缺的省份，全省一次能源自给率不足 40%，能源供求缺口较大，能源的“瓶颈”约束作用不断凸显；核电、风能、太阳能等新能源和可再生能源近年来有一定发展，但存在发展步伐较慢、能源综合利用率低、能源消费结构仍不够合理等问题。当前福建以资源和环境高消耗支撑的 GDP 高增长方式令人担忧。《国务院关于支持福建省加快建设海峡西岸经济区的若干意见》中提出“到 2012 年，在优化结构、提高效益、降低消耗、保护环境的基础上，人均地区生产总值接近或达到东部地区平均水平”。如前所述，高耗能和高污染的产业现状以及资源、环境的双重约束让福建省实现经济发展模式的转变面临巨大的现实压力和转型成本。要实现可持续发展，就必须在经济增长的同时促进环境质量的不断改善和资源的合理、高效利用。要实现以福建为中心的海峡西岸经济区的可持续发展，需要在优化发展环境、整合宝贵资源、培育新经济增长点、充分发挥比较优势等问题上有新的发展思路——发展低碳经济。低碳技术创新是发展低碳经济核心内容的核心。福建省的环境和资源现状警示人们，低碳经济的发展不应仅仅停留于理念上的呼吁，应该拿出低碳技术创新的勇气，从产业结构、产品升级和技术创新等环节上进行努力。低碳技术创新是实现社会经济可持续发展的必由之路，也是福建省在当前的社会经济背景下贯彻落实科学发展观的必然选择。

低碳技术创新就是以低能耗、低污染、低排放和高效能、高效率、高效益为基础，通过技术创新实现节约能源资源、保护生态环境和节能减排的技术创新模式。它强调发展减少环境污染和节约原材料、自然资源和能源消耗的科技成果、生产工艺及产品技术。低碳技术创新是低碳经济发展的动力源泉，而低碳技术创新的发展需要制度的保障和创新。当前对技术创新的相关研究涉及了技术创新的各个方面，但在低碳技术创新机制的内容和构建原理上的研究文献相对较少，研究面也比较狭窄，主要集中在动力机制的研究上。关于低碳技术创新的实证研究更多的是基于某个区域的碳排放影响因素分解、碳排放限值等方面，很少有基于某个区域的综合评价指标体系的构建和评价以及低碳技术创新机制的构建和研究。低碳技术创新的过程、机理如何？低碳技术创新的主要激励因素和制约因素分别是什么？如何结合微观和宏观层面构建福建省低碳技术创新机制，为福建经济、社会和生态的可持续发展提供理论依据？这些理论和实际问题都有待解决。

二

本书以福建低碳技术创新机制问题为研究对象，采用了文献分析和实际调查相结合的方法，运用了低碳经济理论、技术创新理论中的技术创新系统理论和链环—回路理论分析福建低碳技术创新的必要性，并深入剖析和定量研究了福建低碳技术创新的现状和基础、“瓶颈”和问题、主要的激励因素和制约因素。在此基础上运用协同创新网络理论、ISM 模型等理论和模型构建了基于不同层面的福建低碳技术创新机制。采用的主要计量分析方法和工具有：生态足迹计算法、对数平均权重的 Divisia 分解法（LMD）、模糊综合评价法、主成分分析法、多元回归分析法、层次分析法等。本研究的目标是以理论分析和实证研究为基础，分析福建低碳技术创新的机理，寻找影响福建低碳技术创新的主要制约条件和激励因素，从微观和宏观层面构建福建低碳技术创新机制，以期为福建省调整产业结构、整合技术创新优势资源及优化发展环境提供理论参考。为此，本研究的基本思路如下：（1）采用理论分析和实证研究的方法，评价福建经济社会发展中的资源现状、环境现状、碳排放现状和低碳技术效率，分析福建实行低碳技术创新的必要性和紧迫性；（2）构建福建低碳技术创新环境评价指标体系，并通过对时间序列统计数据的定量研究评价福建低碳技术创新环境的现状，作为福建低碳技术创新机制构建的基础；（3）运用经典的“链环—回路”模型，结合福建低碳技术创新现状评价结果，构建低碳技术创新系统的链环—回路模型，并对照福建低碳技术创新系统的运行状况得出福建低碳技术创新系统的“瓶颈”和问题。在此基础上，从理论上分析低碳技术创新的主要影响因素，并通过模糊综合评价法、多元回归分析法和层次分析法识别影响低碳技术创新的主要因素，为福建低碳技术创新机制的构建奠定基础；（4）在大量的理论分析和对低碳技术创新环境评价、“瓶颈”和问题分析、关键影响因素识别的实证研究基础上，从动力机制、企业协同创新网络机制和保障机制三方面构建福建低碳技术创新机制。

本书包括8章的内容，主要的研究成果和内容如下：

第1章：首先基于生态足迹模型，分析福建省生态足迹和生态承载力，以求对福建所处的生态经济系统的协调发展状况有较为充分的了解，得出生态足迹赤字问题是福建经济社会发展面临的挑战；其次，基于1994—2008年的时间序列统计数据，采用对数平均权重的Divisia分解法（LMD）将影响福建省碳排放的因素分解为能源结构因素、能源排放强度、能源效率和经济发展，建立福建省人均碳排放的因素分解模型，定量衡量各因素对福建省人均碳排放的贡献大小，得出经济发展是福建人均碳排放最大的拉动因素，能源效率是抑制福建人均碳排放最重要的因素，而能源结构对福建人均碳排放的影响相对较小等结论。本章所使用的数据主要来自历年的统计数据，实证研究的结果得出低碳技术创新是福建省实现社会经济可持续发展的必要路径，也是绿色海西建设的必然要求。

第2章：回顾了低碳经济、技术创新和协同创新网络等相关理论的理论框架和前人的研究成果，着力于从低碳经济和技术创新领域寻找低碳技术创新机制构建的成熟理论框架。

第3章：已有的研究表明技术创新环境对技术创新能力和创新绩效的高低有显著影响，因此，要构建福建低碳技术创新机制必须分析福建技术创新环境的构成部分，并对其进行系统地评价，这将有助于寻找并改善其中的不足之处，为低碳技术创新的开展营造良好的发展空间。本章的主要内容是对福建省技术创新环境进行评价，分析福建省进行低碳科技创新的环境条件，对约束条件和激励条件进行辨识，以便为构建低碳科技创新动力机制提供理论基础。本章将低碳技术创新环境划分为法律政策环境、科技环境、经济环境、市场环境、产学研合作环境、人文社会环境、资源约束环境7个环境子系统，设计一套低碳技术创新环境评价的指标体系，并通过《福建统计年鉴》、《福建经济与社会统计年鉴：社会科技版》等统计年鉴收集的数据对低碳技术创新环境的有利条件以及面临的挑战进行详细的分析。在此基础上，设计了6个二级指标，38个三级指标，运用熵权法，对上述各环境子系统进行定量评价。实证结果表明：福建技术市场环境发展还不成熟，产学研合作环境不稳定，人文社会环境逐渐得到改善，在科技环境、经济环境、市场环境、产学研合作环境、人文社会环境、资源约束环境的共同作用下，福建省低碳技术创新的总体环境得到了较大的改善，在一定程度上为低碳技术创新提供了良好的外部环境。

第 4 章：本章基于 Stephen Kline 提出的链环—回路模型，分析低碳技术创新的价值的链接机理，把低碳技术和产品的创新链、发明设计、研究活动以及反馈的各个环节有效整合，构建低碳技术创新的链环—回路模型，并据此从低碳产品的市场需求、低碳技术创新能力和低碳技术创新示范三方面分析福建低碳技术创新链和反馈环路的现状；从企业内部技术知识存量、自主研发、外部知识存量库、引进技术创新成果和委托外单位研究开发五方面分析福建低碳技术创新链与研究活动联系的现状；从基础研究、应用研究、试验发展和 R&D（研究与开发）经费内部支出数据的变化分析应用研究和基础研究的联系；从低碳技术创新平台建设和信息获取、信息交流、信息共享、信息产生和信息的物化等内容分析低碳产品与低碳技术研发的关系。从这些指标的纵向和横向分析与比较得出，福建低碳技术创新的“瓶颈”主要是：企业研发和创新能力薄弱、外部知识存量不足和产学研合作不密切。

第 5 章：企业是低碳技术创新的主体，是福建实施低碳技术创新的落脚点，研究福建低碳技术创新机制，必须研究哪些要素是影响企业实施低碳技术创新行为的关键要素。本章首先，通过理论分析得出影响企业低碳技术创新与应用行为的潜在因素有：法律政策环境、市场因素、金融安排和企业特征。其次，通过对福建省 28 家上市公司的数据收集与整理，利用多元回归分析辨别出影响企业低碳技术创新与应用行为的关键影响因素。结果显示：金融支持度、税收优惠、政府补助、行业污染属性和消费者低碳关注度 5 个指标与企业低碳技术创新与应用行为之间存在显著的正相关关系。由于上市公司的情况无法代表福建企业低碳技术创新行为的总体状况，因此，本章进一步运用问卷调查法和专家访谈法，运用层次分析法识别福建企业低碳技术创新的动力要素，对多元线性回归的结果进行补充，其结果表明：管制手段、经济手段、绿色采购、媒体监督、员工素质、股东资本和股东性质是企业低碳技术创新和应用的主要动力要素。本章提出的结论是：政府层面的金融支持度、税收优惠、政府补助、绿色采购等经济手段、排污和总量控制等管制手段；企业层面的股东资本、股东性质、员工素质和行业污染属性；社会层面的消费者关注度和媒体宣传监督是福建低碳技术创新行为的主要动力要素。这部分内容为福建低碳技术创新机制的构建提供了理论依据。

第 6 章：本章基于福建低碳技术创新环境评价结果和福建低碳技术创新的“瓶颈”结论，从政府、企业和社会三大层面阐述了福建低碳技术创新动力要素的作用机理，运用 ISM 模型的构建得出福建低碳技术创新动力系统的 5 级主要动力要素：从一级要素看，市场需求和科技人才是拉动和推动福建省低碳技术创新的最直接的动力要素；从二级要素看，政府的绿色采购为低碳生产创造了强有力的市场需求，企业规模动力要素通过影响科技人才动力要素间接推动福建低碳技术创新；从三级要素看，政府的环境管制既通过提高碳排放标准等手段增加企业的生产成本，限制企业的生产，从而影响企业规模，又可以限制高污染、高碳排放消费品的使用，从而影响市场需求要素。此外，企业家精神要素直接影响企业规模要素；第四级要素是政府的金融支持、税收优惠和政府补助，这三种政府行为都是从经济上鼓励和激励企业家进行低碳技术创新，调动企业家进行低碳技术创新的积极性；第五级要素是媒体的宣传和监督。依据福建低碳技术创新动力系统的分析，本章最终构建了一个由推动机制、牵引机制和支撑机制构成的福建低碳技术创新动力机制。

第 7 章：本章基于福建低碳技术创新的“瓶颈”和福建低碳技术创新行为要素识别的结论，基于协同创新网络理论构建了福建企业低碳技术创新机制，此机制突出企业的主体地位，从焦点企业的视角出发，有选择地与其他企业或机构结成持久的稳定关系，并加强了他们在资产、信息、人才、技术等方面的流动。通过建立企业内部协同机制、企业—企业协同机制、企业—政府协同机制、企业—中介服务机构协同机制、企业—研究组织协同机制，协调企业与各个行为主体之间的创新关系，促进低碳技术创新网络的组成结构、共享范式和自由交流机制，增加企业与政府、客户、供应商、中介机构、研究所等其他网络结点之间一系列链条的结合、交集。通过协同创新网络机制的构建，使企业能更好地协调和整合各种知识和资源，获取更多的技术创新资源，提升企业低碳技术创新能力。

第 8 章：为了保证福建低碳技术创新动力机制的落实到位，推进低碳技术创新企业协同创新网络机制的贯彻实施，本章在国内外低碳技术创新成功经验借鉴的基础上，结合低碳技术创新环境系统的评价结果，构建了低碳技术创新的保障机制：在体系保障上，形成以企业为主体、市场为导向、产学研相结合的技术创新体系；在政策保障上，制定比较完善的专利保护方面的法律法规，为低碳技术创新主体创造、运用和管理低碳技术行为营造环境；在组织保障上，逐步形成以国内外市场需求为导向，企业为主体，政府、高校、科研及中介机构为纽带的新型合作机制，确立产学研低碳技术创新高端化合作的战略定位，大力推动低碳产业技术创新战略联盟和科技创新服务平台建设；在资金保障上，促进技术与资本对接，成立低碳技术创新投资引导基金，建立低碳技术贷款风险补偿机制，支持低碳型企业购买保险以分散低碳技术创新风险；在人才保障上，统筹区域间低碳技术创新人才发展，促进其合理有序流动，努力构建低碳技术创新的人才支撑体系。

三

本书是集体劳动的成果。参加的成员有：刘燕娜，余建辉，石德金，洪燕真，林伟明，吴刚龙，郑义，洪流浩，张晓芳，戴永务，余韵等。在资料收集过程中，福建农林大学山区发展研究所的杨文、邱晓兰、吴锋、许澎捷、袁曦、黄丽丽等老师和同学都提供了帮助，在此谨向他们表示诚挚的谢意，同时也向为调研提供支持和帮助的相关科技部门的专家、学者和工作人员表示衷心的感谢！

本书力求在充分的数据收集和实证研究基础上，把握福建低碳技术创新的现状、问题和方向，设计出具有可操作性的福建低碳技术创新机制。但低碳技术创新是一个崭新的探索性课题，由于我们的水平所限，只是为福建低碳技术创新的发展提供一定的思路和研究框架。希望本书能成为关于低碳技术创新研究更有益探索的开端。与此同时，我们也希望与同仁们共同继续关注福建低碳技术创新的发展，并为福建实现经济结构转变、产业转型和海峡西岸经济区的可持续发展贡献绵薄之力。

刘燕娜　余建辉

2010 年 12 月 13 日于福州

目 录

第1章 导 论

近年来，全球气候变暖以及其所深刻触及的能源安全、生态安全、水资源安全和粮食安全等问题引起了全世界的普遍关注。国际社会已经对气候问题伴随着的能源消耗和现有经济发展模式进行了反思，并为架构一个有执行力的行动纲领而努力，而低碳经济作为一种以低能耗、低排放、低污染为基本特征，以应对碳基能源对气候变暖影响为基本要求，以实现经济社会的可持续发展为基本目的，从高碳能源时代向低碳能源时代演化的社会经济发展模式，正在成为各国关注的重点和世界经济发展的趋势。中国也已经显示出一个有责任感大国的应有之义，多次提出要将节能减排、推行低碳经济作为国家发展的重要任务，确立了碳减排的阶段性目标，并采取了一系列应对措施。福建作为东南沿海省份，与中国台湾一水之隔，近年来在建设海峡西岸经济区的战略驱动下，战略定位更加清晰，综合实力不断增强。然而，在经济较快发展的同时也产生了生态破坏、环境污染等问题。福建在人均耕地少、一次能源短缺、自然资源匮乏、全省生态环境仍较脆弱的资源环境现状下，要实现《国务院关于支持福建加快建设海峡西岸经济区的若干意见》中提出的“到2012年，在优化结构、提高效益、降低消耗、保护环境的基础上，人均地区生产总值接近或达到东部地区平均水平”，保证海峡西岸经济区的可持续发展，需要在优化发展环境、整合宝贵资源、培育新经济增长点、充分发挥比较优势等问题上有新的发展思路。经济社会的持续发展必须在生态系统的承载范围内进行。因此，本章将首先基于生态足迹模型，对福建生态足迹和生态承载力进行计算，研究福建生态经济系统的生态与经济协调发展状态，以便更清晰认识福建所处的生态环境。其次，能源消费产出的碳排放是由产业规模、资源利用率和经济结构变迁等因素共同作用的结果，深入分析影响碳排放相关因素对衡量经济活动对环境的影响程度尤为重要。最后，通过对生态足迹计算和碳排放因素分解的实证研究的结论，探索福建经济社会持续发展的方向。

1.1 福建经济社会持续发展的挑战——生态足迹呈现赤字

自然生态系统是人类赖以生存和发展的物质基础。人类要实现可持续发展，人类社会就必须生存于自然生态系统的承载力范围内。自20世纪60年代以来，科学家们就一直在努力发展并改进一些旨在测度人类对地球生态系统所产生压力的方法，以量化人类资源的利用，使人类了解自身的生存和发展对自然界的胁迫状况，以促进和实现人类减少对自然的负面影响。生态足迹模型是由加拿大学者Mathis Wackernagel于20世纪90年代初提出的一种生态可持续评估方法。由于生态足迹分析紧扣可持续发展的本质思想，同时又相对简单易行，自提出以来在世界范围内获得迅速发展。国内从1999年才开始引入生态足迹模型，最早是徐中民等（2000）运用生态足迹模型分析了甘肃省1998年的生态足迹，之后不少学者就不同的地域空间尺度、不同的社会领域进行了模型方法的运用和实践，并开展了一些实证研究工作。虽然近几年有学者，如陈余珍、聂华（2010）运用生态足迹模型分析了2000年、2003年、2005年、2007年、2008年生态足迹和生态承载能力，但是只是通过简单计算出结果，并没有深入分析造成生态赤字的原因；另外曹辉（2007）等人也运用生态足迹模型分析，但是局限于福州市城市旅游方面，并没有全省展开；邱寿丰（2009）虽然全面分析了整个福建，但是他仅仅分析了2008年福建的生态足迹和生态承载力。总的来说各学者研究各有侧重，但目前还没有学者通过生态足迹模型对福建最近几年的生态足迹和生态承载力进行研究和分析。鉴于此，本课题基于生态足迹模型，利用联合国粮食农业组织统计数据库和福建相关年份统计年鉴的相关数据，对福建生态经济系统的生态与经济协调发展状态进行研究，从而使我们能对福建所处的生态环境有较清醒的认识，同时也对福建开展低碳技术创新活动，促进环境的改善提供了理论依据。

1.1.1 生态足迹模型

1.1.1.1 生态足迹的概念

由于任何人都要消费自然资源，因此对地球生态系统构成了影响。只要人类对自然系统的压力处于地球生态系统的承载力范围内，地球生态系统就是安全的，人类经济社会的发展就处于可持续的范围内。但如何判定人类是否生存于地球生态系统承载力的范围内呢？Wackernagel（1996）提出了生态足迹的概念，其定义是：任何已知人口（某个个人、某个城市或某个国家）的生态足迹是生产这些人口所消费的所有资源和吸纳这些人口所产生的所有废弃物所需要的生物生产面积（包括陆地和水域）。生态足迹是一种将全球关于人口、收入、资源应用和资源有效性汇总为一个简单、通用的进行区域（国家或地区）间比较的手段—— 一种账户工具。它从具体的生物物理量角度研究自然资本消费的空间，将一个地区或者国家的资源、能源消费同自己所拥有的生态能力进行比较，能判断一个国家或地区的发展是否处于生态承载力的范围内，是否具有安全性。

1.1.1.2 生态足迹的计算方法

生态足迹模型的计算是基于以下两个基本假设：一是人类可以确定自身消费的绝大多数资源及其所产生废弃物的数量；二是这些资源和废弃物能转换成相应的生物生产土地面积，它假设所有类型的物质消费、能源消费和废水处理需要一定数量的土地面积和水域面积。其公式如下：

$$EF=N\times ef=N\times\sum aa_i=N\sum(e_i/p_i) \qquad (1\text{-}1)$$

式中，EF——区域生态系统的总生态足迹；

ef——人均生态足迹；

N——人口数；

aa_i——第 i 种消费项目折算的人均生态足迹分量；

e_i——第 i 种消费项目的人均消费量；

p_i——第 i 种消费项目的年（全球）平均土地生产能力。

1.1.1.3 生态承载力的计算方法

Hardin 在 1991 年明确定义生态容量为在不损害有关生态系统的生产力和功能完整的前提下，可无限持续的最大资源利用和废物产生率。生态足迹研究者接受了 Hardin 的思想，并将一个地区所能提供给人类的生态生产性土地的面积总和定义为该地区的生态承载力，以表征该地区生态容量。在生态承载力的计算中，由于不同国家或地区的资源禀赋不同，不仅单位面积耕地、草地、林地、建筑用地、海洋（水域）等的生态生产能力差异很大，而且即使同为耕地不同地区其单位面积的生态生产力也差异很大。因此，不同国家和地区同类生物生产类型的实际面积是不能进行直接对比的，需要对不同类型的面积进行标准化。不同国家或地区的某类生物生产面积类型所代表的局地产量与世界平均产量的差异可用“产量因子”表示。某个国家或地区某类土地的产量因子是其平均生产力与世界同类土地的平均生产力的比率。同时出于谨慎性考虑，在生态承载力计算时还应扣除12%的生物多样性保护面积。

人均生态承载力的计算公式为：

$$ec=a_j \times r_j \times y_j \quad (j=1, 2, 3, \cdots, 6) \tag{1-2}$$

式中，ec—— 人均生态足迹供给，hm^2/人；

a_j—— 人均生物生产面积，hm^2/人；

r_j—— 均衡因子；

y_j—— 产量因子；

区域生物承载力的计算公式为：

$$EC=N \times (ec) \tag{1-3}$$

式中，EC—— 区域总人口的生态承载力，hm^2；

N——人口数，人。

1.1.1.4 生态赤字与生态盈余

如果一个地区的生态足迹超过了区域所能提供的生态承载力，就会出现生态赤字；如果小于区域的生态承载力，则表现为生态盈余。生态赤字的大小等于生态承载力减去生态足迹的差数；生态盈余的大小等于生态承载力减去生态足迹的余数。生态赤字表明该地区的人类负荷超过了其生态容量，要满足其人口在现有生活水平下的消费需求，该地区要么从地区之外进口欠缺的资源以平衡生态足迹，要么通过消耗自然资本来弥补收入供给流量的不足。这两种情况都说明地区发展模式处于相对不可持续状态，其不可持续的程度用生态赤字来衡量。相反，生态盈余表明该地区生态容量足以支持其人口负荷，地区内自然资本的收入流大于人口消费的需求流，地区自然资本总量有可能得到增加，地区的生态容量有望扩大，该地区消费模式具相对可持续性，可持续程度用生态盈余来衡量。

1.1.2 福建生态足迹的计算及分析

1.1.2.1 福建生态足迹的计算

在深入分析2005—2009年《福建统计年鉴》及相关资料基础上，本书对福建2004—2008年的生态足迹进行计算。计算过程主要包括：①生物资源的消费；

②能源的消费；③贸易调整部分。一个国家或地区的生态足迹的计算应立足于生物资源和能源资源的净消费额，由于贸易的影响，区域生态足迹可以跨越地区界限。因此，在生物资源、能源的消费额中必须进行贸易调整，即只计算区域人口的生物资源、能源消费的净消费额的生态足迹。

（1）生物资源消费的人均生态足迹分量计算

生物资源消费分农产品、动物产品、林产品、水果和木材等几大类，此大类下有一些细分类。生产面积折算中采用联合国粮农组织计算的有关生物资源的世界平均产量资料（采用这一公共标准是为了便于计算结果在不同国家和地区进行比较）。将 2004—2008 年福建全省各年各项的生物资源消费转化为生物生产性面积，由于所计算的消耗值不是净消耗，故计算结果仅为一种毛生态足迹。这里仅列出 2008 年福建生态足迹计算中生物资源账户（表 1-1），其余各年（2004—2007 年）的福建生物量见表 1-3，其计算方法类似于 2008 年，在此不体现出来。

具体的计算公式为：

$$ef_{\text{生物资源}}=\frac{\text{福建生物量}\times 1\,000}{\text{全球平均产量}\times\text{福建省总人口}} \tag{1-4}$$

表 1-1 2008 年福建生态足迹计算中生物资源账户

项目	全球平均产量/（kg/hm²）	福建生物量/t	总生态足迹/hm²	人均生态足迹/（hm²/人）	生物生产面积类型
农产品产量					
稻谷	2 744	5 088 100	1 854 263.848 0	$5.145\,0\times10^{-2}$	耕地
小麦	2 744	14 700	5 357.142 9	$1.486\,4\times10^{-4}$	耕地
其他杂粮	2 744	148 600	54 154.519 0	$1.502\,6\times10^{-3}$	耕地
豆类	1 856	172 600	92 995.689 7	$2.580\,3\times10^{-3}$	耕地
薯类	12 607	1 095 600	86 904.100 9	$2.411\,3\times10^{-3}$	耕地
油料	1 856	254 000	136 853.448 3	$3.797\,3\times10^{-3}$	耕地
油菜籽	1 856	12 590	6 783.405 2	$1.882\,2\times10^{-4}$	耕地
麻类	1 000	1 861	1 861.000 0	$5.163\,7\times10^{-5}$	耕地
甘蔗	18 000	709 000	39 388.888 9	$1.092\,9\times10^{-3}$	耕地
烟叶	1 548	139 145	89 886.950 9	$2.494\,1\times10^{-3}$	耕地
烤烟	1 548	138 500	89 470.284 2	$2.482\,5\times10^{-3}$	耕地
蔬菜	18 000	14 091 533	782 862.944 4	$2.172\,2\times10^{-2}$	耕地
瓜类	18 000	637 109	35 394.944 4	$9.821\,0\times10^{-4}$	耕地
其他	900	6 137	6 818.888 9	$1.892\,0\times10^{-4}$	耕地

项目	全球平均产量/(kg/hm²)	福建生物量/t	总生态足迹/hm²	人均生态足迹/(hm²/人)	生物生产面积类型
动物产品产量					
猪肉	74	1 366 000	18 459 459.460 0	$5.121\,9\times10^{-1}$	草地
牛肉	33	21 400	648 484.848 5	$1.799\,3\times10^{-2}$	草地
羊肉	33	16 500	500 000.000 0	$1.387\,3\times10^{-2}$	草地
禽肉	457	261 800	572 866.520 8	$1.589\,5\times10^{-2}$	草地
兔肉	457	21 400	46 827.133 5	$1.299\,3\times10^{-3}$	草地
奶类	502	152 300	303 386.454 2	$8.418\,0\times10^{-3}$	草地
禽蛋	400	330 200	825 500.000 0	$2.290\,5\times10^{-2}$	草地
水产品产量	258	5 506 007	21 341 112.400 0	$5.921\,5\times10^{-1}$	水域
林产品产量					
油桐籽	1 600	22 123	13 826.875 0	$3.836\,5\times10^{-4}$	林地
油茶籽	3 000	85 951	28 650.333 3	$7.949\,6\times10^{-4}$	林地
山苍籽	1 600	10 857	6 785.625 0	$1.882\,8\times10^{-4}$	林地
松脂	3 900	83 332	21 367.179 5	$5.928\,7\times10^{-4}$	林地
竹笋干	945	190 669	201 766.137 6	$5.598\,4\times10^{-3}$	林地
板栗	3 000	72 473	24 157.666 7	$6.703\,0\times10^{-4}$	林地
茶叶	566	237 316	419 286.219 1	$1.163\,4\times10^{-2}$	林地
食用菌	3 000	711 047	237 015.666 7	$6.576\,5\times10^{-3}$	林地
水果产品产量					
柑橘	3 500	2 565 274	732 935.428 6	$2.033\,7\times10^{-2}$	林地
香蕉	3 500	882 332	252 094.857 1	$6.994\,9\times10^{-3}$	林地
枇杷	3 500	215 921	61 691.714 3	$1.711\,8\times10^{-3}$	林地
龙眼	3 500	250 627	71 607.714 3	$1.986\,9\times10^{-3}$	林地
荔枝	3 500	163 901	46 828.857 1	$1.299\,4\times10^{-3}$	林地
其他	3 500	1 090 139	311 468.285 7	$8.642\,3\times10^{-3}$	林地
木材	1.99	15 264 000*	7 670 351.759 0	$2.128\,3\times10^{-1}$	林地

注：*单位为 m^3，已经过折算，可直接代入公式计算。其中，全球平均产量数据来源于联合国粮食农业组织统计数据库：http: //www.fao.org/index_zh.htm，福建生物量数据来源于《福建统计年鉴 2009》，其他数据则是经过公式（1-4）计算得出。

（2）能源消费的人均生态足迹分量计算

能源消费部分包括煤炭、焦炭、燃料油、原油、汽油、柴油、煤油、煤气、液化石油气和电力 12 种主要能源消费项目的足迹，计算时采用世界单位化石燃料土地面积的平均发热量为标准，将 2004—2008 年福建全省各年各项的能源消费量转化为相应的化石燃料土地面积。文中所用的统计资料来源于福建统计局汇编的统计年鉴。这里仅列出 2008 年福建生态足迹计算中能源账户（表 1-2），其余各年（2004—2007 年）的消费量见表 1-4，其计算情况及方法类似于 2008 年，在此不体现出来。

具体计算公式为：

$$ef_{能源}=\frac{能源消费量\times 折算系数}{全球平均特种能源足迹\times 福建省总人口} \tag{1-5}$$

表 1-2　2008 年福建生态足迹计算中能源部分账户

项目	全球平均特种能源足迹/[GJ/（hm²·a）]	折算系数/（GJ/t）	能源消费量/t	年人均消费量/[GJ/（a·人）]	人均生态足迹/（hm²/人）	生物生产面积类型
煤炭	55	20.934	53 384 832	3.1009×10	5.6380×10^{-1}	化石燃料土地
焦炭	55	28.470	3 680 430	2.907 4	5.2861×10^{-2}	化石燃料土地
原油	93	41.868	3 122 227	3.627 1	3.9001×10^{-2}	化石燃料土地
汽油	93	43.124	140 375	1.6797×10^{-1}	1.8061×10^{-3}	化石燃料土地
煤油	93	43.124	12 110	1.4490×10^{-2}	1.5581×10^{-4}	化石燃料土地
柴油	93	42.705	554 209	6.5670×10^{-1}	7.0613×10^{-3}	化石燃料土地
燃料油	71	50.200	452 885	6.3082×10^{-1}	8.8848×10^{-3}	化石燃料土地
液化石油气	71	50.200	141 211	1.9669×10^{-1}	2.7703×10^{-3}	化石燃料土地
电力	1 000	11.840*	7 203 589	2.366 6	2.3666×10^{-3}	建筑用地

注：*单位为 10^3 kW/h，在计算时按能源折算系数折算为 GJ。数据来源于联合国粮食农业组织统计数据库、《福建统计年鉴 2009》，人均生态足迹经公式（1-5）计算得出。

表 1-3　2004—2007 年福建生物量

单位：t

项目	2007	2006	2005	2004
农产品产量				
稻谷	5 010 000	4 990 000	5 189 100	5 456 200
小麦	14 900	16 000	19 500	19 200
其他杂粮	128 900	122 100	102 200	146 300
豆类	153 500	152 200	167 600	246 600
薯类	1 040 800	1 046 000	1 137 500	1 492 400
油料	233 000	236 300	274 200	278 200
油菜籽	12 392	13 329	18 007	18 021
麻类	1 633	1 552	1 602	1 423
甘蔗	563 600	581 000	933 300	1 015 700
烟叶	124 839	123 359	116 643	114 628
烤烟	124 100	121 900	115 100	113 100
蔬菜	13 760 994	13 581 623	13 466 611	13 178 343
瓜类	632 446	624 220	658 063	655 490
其他	6 086	5 885	5 638	5 149
动物产品产量				
猪肉	1 218 700	1 590 100	1 528 300	1 436 600
牛肉	20 600	29 500	29 200	28 300
羊肉	14 400	14 100	14 500	18 100
禽肉	231 300	220 700	245 700	335 600
兔肉	21 500	19 700	19 700	18 900
奶类	158 500	174 300	197 700	211 400
禽蛋	396 900	449 200	439 100	434 400
水产品产量	5 319 913	5 235 980	6 022 209	5 912 146
林产品产量				
油桐籽	21 700	20 764	20 928	20 205
油茶籽	80 690	75 897	72 597	67 865
山苍籽	10 692	10 017	9 552	9 406
松脂	80 310	75 089	72 299	68 963
竹笋干	181 948	166 494	153 497	143 551
板栗	65 439	56 621	49 134	45 353
茶叶	223 900	200 100	184 800	164 400

项目	2007	2006	2005	2004
食用菌	646 068	587 296	559 993	520 137
水果产品产量				
柑橘	2 385 521	2 262 812	2 153 154	2 068 187
香蕉	884 221	851 077	855 398	819 928
枇杷	197 533	178 584	112 596	137 999
龙眼	210 074	212 758	216 452	250 822
荔枝	110 695	133 887	160 289	173 825
其他	1 384 856	1 314 882	1 295 711	1 238 239
木材	14 568 000	14 171 000	14 464 000	14 328 000

注：数据来源于《福建统计年鉴》（2005—2008），人均生态足迹经过公式（1-4）计算得出。

表 1-4　2004—2007 年福建能源消费量　　单位：t

项目	2007	2006	2005	2004
煤炭	49 535 268	42 574 375	38 174 020	28 887 364
焦炭	3 560 195	2 995 875	2 177 782	1 935 519
原油	3 536 171	3 759 199	3 493 551	3 916 674
汽油	116 078	99 124	105 271	86 897
煤油	8 100	7 402	7 688	11 624
柴油	418 623	466 221	469 585	543 900
燃料油	517 333	604 877	596 284	720 916
液化石油气	130 826	118 574	118 427	173 903
电力	6 349 780	5 370 487	4 670747	3 531 001

注：数据来源于《福建统计年鉴》（2005—2008），人均生态足迹经过公式（1-5）计算得出。

（3）贸易调整

由于生态足迹可以跨越地区界限，在生物资源和能源的消费额中应该考虑贸易调整，计算净消费额。由于统计资料欠缺，难以计算贸易对福建生态足迹的调整值。但是，福建在 2007 年和 2008 年的进出口贸易总额分别高达 5 463.37 亿元和 5 886.57 亿元；而 2007 年和 2008 年的国民生产总值分别为 9 249.13 亿元和 10 823.11 亿元，这说明贸易部分对福建生态足迹消费具有一定的影响。

（4）生态足迹汇总的计算

生态足迹汇总的计算，主要是将 2004—2008 年的各年各种生物生产土地面积进行分类汇总，并进行均衡因子的调整，即得到按世界平均生态足迹计算的

2004—2008 年福建各年的生态足迹（表 1-5 和表 1-6）。均衡因子分别取值如下：耕地、建筑用地为 2.8，森林、化石燃料土地为 1.1，草地为 0.5，水域（海洋）为 0.2。

表 1-5　2008 年福建生态足迹计算的总结

土地类型	人均面积/（hm^2/人）	均衡因子	均衡面积/（hm^2/人）
耕地	0.091 1	2.8	0.255 1
草地	0.592 6	0.5	0.296 3
林地	0.280 2	1.1	0.308 3
化石燃料	0.676 4	1.1	0.744 0
建筑用地	0.002 4	2.8	0.006 6
水域	0.592 2	0.2	0.118 4
总生态足迹			1.728 7

数据来源：表 1-1 和表 1-2 的各生物生产类型相加所得。

表 1-6　2004—2008 年福建生态足迹

年份	2004	2005	2006	2007	2008
人均生态足迹/（hm^2/人）	1.486 5	1.587 9	1.630 2	1.644 2	1.728 7

1.1.2.2 福建生态承载力的计算

根据人口及土地资源的相关资料，对 2008 年福建生态承载力进行计算，即得各类生物生产面积类型（土地类型）的人均拥有量。为方便不同时间、不同地域之间的生态承载力比较，对人均拥有的各类生物生产面积乘以相应的均衡因子和产出因子，将其转化为按世界平均生态空间计算的人均生态承载力（表 1-7 和表 1-8）。均衡因子分别取值如下：耕地、建筑用地为 2.8，森林、化石燃料土地为 1.1，草地为 0.5，水域（海洋）为 0.2。产出因子依据徐中民等（2002）对中国生态足迹计算时的取值，分别为：耕地为 1.66，草地为 0.19，森林为 0.91，建筑用地为 1.66，水域（海洋）为 1.0。

表 1-7　2008 年福建生态承载力

土地类型	人均生物生产面积/（hm^2/人）	均衡因子	产出因子	均衡面积/（hm^2/人）
耕地	0.037 00	2.8	1.66	$1.719\,8\times10^{-1}$
草地	0.000 07	0.5	0.19	$6.650\,0\times10^{-6}$
林地	0.257 20	1.1	0.91	$2.574\,6\times10^{-1}$

土地类型	人均生物生产面积/（hm^2/人）	均衡因子	产出因子	均衡面积/（hm^2/人）
CO_2吸收	0	0	0	0
建筑用地	0.017 60	2.8	1.66	$8.180\ 5\times10^{-2}$
水域	0.016 30	0.2	1	$3.260\ 0\times10^{-3}$
总供给面积				$5.145\ 0\times10^{-1}$
生物多样性保护（－12%）				$6.174\ 1\times10^{-2}$
总的可利用面积				$4.527\ 6\times10^{-1}$

数据来源：《福建统计年鉴 2009》。

表 1-8　2004—2008 年福建生态承载力

年份	2004	2005	2006	2007	2008
人均生态承载力/（hm^2/人）	0.431 50	0.461 31	0.426 01	0.455 42	0.452 76

1.1.2.3 福建生态赤字分析

（1）2008 年福建的生态赤字分析

根据表 1-1、表 1-2、表 1-5 和表 1-7 的计算分析可知，2008 年福建生物生产土地面积的需求量已经严重超过区域生态系统的承载能力，生态系统处于一种生态赤字状态。2008 年福建的人均生态足迹为 1.728 7 hm^2，其中生态足迹占用面积最大的生物土地类型是化石燃料用地（0.744 0 hm^2），其次分别为林地、草地、耕地、水域和建筑用地。若不扣除 12%的生物多样性保护面积，福建人均生态承载力为 0.514 5 hm^2，人均生态赤字为 1.214 2 hm^2。若扣除 12%的生物多样性保护面积，福建人均生态承载力为 0.452 76 hm^2，人均生态赤字为 1.275 9 hm^2。

从总人口的生态赤字看，2008 年福建生态赤字为 45983436 hm^2。这表明在福建现有人口的当前消费水平下，至少还需要 45 983 436 hm^2 的全球平均空间的生物生产面积，才能维持福建的生态平衡，实现可持续发展。因此在省区尺度上，福建的生态足迹占用已远远超过其生态承载力，构成对生态系统的巨大压力。与全国人均生态承载力底线 0.681hm^2 相比，福建的生态足迹远远超过了全国人均生态承载力，赤字为 1.047 7 hm^2，因此，在国家尺度上也处于不可持续状态。从全球人均生态承载力底线 2 hm^2 的角度看，福建生态足迹仅相当于全球人均生态承载力的 86.44%，生态盈余 0.271 3 hm^2，因此在全球尺度上处于可持续范畴，但是随着生态赤字的加重趋势，生态盈余将越来越少。

（2）2004—2008 年福建的生态赤字动态分析

根据表 1-9 数据和图 1-1 点的趋势可知，2004—2008 年福建生物生产土地面积的需求量已经严重超过区域生态系统的承载能力，生态系统处于一种生态赤字状态，且人均生态足迹和人均生态赤字呈逐年增加趋势。人均生态足迹从 2004 年的 1.486 5 hm^2 增加至 2008 年的 1.728 7 hm^2，增加了 0.242 2 hm^2，增幅达 16.29%。人均生态足迹赤字从 2004 年的 1.055 0 hm^2 增加至 2008 年的 1.275 9 hm^2，增加了 0.220 9 hm^2，增幅达 20.94%。而扣除生物多样性保护面积后的人均生态承载力却在 0.42～0.46 徘徊，生态承载能力非常低。

2008 年福建生态赤字各项中，化石燃料用地占用赤字最大，为 0.744 0 hm^2；而 2004 年才 0.460 2 hm^2。一方面主要是当前世界各国或地区均未事先留出化石燃料用地，意味着当前福建消费掉的化石燃料既未被代替，其废弃物也未被吸收，即人类在直接消费自然资本而不是其利润。另一方面，也是由于福建经济粗放式的高速发展，高能源消耗所带来的结果，说明福建经济发展是建立在能源大量消耗的基础上的。对化石燃料用地的人均生态足迹需求，从 2004 年的 0.4602 hm^2 增加到 2008 年的 0.7440 hm^2，增幅高达 61.67%，这也是福建高生态赤字的原因之一。

2008 年福建生态赤字各项中，草地占用生态赤字达 0.2963 hm^2，这主要是两大方面的原因所造成：一方面是福建草地资源禀赋十分缺乏及其退化；另一方面，福建经济的迅速增长推动了人们生活饮食消费结构的演变，动物性产品（特别是猪肉、牛奶等）所消耗的比重居高不下，对草地的人均生态足迹需求 2004—2008 年分别是 0.329 0 hm^2、0.340 2 hm^2、0.348 6 hm^2、0.270 7 hm^2、0.296 3 hm^2 。

2008 年福建生态赤字各项中，水域生态赤字变化非常快[2003 年水域尚处于盈余状态（0.262 6 hm^2）]，水域占用人均生态赤字 0.115 1 hm^2。主要是因为随着全省工业化和第三产业进程的加快，企业家和消费者不考虑长远利益，只顾眼前利益，工业污水、生活污水大量乱排放并且超标排放，造成了严重的水污染。另外也可能是过度捕捞渔业所造成的水域赤字。

2008 年福建生态赤字各项中，耕地占用人均生态赤字 0.083 1 hm^2。总体来说，虽然处于赤字状态，但是相比 2003 年耕地赤字 0.3626 hm^2，已经是比较可观了。人们对耕地的保护意识在逐渐增加，2008 年人均耕地面积为 0.037 hm^2，虽然还是低于联合国粮农组织的人均耕地警戒线标准（0.053 hm^2），但是人们已经意识并开始保护耕地了。

2008 年福建生态赤字各项中，林地占用人均生态赤字达 0.050 7 hm^2。虽然赤字相对较小，但是相比 2003 年林地处于盈余（0.108 4 hm^2），说明林地已经被破坏了。不合理的利用和开垦，导致林地面积减少。因此，要做好保护福建森林资源的准备，必要时要进行退耕还林，这些都是福建面临的艰巨任务。

2008 年福建生态赤字各项中，唯一盈余的是建筑用地（0.075 2 hm^2）。这主要是与福建自然地理地貌密切相关，福建的山地丘陵占 80%以上。另外也必须意识到建筑用地可能在不久的将来也会出现赤字。2003 年建筑用地盈余 0.185 9 hm^2，但是 2008 年只剩 0.075 2 hm^2，因此保护好建筑用地，坚决打击违规占地用地也将成为政府的艰巨任务。

表 1-9　2004—2008 年福建生态足迹变动　　单位：hm^2/人

年份	人均生态足迹	人均生态承载力	人均生态赤字
2004	1.486 5	0.431 50	1.055 0
2005	1.587 9	0.461 31	1.126 6
2006	1.630 2	0.426 01	1.204 2
2007	1.644 2	0.455 42	1.188 8
2008	1.728 7	0.452 76	1.275 9

数据来源：经表 1-6、表 1-8 整理所得。

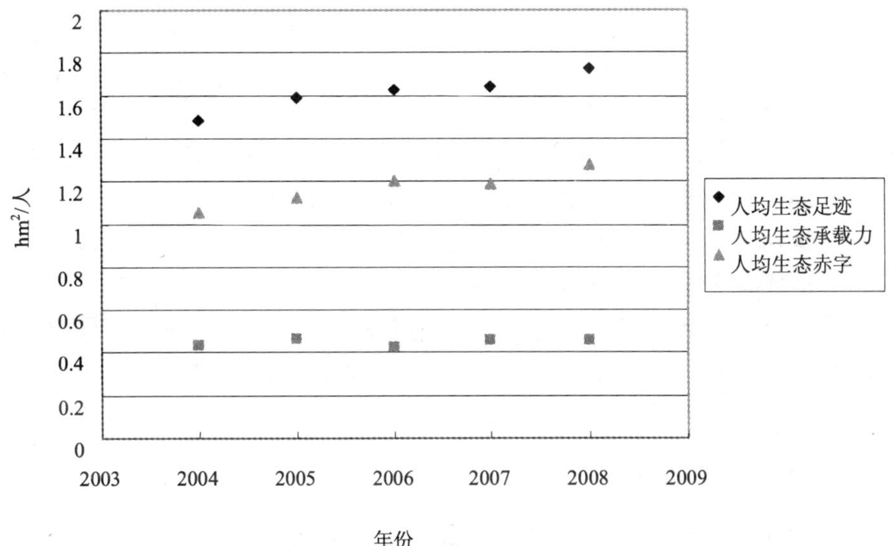

图 1-1　2004—2008 年福建人均生态足迹变动

1.1.3 结论及存在的问题

1.1.3.1 结论

从图 1-1 可以看出，2004—2008 年人均生态足迹和人均生态赤字都呈现上升趋势。福建体现出能源消耗的巨大、环境大肆破坏和污染、有害气体大量排放的趋势。通过上述分析可以得出以下三点结论：

① 上述结果及分析表明，福建生态足迹占用已远远超过其生态承载力，2004—2008 年人均生态赤字呈逐渐增加趋势，表明福建生态系统的压力和强度甚高。造成福建高生态赤字的主要原因是：福建人口多耕地少，以及在快速的工业化和城市化进程中的高能源消耗及草地资源流失严重。因此，必须在可持续发展理念指导下，通过技术创新、制度创新、产业转型、新能源开发等多种手段，尽可能地减少煤炭、石油等高碳能源消耗，减少温室气体排放，达到经济社会发展与生态环境保护“双赢”的一种经济发展形态。

② 应对化石燃料、草地、水域、耕地和林地这 5 种土地类型加大保护力度。一方面提高人均生态承载能力，另一方面降低人均生态足迹，从而使生态赤字有效减小，直至变为生态盈余。要提高对化石燃料的使用效率，保护植被不被破坏，防治水源污染问题，对违规使用的耕地要退耕还林，并大力倡导节能减排。在此基础上，还要提升自己的创新能力，将引进、消化、吸收与自主创新有机结合起来，实现经济的持续增长和社会的可持续发展。

③ 尽管福建可利用其经济优势，通过贸易来弥补部分区域的生态承载力不足。但是由于目前全球大部分国家和地区都处于生态赤字状况，所以从长远看，一方面，应鼓励政府投入更多的人力、物力、财力进行低碳技术创新，减少生态足迹的需求，提高可持续发展能力；另一方面，要积极调整经济结构，提高能源利用效益，发展新兴工业，建设生态文明。

1.1.3.2 存在的问题

在生态足迹的计算中发现，存在一些影响其计算准确性的因素。

① 所引用的农产品全球平均产量均来源于联合国粮农组织 1993 年的数据，在数据的时效性、准确性和适用性都比较陈旧、滞后。

② 在目前计算中缺乏对各种用地类型严格的定义标准及各类原始数据衡量的较为准确的折算系数，容易导致计算结果偏差。如将统计数据中产出率低的荒

漠草地与产出率高的牧草地简单相加，将导致估算误差。

③ 生物生产面积计算中均衡因子和产量因子的选取。在目前国际上的有关应用研究中主要是依据有限的统计结果和经验来选取，因而其数据难免不够准确。

④ 将生态足迹核算运用于区域和地区级时，由于国内地区间贸易调整资料的缺乏，没能计算考虑贸易调整的情况，在计算区域生态足迹时存在一定的贸易调整误差。因此，在区域和地区级的生态足迹核算中，需要更全面、更详细的关于区域和地区人类消费方面的统计数据。

⑤ 生态足迹模型只是对人类的生态足迹需求与自然生态系统能提供的生态服务的一种生物物理量的测量，并不能对人类可持续发展涉及的其他众多方面作出全面衡量，其计算结果也只能反映经济决策对环境的影响，而不能准确反映人类活动的方式、管理水平的提高和技术的进步等因素的未来影响；生态足迹模型对吸收燃烧化石燃料所产生 CO_2 所需的生物生产面积进行计算，但对人类活动产生的环境污染及其他温室气体并没有纳入生态足迹账户之中。因此，本文的计算结果是一种较乐观的估计，福建人均生态足迹和生态赤字有可能更大。

⑥ 在生态足迹和生态承载力核算时，将生产能力差异很大的耕地、牧草地、林地、水域、化石燃料土地等转化为可比较的生物生产型面积，将不同类型土地面积采用转化因子调整后相加，显然，这假定了不同的生物生产面积类型之间固定的替代弹性。事实上，它们之间的环境影响是不可相互替代的，而且在不同地域的替代作用存在明显差异。因此计算结果难免存在一定的误差。

1.2 福建经济社会可持续发展的希望——能源效率逐步提高

经济可持续发展和环境之间的矛盾是当今世界面临的一个共同问题。作为发展中国家，能源和环境问题已成为制约中国经济可持续发展的“瓶颈”。而福建在能源短缺、自然资源匮乏、全省生态环境脆弱的资源环境现状下，要寻求长远发展必须妥善调解资源环境与经济发展的矛盾，探索在经济增长的同时促进环境质量不断改善的发展新思路。其中，能源消费产出的碳排放是由产业规模、资源利用率和经济结构变迁等因素共同作用的结果，它是衡量经济活动对环境影响程度的关键指标。代表技术因素的能源强度是影响碳排放量最重要的因素，能源结构也起了很大的作用，因此，深入分析影响碳排放的相关因素尤为重要。本节采用对数平均权重的 Divisia 分解法（LMD），依据福建 1994—2008 年的时间序列数据，对影响能源消费产生的碳排放的相关因素进行分解，定量衡量各因素对福建人均碳排放的影响，从而得出福建必须发展低碳经济、实施低碳技术创新、大力推行节能减排的结论。

1.2.1 福建能源利用与碳排放现状分析

1.2.1.1 经济发展与能源消费

总体上看，从1979—2008年，福建能源消费和经济增长变化呈现正相关关系。自改革开放以来，由于经济的快速增长，能源消费的需求也急剧上升，在30年间，能源消费增长率与GDP增长率的方向基本一致，能源消费增长速度低于GDP增长速度，但在2002年、2003年和2005年能源消费弹性系数大于1，其中，2005年的能源消费增长率高达36%，而GDP增长率为14%，这与这一时期福建出现了历史上少有的干旱和一些高耗能工业的快速增长有关，也说明随着福建经济的迅速增长，能源消费有增加的趋势，能源结构的优化和能源利用率的提高等问题应得到重视。从2006年开始，福建能源消费弹性系数有逐年下降的趋势（表1-10）。

表1-10 福建经济发展与能源消费的变化关系

年份	能源消费总量/万t标准煤	能源消费比上年增长/%	GDP/亿元	GDP比上年增长/%	能源消费弹性系数	能源强度/（吨标准煤/万元）
1979	731.00	6	74.11	12	0.50	9.86
1984	930.00	8	157.06	23	0.35	5.92
1989	1 404.00	3	458.40	20	0.15	3.06
1994	1 953.50	6	1 644.39	48	0.12	1.19
1999	2 771.60	7	3 414.19	8	0.88	0.81
2000	2 942.60	6	3 764.54	10	0.60	0.78
2001	3 163.10	7	4 072.85	8	0.88	0.78
2002	3 615.30	14	4 467.55	10	1.40	0.81
2003	4 062.60	12	4 983.67	12	1.00	0.82
2004	4 527.80	11	5 763.35	16	0.69	0.79
2005	6 157.10	36	6 568.93	14	2.57	0.94
2006	6 811.90	11	7 584.36	15	0.73	0.90
2007	7 574.20	11	9 249.13	22	0.50	0.82
2008	8 238.40	9	10 823.11	17	0.53	0.76

资料来源：《福建统计年鉴2009》。

1.2.1.2 能源消费结构

从福建一次能源生产与消费情况看，省内能源供给主要是原煤和水电，近年来水电所占比重约为 40%。福建缺油、少煤，能源短缺问题长期存在，能源生产总量无法满足消费需求，每年需从省外调入大量的能源。根据海峡西岸经济区建设和福建中长期发展规划，预测全省到 2010 年需要电力装机容量超过 3 000 万千瓦，到 2020 年需要 5 000 万千瓦，而 2007 年福建的电力装机容量为 2 376 万千瓦（阙文龙，2006）。福建 2008 年能源消费总量为 8 238.4 万吨标准煤，而生产总量为 2 940.54 万吨标准煤，能源缺口约为 64.31%。与全国的状况相同，福建的能源消费结构仍以煤炭为主，这决定了煤炭在福建能源消费的主导地位还将持续相当长的一段时间。然而，福建水电的生产和消费比重较高，约比全国平均水平高一倍，但从 2002 年开始，福建能源消费有煤炭比重趋增，水电等清洁、高效能源趋降的趋势，与世界能源的普通发展趋势相反，其中，2004 年水电消费比重下降到 10.9%，比 2001 年减少了 15.7%。据估计，至 2010 年福建水电开发率接近 80%，且水电出力受来水影响较大，远景开发潜力不大（福建发改委，2008）。而在现有国家的能源流向布局及规划中，福建在国内电力一次能源流向中处于末端位置，从国家能源流向中获得的能源资源有限。因此，福建能源增长方式亟待改进，发展清洁、高效能源，优化能源结构，提高能源资源利用效率，大力推行节能减排是今后的发展方向。目前，国家和福建相关部门已经在清洁能源的生产上实施了战略部署，把福建电源结构调整的重点转向核电和风电。福建目前已有 2 项在建核电项目：宁德核电站和福清核电站，筹建和规划中核电项目有莆田、三明和南平核电站，其中，宁德核电站一期工程项目建成后 4 台机组年发电量预计将达到 300 亿千瓦时，福清核电站一期工程年发电量逾 140 亿千瓦时（福建发改委，2007）。

表 1-11 福建一次能源生产与消费结构

年份	能源生产总量/万吨标准煤	原煤/%	水电/%	能源消费总量/万吨标准煤	能源消费比上年增长/%	煤炭/%	石油/%	水电/%	天然气/%
1979	491	69.9	30.1	731	6.25	66.9	13.1	20	
1984	641	64.3	35.7	930	8.01	63	12.7	24.3	
1989	950	70.9	29.1	1 404	3.01	68.3	12.1	19.6	
1994	1 169.96	59.7	40.3	1 953.5	5.71	59.9	18.7	21.4	
1999	1 634.16	59.9	40.1	2 771.6	7.48	53.9	22.7	23.4	
2000	1 654.17	60.3	39.7	2 942.6	6.17	54.4	23.3	22.3	

年份	能源生产总量/万吨标准煤	原煤/%	水电/%	能源消费总量/万吨标准煤	能源消费比上年增长/%	煤炭/%	石油/%	水电/%	天然气/%
2001	1 850.44	49.9	50.1	3 163.1	7.49	51.4	22	26.6	
2002	1 923.4	61.3	38.7	3 615.3	14.30	55.6	23.8	20.6	
2003	1 816.8	68.4	31.6	4 062.6	12.37	61.4	24.5	14.1	
2004	1 805.75	72.6	27.4	4 527.8	11.45	63.8	25.1	10.9	0.2
2005	2 387.07	59.8	40.2	6 157.1	35.98	62	22.3	15.6	0.1
2006	2 603.06	56.7	43.3	6 811.9	10.63	62.5	20.9	16.5	0.1
2007	2 579.78	61.1	38.9	7 574.2	11.19	65.4	21.2	13.3	0.1
2008	2 940.54	55.1	44.9	8 238.4	8.77	65.0	18.9	15.8	0.3

资料来源：《福建统计年鉴 2009》。

1.2.1.3 能源强度与碳排放

能源强度是指每产生万元 GDP 所消耗的能源，即单位 GDP 的能耗，它体现了一个国家经济活动中对能源的利用程度，是反映能源利用效率和节能降耗的主要指标。能源强度下降本质上是节能技术进步、管理水平提高以及体制创新的结果（庄贵阳，2006）。从福建长期的能源强度的变化情况看，其变化规律符合倒“U”形趋势（马晓微，2007）。1978 年后，随着生产技术的提高、产业结构的演进，以及能源消费结构的优化，能源强度大幅下降；1997 年以后基本进入稳定阶段，能源强度约为 0.8（表 1-10）。很多研究通过各种定量的方法得出能源强度是减缓碳排放最重要的因素，能源强度的下降是碳排放强度下降的主要原因（Fan Ying 等，2007；DAV ISW B，2003；WU L 等，2005）。Johan（2002）提出碳排放量的基本公式为：

$$C=\sum_i C_i=\sum_i \frac{E_i}{E}\times\frac{C_i}{E_i}\times\frac{E}{Y}\times\frac{Y}{P}\times P=\sum_i S_i\times F_i\times E \tag{1-6}$$

式中，C 为碳排放量；C_i 为第 i 种能源的碳排放量；E 为一次能源的消费量；E_i 为第 i 种能源的消费量；Y 为国内生产总值（GDP）；P 为人口；F_i 为第 i 类能源的碳排放强度；S_i 为第 i 类能源在总能源所占的比重。本书对中国总的碳排放量采用式（1-6）进行估算，其中，F_i 的取值主要参照《2006 年 IPCC 国家温室气体清单指南》中的标准（表 1-12），计算得出全国和福建的碳排放情况（表 1-13）。根据美国能源信息管理局（EIA）的数据，2006 年世界主要国家人均二氧化碳排放量分别为：中国 4.6 t/人、印度 1.1 t/人、美国 19.7 t/人、加拿大 18.7t/人、日本

9.8t/人、西欧 8.2t/人，但预测到 2030 年中国将以年均 2.4%的比例增长，高于其他国家的增长比例（表 1-14）。1994—2008 年，福建碳排放总量、人均碳排放量均有增长的趋势，这与全国的总趋势一致。福建人均碳排放量和万元 GDP 碳排放量一直低于全国人均碳排放量，但近年来，这种差距有缩小的趋势。2008 年福建人均碳排放量和万元 GDP 碳排放量分别为全国平均水平的 99.35%和 74.19%。2009 年 12 月哥本哈根会议召开前，中国提出到 2020 年单位国内生产总值二氧化碳排放比 2005 年下降 40%～45%的减排目标。按照 40%的减排目标，2020 年万元国内生产总值碳排放量约为 0.49t/万元，按照二氧化碳排放/ 碳排放=44/12 的折算比例（Amit Garg，Kainou Kazunari，Tinus Pulles，2006），国内万元生产总值二氧化碳排放量约为 1.80t/万元。而福建 2008 年的万元 GDP 碳排放量为 0.46t/万元，已经达到全国 2020 年的减排目标。从福建碳排放强度看，1994—2002 年有较明显的下降趋势，但 2002—2005 年的 4 年间有所回升，近两年又呈现出下降的趋势。

表 1-12 各类能源的碳排放系数

项目	煤炭	石油	天然气	水电、核电
F_i/（万 t 碳/万 t 标准煤）	0.766 9	0.585 4	0.447 8	0

资源来源： 2006 年《IPCC 国家温室气体清单指南》：17-21。

表 1-13 碳排放情况

年份	全国碳排放总量/万 t	福建碳排放总量/万 t	全国万元 GDP 碳排放量/（t/万元）	福建万元 GDP 碳排放量/（t/万元）	全国人均碳排放/（t/万人）	福建人均碳排放/（t/万人）	福建碳排放强度/（t/亿元）
1994	84 139.15	1 111.20	1.75	0.68	7 020.37	3 491.06	6 757.55
1999	89 873.07	1 513.93	1.00	0.44	7 144.92	4 565.54	4 434.24
2000	92 269.44	1 628.96	0.93	0.43	7 280.04	4 777.00	4 327.11
2001	94 032.08	1 654.18	0.86	0.41	7 367.73	4 808.66	4 061.48
2002	99 745.59	2 045.20	0.83	0.46	7 765.14	5 900.75	4 577.90
2003	116 536.51	2 495.59	0.86	0.50	9 017.97	7 154.78	5 007.53
2004	134 893.96	2 884.65	0.84	0.50	10 377.42	8 216.02	5 005.16
2005	149 499.63	3 734.00	0.82	0.57	11 433.48	10 562.93	5 684.33
2006	163 819.16	4 101.40	0.77	0.54	12 462.66	11 527.25	5 407.70
2007	176 340.56	4 742.12	0.69	0.51	13 346.09	13 242.44	5 127.10
2008	186 061.77	5 016.51	0.62	0.46	14 010.46	13 919.29	4 635.00

资源来源：根据《中国统计年鉴 2009》、《福建统计年鉴 2009》、《中国能源统计年鉴 2009》及 2006 年《IPCC 国家温室气体清单指南》第 17-21 页数据计算。

表 1-14　1990—2030 年世界主要地区人均二氧化碳排放量

地区	历史数据/(t/人)		预测数据/（t/人）					年均变化率/%	
	1990	2006	2010	2015	2020	2025	2030	1990—2006	2006—2030
中国	0.55	1.25	1.45	1.61	1.8	2.02	2.18	5.3	2.4
印度	0.19	0.3	0.3	0.33	0.35	0.35	0.38	3.3	0.9
美国	5.35	5.37	5.07	4.94	4.77	4.66	4.66	0	−0.6
加拿大	4.64	5.1	5.02	4.99	5.02	5.07	5.1	0.6	0
日本	2.32	2.67	2.51	2.59	2.67	2.67	2.67	0.8	0
西欧	2.26	2.24	2.15	2.15	2.15	2.15	2.18	−0.1	−0.1

资料来源：1980—2006: Energy Information Administration（EIA），International Energy Annual 2006（June-December 2008），www.eia.doe.gov/iea.

2010—2030: UN Population Statistics（2006 Revision），and EIA，World Energy Projections Plus（2009）.

1.2.2 福建碳排放的因素分析与模型构建

如前文所述，本实证研究只考虑能源结构因素、能源排放强度、能源效率和经济发展在福建碳排放中的作用，采用对数平均权重 Divisia 分解法（LMD）把福建碳排放分解于不同的因素中。在式（1-6）中，能源结构因素 $S_i=\dfrac{E_i}{E}$，即第 i 种能源在一次能源消费中的份额；各类能源排放强度 $F_i=\dfrac{C_i}{E_i}$，即消费单位第 i 种能源的碳排放量；能源效率因素 $I=\dfrac{E}{Y}$，即单位 GDP 的能源消耗；经济发展因素 $R=\dfrac{Y}{P}$。由此，人均碳排放量可以写为：

$$A=\frac{C}{P}=\sum_i S_iF_iIR \tag{1-7}$$

从式（1-7）可得，人均碳排放量 A 的变化来自于 S_i 的变化（能源结构）、F_i 的变化（能源排放强度）、I 的变化（能源效率）以及 R 的变化（经济发展）。

第 t 期相对于基期的人均碳排放量的变化可以表示为：

$$\Delta A = A^t - A^0 = \sum_i S_i^t F_i^t I^t R^t - \sum_i S_i^0 F_i^0 I^0 R^0 \\ = \Delta A_S + \Delta A_F + \Delta A_I + \Delta A_R + +\Delta A_{\text{rsd}} \tag{1-8}$$

$$D = \frac{A^t}{A^0} = D_S D_F D_I D_R D_{\text{rsd}} \tag{1-9}$$

式中，ΔA_S、D_S——能源结构因素；

ΔA_F、D_F——能源排放强度因素；

ΔA_I、D_I——能源效率因素；

ΔA_R、D_R——经济发展因素；

ΔA_{rsd}、D_{rsd}——分解余量。

式（1-8）中的 ΔA_S、ΔA_F、ΔA_I、ΔA_R 分别为各因素变化对人均碳排放变化的贡献值，它们是有单位的实值。而式（1-9）中的 D_S、D_F、D_I、D_R 分别为各因素变化对人均碳排放变化的贡献率。

基于式（1-8），本文采用 Ang 等人在 1998 年提出的对数平均权重 Divisia 分解法（LMD）（Ang B W，Zhang F Q，1998）进行分解。

按照该方法，各个因素的分解结果如下：

$$\Delta A_S = \sum_i W_i' \ln \frac{S_i^t}{S_i^0}；\quad \Delta A_F = \sum_i W_i' \ln \frac{F_i^t}{F_i^0}$$

$$\Delta A_I = \sum_i W_i' \ln \frac{I_i^t}{I_i^0}；\quad \Delta A_R = \sum W_i' \ln \frac{R_i^t}{R_i^0} \tag{1-10}$$

其中，$W_i' = \dfrac{A_i^t - A_i^0}{\ln(A_i^t / A_i^0)}$

所以，$$\Delta A_{\text{rsd}} = \Delta A - (\Delta A_S + \Delta A_F + \Delta A_I + \Delta A_R) \\ = A^t - A^0 - \sum_i W_i' (\ln \frac{S_i^t}{S_i^0} + \ln \frac{F_i^t}{F_i^0} + \ln \frac{I_i^t}{I_i^0} + \ln \frac{R_i^t}{R_i^0}) \\ = A^t - A^0 - \sum_i W_i' \ln \frac{A_i^t}{A_i^0} = A^t - A^0 - \sum_i (A_i^t - A_i^0) = 0$$

对式（1-9）两边取对数，得到

$$\ln D = \ln D_S + \ln D_F + \ln D_I + \ln D_R + \ln D_{\text{rsd}} \tag{1-11}$$

对照式（1-11）和式（1-8），可设各项相应成比例，则：

$$\frac{\ln D}{\Delta A}=\frac{\ln D_S}{\Delta A_S}=\frac{\ln D_F}{\Delta A_F}=\frac{\ln D_I}{\Delta A_I}=\frac{\ln D_R}{\Delta A_R}=\frac{\ln D_{\text{rsd}}}{\Delta A_{\text{rsd}}}$$

这里，假设$\frac{\ln D}{\Delta A}$可以为任意常数。

设$\frac{\ln D}{\Delta A}=\frac{\ln A^t-\ln A^0}{A^t-A^0}=W$，则

$$\begin{aligned}&D_S=\exp(W\Delta A_S),\ D_F=\exp(W\Delta A_F),\\&D_I=\exp(W\Delta A_I),\ D_R=\exp(W\Delta A_R),\ D_{\text{rsd}}=1\end{aligned}\tag{1-12}$$

由于F_i是固定的，即影响中国人均碳排放的因素主要为能源结构变化、能源效率变化以经济发展变化（徐国泉，刘则渊，姜照华，2006）。因此，$\Delta A_F=0$，$D_F=1$，其他三个因素的影响效果按照公式（1-10）和公式（1-12）计算，结果见表 1-15 和图 1-2。

表 1-15　1999—2008 年三因素对福建人均碳排放的影响效果

		1999	2000	2001	2002	2003	2004	2005	2006	2007	2008
人均排放	ΔA	−0.01	0.01	−0.01	0.12	0.28	0.40	0.59	0.69	0.88	0.93
	D	0.98	1.03	0.98	1.30	1.72	2.05	2.54	2.77	3.32	3.42
能源结构	ΔA_S	−0.016	−0.011	−0.034	−0.002	0.040	0.062	0.041	0.038	0.070	0.050
	D_S	0.961	0.974	0.920	0.995	1.080	1.119	1.066	1.058	1.100	1.068
能源效率	ΔA_I	−0.270	−0.287	−0.314	−0.296	−0.280	−0.303	−0.264	−0.306	−0.369	−0.449
	D_I	0.510	0.496	0.466	0.525	0.578	0.577	0.662	0.635	0.604	0.552
经济发展	ΔA_R	0.276	0.311	0.341	0.419	0.519	0.637	0.817	0.953	1.177	1.325
	D_R	1.991	2.135	2.289	2.492	2.763	3.172	3.594	4.123	4.996	5.799

资料来源：本研究计算所得。

从以上分析可知，经济发展因素是碳排放的拉动因素，而能源结构和能源效率是抑制因素。根据表 1-13 和图 1-2，福建人均碳排放量不断增长，但从 2005 年开始有增速减缓的趋势。而造成福建人均碳排放量快速增长的主要因素是福建经济的快速发展。从图 1-2 可得，经济发展对福建人均碳排放的贡献值不断增大，尤其是 2002 年以来呈现出指数增长的趋势。

此外，能源效率对降低福建人均碳排放的贡献值在不断增长，特别是 2006 年以来，福建能源效率对降低人均碳排放的贡献值有加快的趋势，这说明福建近年来在提出节能减排和低碳技术创新等措施的作用下，能源效率有所提高，对抑

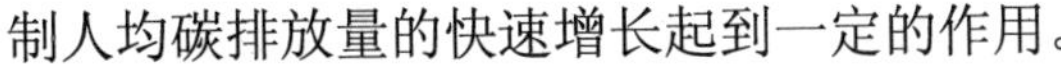
制人均碳排放量的快速增长起到一定的作用。

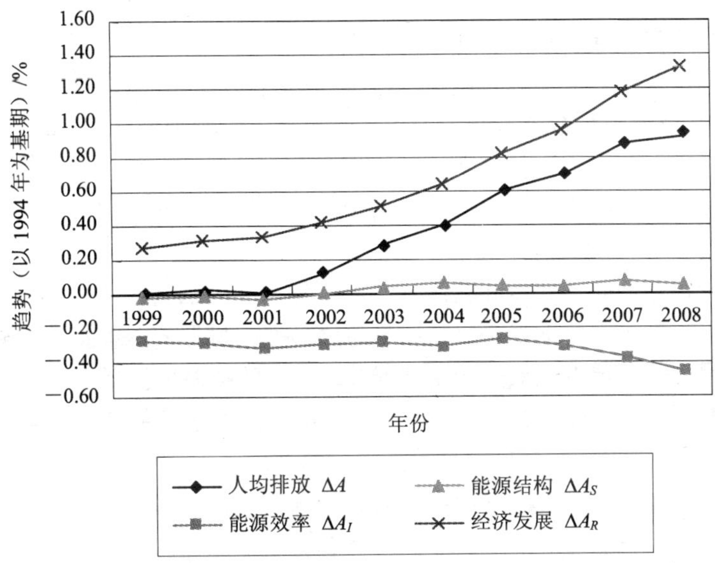

图 1-2　1999—2008 年三因素对福建人均碳排放的贡献趋势

而能源结构因素的贡献中，由于福建在能源结构中仍以煤炭为主，煤炭在一次能源中占 50%以上，近年来更是保持在 60%以上，因此，能源结构对减少人均碳排放量的贡献力相对较小。且从 2002 年以来，福建能源结构对人均碳排放的贡献值有减少的趋势，这与近年来福建煤炭消费比重的回升以及水电消费比重的减少趋势有直接的关系，也警示福建能源结构亟须优化，水电等清洁能源的优势有待发挥。

1.2.3 福建碳排放的因素分析结论

通过以上对福建 10 年来的经济发展、能源利用与碳排放现状的计算与分析，以及利用对数平均权重的 Divisia 分解法（LMD）对影响福建碳排放的因素进行分解，得出以下结论：

① 福建碳排放量呈逐年上升的趋势，2005 年碳排放年增长率达到最高水平，此后增长率有下降的趋势，但 2008 年碳排放量增长率仍达 5.79%，其主要影响因素是福建的经济发展。

② 福建人均碳排放量增长的主要抑制因素是能源效率的提高，这说明能源利

用效率、低碳技术创新水平对碳排放强度的作用不断显现。福建是自然资源和一次能源短缺的省份，在海峡西岸经济区建设的背景下，应进一步提高低碳技术创新能力，降低能源强度，提高能源利用效率，节约资源，通过强化的政策手段减少经济增长对能源的依赖程度，促进这一因素对碳排放的减少发挥积极的作用。

③ 福建能源结构对人均碳排放量增长总体上影响不显著，且近年来影响有减小的趋势，应引起警示。这反映出福建仍以煤为主体的能源消费特征，也说明福建低碳能源、清洁能源、可再生能源的资源禀赋优势未能充分发挥，其替代战略还未凸显出显著的效果。

立足于福建的自然资源和能源现状、新能源尚无法替代传统能源、福建能源构成中煤仍居主导地位的形势，持续推进“节能减排”应该被提到福建能源发展的首选位置，研发重点应放在应用节能技术、大幅提高能源效率上。

④ 由于能源效率和能源结构对福建人均碳排放增长的抑制作用小于经济发展的拉动作用，因此，在今后很长时间内福建人均碳排放量可能仍有增长的趋势。这需要福建在今后的发展战略中提前做好目标规划，有步骤有计划地实现减排目标，实施切实可行的能源战略，调动社会各方力量加强碳减排和其他绿色技术创新研发和推广的国内、国际合作。

1.3 福建经济社会持续发展的关键——低碳技术创新的实施

通过对福建的生态足迹计算结果进行分析可以发现，随经济增长的生态需求远远超过了生态环境的承载力，福建面临着生态赤字逐渐加重、资源短缺与环境污染的挑战，这已经成为制约福建建设绿色海西的“瓶颈”。而碳排放因素分解实证研究又表明，福建能源强度与能源技术效率在不断地提高，福建经济社会可持续发展存在着实际的可行性。如何突破发展绿色海西的建设“瓶颈”，解决经济增长与环境承受能力的矛盾，改变原有的粗放型增长方式，实现经济社会的持续发展，关键在于促进产业结构调整和优化、建立正确的消费模式、提高低碳技术创新能力、持续推进节能减排等诸多路径的选择上。

立足于福建自身的环境、资源特点和发展中存在的问题，福建在建设绿色海西、发展低碳经济上存在诸多问题的主要影响因素是经济社会发展，但减少生态赤字，改善能源消耗高、污染排放严重的情况不能通过减少经济增长、降低人民生活水平来实现，而应结合福建建设海峡西岸经济区的战略定位，响应低碳经济发展和绿色科技创新的潮流，切实走科技创新发展之路。发展低碳技术创新，实质上是要切实转变过度消耗资源、破坏生态环境的技术实现方式，加强对生产经济活动过程中资源消耗与环境质量的控制，强调防止、治理环境污染，维护生态平衡，建立一种和谐、健康的人与自然的新型关系。只有在以政府为主导，通过鼓励科技创新、节能减排、新能源使用等政策措施来引领和助推低碳经济发展的同时，企业也紧跟时代潮流，自主进行低碳技术创新，才能切实实现节能减排，提高经济增长的质量，促进福建经济的“又好又快”发展。

1.3.1 低碳技术创新有利于缓解福建的生态压力

福建是自然资源和一次能源短缺的省份，随着经济的发展产生了严重的环境问题，生态需求大大超过了生态环境的承载力。在第一节中对福建生态足迹的计算表明了2004—2008年来福建人均生态赤字呈逐渐增加趋势，福建生态系统的压力和强度在不断增高，其主要原因是社会经济高速发展过程中带来的高能源消耗及资源严重流失，而第二节碳排放因素分解的实证研究结果也表明碳排放量逐年上升的趋势的主要影响因素是福建经济的发展。从福建现行的经济增长方式来看，经济增长方式还是以粗放经营为主，产业结构不合理，企业生产发展过程中也存在生态工艺应用较少、技术选择的环境较差、自身创新能力普遍不足的问题，许多技术含量低、劳动密集性高的高污染行业企业的生产规模很难达到低碳技术所要求的最小经济规模，这种粗放型增长方式的弊端也随着经济的进一步发展而日趋严重。当前经济生活中出现的一些突出问题，如物价涨幅过高、农业基础脆弱、企业自主创新能力低下、环境污染加剧等，无不与粗放型的增长方式有关。福建的人口增长、经济发展和人民消费水平在不断提高，生态需求也大大增加，本来就已经短缺的资源和脆弱的环境面临着越来越大的压力，生态赤字趋势不断加强，经济社会的持续发展遭遇严重的“瓶颈”。而国内外越来越重视转变经济增长方式、调整产业结构、提升低碳技术创新能力、促进低碳经济的增长，新的工业技术、管理思想以及产业政策也层出不穷的同时，福建只有全面开展低碳技术创新、坚持以人为本、充分考虑资源与环境的承载力、走集约型的发展道路，才能满足当代人与后代人的发展需要，缓解福建生态压力，逐步解决经济、社会与环境之间的矛盾，促进社会与生态的和谐发展。

1.3.2 低碳技术创新有利于福建经济“又好又快”发展

福建要促进和保持社会经济“又好又快”发展，必须跟上低碳经济发展的潮流，而低碳经济的发展离不开技术创新的强力支撑，只有通过采用低碳技术，才能在时间、空间和数量等方面实现对物质资源的最佳利用，将经济增长建立在产品科技含量提高、人民生活水平提高、企业效益提高的基础上，实现“低能耗、低污染、低排放和高效能、高效率、高效益”，使得经济与资源、生态环境和社会运行过程结合起来，最终实现低碳经济的发展。如前所述，福建进行低碳技术创新具备诸多现实动因，而促进福建低碳科技水平创新能力的发展、全面提升科技进步对发展经济和节能减排的贡献率，对福建发展低碳经济、提高人民生活水平、解决资源环境与经济发展的矛盾、促进绿色海西建设有重大的意义。

首先，低碳技术创新决定了低碳经济的作用能否实现。低碳技术创新是以经济、生态、社会和人的协调发展作为技术创新的最高目标，它符合社会可持续发展的需要，有利于缓解和修复福建经济、社会与环境之间的矛盾，打破制约福建建设资源友好型与环境友好型社会的“瓶颈”。发展低碳经济需要持续的技术创新，离开了满足一定发展速度的绿色技术创新，将无法发挥低碳经济的正常作用而使节约能源资源、保护生态环境和节能减排的目标难以实现。

其次，低碳技术创新有利于节约成本，提高效率。低碳技术包括在节能、煤的清洁高效利用、油气资源和煤层气的勘探开发、可再生能源及新能源、CO_2 捕获与埋存等领域开发有效控制温室气体排放的新技术，涉及电力、交通、建筑、冶金、化工、石化、汽车等多个部门。专家估计，仅二氧化碳捕存技术，就能使人类的减排行动降低 30%的成本，把替换燃料、高效使用能源、增加可再生能源利用率、CO_2 捕存等措施综合起来，可以有效降低温室气体排放（单宝，2009）。实施低碳技术创新有利于改造传统工业，发展清洁生产，降低节能减排的成本，提高资源的循环利用效率，切实促进能源资源节约和生态保护工作的落实。

再次，低碳技术创新能够增强产品的国际竞争力。随着人们环保意识、健康意识的加强，绿色产品也越来越受到青睐，而且在国际竞争中“绿色壁垒”的作用越来越大，加大了福建产品出口的难度。只有通过大力激励低碳经济实践、推进技术创新、提高产品国际竞争力、增加出口，从而促进产业调整、提高经济增长质量，才能改进和增强自身的核心竞争力，同时避免可能的技术和贸易壁垒对企业和经济发展的影响。

此外，发展低碳经济、实施低碳技术创新还可以带动制度及其他配套工程的变迁。由于技术创新与制度创新二者间的关联性及其在社会发展中的相互作用，实施低碳技术创新，必然会带动制度的创新，使制度的设置更好地满足社会生态良性发展的要求，同时也有利于加强产学研合作机制、生态补偿机制等，改造传统产业和推动结构升级，保证经济社会的均衡发展。同时，加大自身低碳技术创新能力的培养，也有利于增强国外先进低碳技术的消化、吸收与二次创新，推动与发达国家和地区之间的技术合作，形成互利共赢、技术共享、资源集成的局面。

本章小结

本章首先基于生态足迹模型，利用联合国粮食农业组织统计数据库和福建统计年鉴的相关数据，对福建 2004—2008 年的生态足迹和生态承载力进行了计算和分析，从中了解福建的生态经济系统状况，并对福建总体生态环境状况有一个较清醒的认识，同时也为福建发展低碳经济、实施低碳技术创新、大力推行节能减排提供了理论依据。

其次，能源消费产出的碳排放是由产业规模、资源利用率和经济结构变迁等因素共同作用的结果，深入分析影响碳排放的相关因素对衡量经济活动对环境的影响程度尤为重要。本章基于 1994—2008 年的时间序列统计数据，采用对数平均权重的 Divisia 分解法将影响福建碳排放的因素分解为能源结构因素、能源排放强度因素、能源效率因素和经济发展因素，建立福建人均碳排放的因素分解模型，定量衡量各因素对福建人均碳排放的贡献大小，得出经济发展是福建人均碳排放最大的拉动因素、能源效率是抑制福建人均碳排放最重要的因素、而能源结构对福建人均碳排放的影响相对较小等结论。

结合实证分析的结论，立足福建自身的环境、资源特点和当前的经济增长方式，论证低碳技术创新是福建实现社会经济可持续发展的必要路径，只有通过采用低碳技术才能将经济与资源、生态环境和社会运行过程结合起来，推动经济“又好又快”地发展，最终实现福建低碳经济的发展。

第 2 章　相关理论基础

2.1 低碳经济相关理论

低碳经济理论是本书的重要理论基础：围绕低碳经济的内涵和主要内容，设计福建省低碳技术创新的评价指标体系，并运用统计数据和调查数据综合地评价福建省低碳技术创新环境和“瓶颈”因素，把低碳经济理念结合到福建省低碳技术创新机制构建过程中。

2.1.1 国内外低碳经济的相关综述

2.1.1.1 低碳

低碳，英文为 low carbon。意指较低（更低）的温室气体（二氧化碳为主）排放。低碳是在全球面临二氧化碳排放量越来越大的严重问题的背景下提出的。1997 年 12 月，《联合国气候变化框架公约》第三次缔约方大会在日本京都召开，149 个国家和地区的代表通过了旨在限制发达国家温室气体排放量以抑制全球变暖的《京都议定书》。该议定书规定，到 2010 年，所有发达国家二氧化碳等 6 种温室气体的排放量，要比 1990 年减少 5.2%，但是受到美国等发达国家的阻挠。经过一系列的详尽讨论，最终于 2005 年 2 月 16 日，《京都议定书》正式生效。这是人类历史上首次以法规的形式限制温室气体排放。2007 年 12 月 15 日，联合国气候变化大会产生了“巴厘岛路线图”，“巴厘岛路线图”为全球进一步迈向低碳经济起到了积极的作用，具有里程碑的意义。

低碳的内容非常广泛，包括：低碳社会、低碳经济、低碳生产、低碳消费、低碳生活、低碳城市、低碳社区、低碳家庭、低碳旅游、低碳文化、低碳哲学、低碳艺术、低碳音乐、低碳人生、低碳生存主义、低碳生活方式等。其中，低碳经济和低碳生活又是其核心内容。低碳经济是以低能耗、低污染、低排放为基础的经济模式。低碳生活要求生活作息时间所耗用的能量要尽量少，旨在降低二氧化碳的排放量。

2.1.1.2 低碳经济

"低碳经济"这一概念最早是由英国首相布莱尔于 2003 年 2 月 24 日发表的题为《我们未来的能源——创建低碳经济》的白皮书中提出的，其总体目标是 2050 年将二氧化碳的排放量在 1990 年的基础上削减 60%，从根本上把英国变成一个低碳经济国家。2006 年 10 月，由英国政府推出和前世界银行首席经济学家尼古拉斯・斯特恩牵头的《斯特恩报告》，它是以气候科学为基础，用"成本—效益"分析方法对欧盟提出的全球 2℃升温上限加以论证（进行学术和方法论阐释），呼吁各国迅速采取切实可行的行动，尽早向低碳经济转型。2007 年 7 月，美国参议院提出《低碳经济法案》，同年 12 月，联合国气候变化大会制定了应对气候变化的"巴厘岛路线图"，要求发达国家在 2020 年前将温室气体减排 25%～40%。2008 年，联合国环境规划署确定该年"世界环境日"的主题为"转变传统观念，推行低碳经济"。

自 2003 年英国提出"低碳经济"后，国外学者从不同方面对低碳经济理论，包括低碳经济的内涵及低碳经济的评价指标进行了研究。比较具有代表性的如莱斯特・布朗（2003）掀起了一场"A、B 发展模式"之争。"A 模式"即以化石燃料为基础、以破坏环境为代价、以经济为绝对中心的传统发展模式。"B 模式"则是以人为本，利用风能、太阳能、地热资源、小型水电、生物质能等可再生能源为基础的生态经济发展模式。巴里・康芒纳（2006）认为，环境危机的根源，不在于经济增长本身，在于造成这种增长的现代技术。但是这种技术忽略了整体，忽略了这种技术赖以发展的基础——生态系统，而粗暴地破坏了不断循环运动的生命之圈。因此，克服危机，先要克服这种技术上的缺陷；做到这点，必须树立生态学的观点。梅森纳（2007）认为，人类发展低碳经济面临的挑战，实际上是政治和体制上的问题，而非技术上的和经济上的。此外，对低碳经济评价指标，国际上一般采用的是 "脱钩"指标。如 Suriuson（2002）认为脱钩指标虽然有很多缺点，诸如缺乏与环境容量的自动联系，难以兼顾各国国情以及受环境压力的最初水平的影响等，但"脱钩"仍然是非常重要的。经济合作与发展组织（OECD）（2002）研究了环境压力与经济增长脱钩指标的国家差别，并最终得出结论：在

OECD 国家，环境与经济的冲突，已经得到有效的控制，并在继续向好的方面转化。日本的 Yoichikaya 教授（1989）提出了关于二氧化碳排放的 Kaya 恒等式，根据恒等式可直观分析碳排放的 4 个推动因素：人口、人均 GDP、单位 GDP 能源（能源强度）和能源结构（碳强度）。另外，国外许多学者都对本国及世界温室气体排放与经济发展的环境库兹涅茨曲线进行了检验。Panayotou（2003）认同对部分环境污染物（如颗粒物、二氧化硫等），排放总量与经济增长长期呈倒“U”形关系的论断，并从人们对环境服务的消费倾向角度解释了原因：随着国民收入的提高，产业结构发生了变化，人们的消费结构也随之产生了变化。此时，人们开始关注环境的保护问题，环境服务成为正常品，环境恶化的现象逐步减缓乃至消失。国外有关低碳经济的内涵和评价指标的研究为低碳经济在其他方面的研究奠定了坚实的理论基础。

国内学者也从众多方面对低碳经济理论进行了研究。如关于低碳经济内涵，中国著名低碳经济学家张坤民教授（2008）认为，低碳经济是以低能耗、低污染、低排放为基础的经济模式。其实质是高能源利用效率和清洁能源结构问题，核心是能源技术创新、制度创新和人类生存发展观念的根本性转变。低碳经济的发展模式，是一场涉及生产方式、生活方式和价值观念的全球性革命。付允（2008）认为低碳经济是一种绿色经济发展模式，它是以低能耗、低污染、低排放和高效能、高效率、高效益（三低三高）为基础，以低碳发展为发展方向，以节能减排为发展方式，以碳中和技术为发展方法的绿色经济发展模式。鲍健强（2008）从碳排放量及控制的角度进行了定义，金乐琴（2009）认为低碳经济是一种新的经济发展模式，并与循环经济和节能减排有密切联系。在关于低碳经济内容方面，学者丁丁等人（2008）总结出国际上有关低碳经济研究的主要内容有：①能源消费与碳排放；②经济发展与碳排放；③农业生产与碳排放；④碳减排的经济风险分析与减排对策研究。而在评价指标体系中，到目前为止，学者对于低碳经济的衡量和评价，还没有形成系统的评价理论。更多集中于对碳排放影响因素、碳排放限制等的研究。张雷（2003）运用多元化指数方法分析了经济发展对碳排放的影响。徐国泉等人（2006）采用对数平均权重 Divisia 分解法（LMD），定量分析能源结构、能源效率和经济发展对中国人均碳排放的影响。谭丹等人（2008）运用灰色关联度方法分析了我国工业行业碳排放量与产业发展之间的关系。刘燕娜等人（2010）运用对数平均权重的 Divisia 分解法对福建省 1994—2008 年影响能源消费产生的碳排放相关因素进行分解，定量衡量各因素对福建人均碳排放的影响。但从现有的研究看，低碳经济的指标体系与评价体系研究尚未得到足够重视，研究比较集中于某一区域，并大多集中在如何对低碳经济的指标体系进行设计完善上，比较少进行实证评价。关于实现低碳经济的可能性及途径的研究方面，国内学者刘传江等人（2009）依据生态足迹理论，从人口规模、物质生活水平、技术条件和生态生产力来论证低碳经济发展的合理性；运用脱钩发展理论来分析经济发展与资源消耗之间的关系，并论证低碳经济发展的可能性。庄贵阳（2005）认为，实现低碳经济的途径包括调整能源结构、提高能源效率、调整产业结构、遏制奢侈消费、发挥碳汇潜力和寻找国际技术合作。学者姬振海（2008）的观点跟庄贵阳大同小异，认为实现低碳经济的途径主要有两条：一是调整能源结构，降低二氧化碳排放强度；二是提高能源利用效率，降低能源强度。鲍健强等人（2008）则认为要多层面推进低碳经济发展，包括推行低碳产业、低碳农业、低碳工业、低碳城市以及碳汇减排五个方面。

2.1.1.3 低碳技术

关于低碳技术的含义，邓线平（2010）认为低碳技术是指更低的温室气体排放的技术。它包含工具与工艺两方面的内涵。工具即降低温室气体排放的工具，如发现新的物质捕获空气中的碳；工艺即降低温室气体效应的手段，如改进工艺降低温室气体的排放，或者利用某种手段使全球气温降下来。黄栋（2010）认为低碳技术是以零排放或者较低排放的可再生能源技术（包括风能、太阳能）为主体，还包括提高能效的碳排放减少技术以及碳捕获与存储技术（CCS）。也有学者认为低碳技术主要指那些有助于降低经济发展对生态系统碳循环的影响，实现经济发展的碳中性的技术。

在发展低碳经济方面，国内外学者基本取得了一个共识，就是“通过开发和使用低碳技术是减少碳排放的一个关键途径”。斯特恩（2006）也指出技术政策是应对气候变化政策的一个关键。我国政府亦非常重视技术进步和技术创新在应对气候变化、发展低碳经济方面的作用，科技部把低碳技术作为重点内容纳入“十二五”科技发展规划。低碳技术已经成为我国“十二五”产业和技术发展的必然选择。

关于低碳技术创新方面，国外学者普遍认为以可再生能源技术作为主体相对于传统的化石能源技术，是一种突破性的创新。Hoffer 等人（2002）认为新的能源技术是对能源生产技术的革命性变化，而现有的技术（传统能源技术）具有严重缺陷，无助于稳定全球气候。此外也有学者认为低碳技术创新就是一个通过技术范式的转变来实现对原有技术经济系统进行解锁的过程。如 Berkhout（2001）认为通过低碳技术与社会系统的共同进化为自己创造出一个新的社会经济系统。当然有些学者认为就现有技术就能解决温室气体排放的问题了。如 Pacala 和

Socolow（2004）提出“只要进一步拓展现有技术的应用，人类在21世纪上半叶将可以解决碳排放和气候问题”。而从国内学者研究来看，也是倾向于赞同低碳技术创新是一种突破性的创新，是对传统能源技术范式的转变。如政府间气候变化专家委员会（IPCC）（2001）认为低碳或无碳技术的研发规模和速度将决定未来温室气体排放减少的规模。学者胡鞍钢（2008）认为中国所面临的发展方向就是从高碳走向低碳，而走向低碳的途径就是要进行低碳技术创新。任奔和凌芳（2009）综合研究了国际上低碳技术的发展，指出当前低碳经济技术主要是以下三个方面：一是节约能源技术，二是低碳能源技术，三是碳捕获和埋存技术（CCS）。付允等人（2008）对碳中和技术进行了归纳，主要包括三类：一是温室气体的捕集技术，二是温室气体的埋存技术，三是低碳或零碳新能源技术。王海芹等人（2009）通过综述国际贸易、外商直接投资、官方发展援助和全球环境基金发生的国际技术扩散对发展中国家能源效率和温室气体排放影响的相关研究，指出中国需要实现一个传统的发展路径向一个创新性的发展路径转变。王文军（2009）通过对低碳经济发展的技术经济范式与路径研究，得出低碳经济是解决环境与资源压力的新技术经济范式。姬振海（2008）通过研究指出低碳经济的技术创新主要包括电力、交通、建筑、冶金等部门的节能技术及可再生能源、新能源、煤的清洁高效利用等领域的温室气体减排技术。此外，有学者从省域角度研究低碳技术创新和低碳经济，如赖流滨、张汉文（2010）分析了湖南省在低碳技术创新方面取得的成效和存在的挑战，并在此基础上提出了低碳技术创新对策。赵立娥（2010）分析了湖南省碳排放现状及规律的基础上，提出了构建有湖南特色的低碳经济模式的总体框架及实现路径。安洪和栗良进（2010）研究了山西发展低碳经济的战略选择相关问题，认为技术创新是实现山西高碳经济低碳发展的重要手段。陶良虎（2010）认为加强低碳技术的引进、研发、推广和应用才能进一步推进湖北低碳经济发展，实现湖北经济发展超越。李忠民等人（2010）基于产业弹性低碳化分析框架，采用对数方法研究弹性因子对产业排放脱钩弹性的影响力，结果表明产业节能和减排弹性脱钩是降低二氧化碳排放、实现经济发展与碳排放脱钩的因素，最后倡导政府要大力支持低碳技术创新。吴肇光（2009）分析了福建发展低碳经济的基础条件，认为激励低碳技术的研究和开发是福建发展低碳经济的重要途径之一。还有研究从区域的视角出发，如陆小成（2008）基于技术预见的视角，认为低碳的关键技术战略、构建低碳创新机制和低碳创新支撑体系是构建区域低碳创新系统的对策。俞俏萍（2010）立足低碳经济的内涵和福建省能源类型特征，从研发可再生能源应用技术、加强节能减排、应对绿色贸易壁垒、加强公众参与及法制建设四个方面对福建省走低碳经济之路提出建议。

关于低碳技术创新机制方面，杜明军（2009）认为低碳经济发展具有耦合特性和存在可控制变量，中国应致力于构建低碳经济发展意识培养机制，政府、企业和公民间的低碳经济利益“三角”均衡机制，低碳产业发展政策导向机制，低碳经济发展财政税收激励机制，低碳产品税（预备）机制，低碳产品认证和标志（预备）机制，低碳环境和能源技术创新机制，社会公害应对和社会废物处理机制，低碳环境监测机制，低碳生态城市建设诱导机制来促进低碳经济的转型成功。陆小成和刘立（2009）认为在科学发展观指导下，低碳创新系统的实现机制主要包括构建低碳创新产学研互动机制、构建区域低碳技术创新机制、强化环境保护政策机制、建立低碳创新信息资源服务机制、培育社会低碳创新参与机制等。吴晓波和赵广华（2010）认为可持续发展观念是低碳产业集群的思想基础，政府的政策和制度创新对产业集群企业和公众的低碳活动起着激励作用，经济绩效是低碳产业集群的直接动力，技术创新是低碳产业集群发展的关键因素，这些构成了低碳产业集群的内部动力，而低碳环境的压力和产业集群外公众的市场取舍与监督构成了外部动力。梁中（2010）分析低碳产业创新系统的构成要素包括低碳产业创新主体（企业、各级政府机构、科研院所以及提供低碳技术咨询、信息交流、评估仲裁等服务的中介机构）、低碳产业创新资源（市场配置资源、政府供给资源）、低碳产业创新环境（市场环境、政治环境、文化环境），通过低碳产业创新的动力机制、保障机制和导向机制来保障产业创新系统的正常运行。目前对低碳技术创新机制的研究文献还比较少，总体上还没有一个统一的说法，也没有一个成熟的理论框架，而对于福建省低碳技术创新机制的构建研究目前更是寥寥无几。

综合国内外学者对低碳经济理论的研究，可以看出在低碳经济的内涵、低碳经济的内容以及低碳经济的评价指标、低碳经济的可能性及途径的研究上取得了一定的成绩。同时，在低碳经济的实证研究方面也获得了一定的突破，开始将能源组合曲线的图形方法、经验曲线、生态足迹法、脱钩理论等运用于低碳经济的研究中。但也存在一些不足，例如对低碳经济的研究尚处于起步阶段，缺乏纳入发展经济学的坚实理论基础；政府的政策、实证研究以及低碳经济的发展水平等缺乏完善的评价体系。而对于低碳技术，众学者研究甚广，包括低碳技术的内涵、低碳技术创新、低碳技术创新机制等。总结学者们对低碳技术的相关研究，可以看出对低碳技术的研究主要是认为低碳技术是一种突破性创新。虽然有学者专门从省域角度研究低碳技术创新和低碳经济，甚至有学者也专门研究了福建省的低碳技术创新途径，但从其研究内容可以看出还是比较局限于定性和对策研究方面上，对于低碳技术的内外部运行机理方面研究不足，尤其是缺乏对低碳技术创新过程和机理的理论研究和系统分析，而且在实践方面也很缺乏。此外，由于低碳技术创新还没有形成统一成熟的框架，要具体到研究某一领域，如福建省低碳技术创新机制研究，存在很大的困难。

2.1.2 低碳经济的发展模式

2.1.2.1 低碳经济发展模式概述

低碳经济要求具有“三低”特点，即低能耗、低污染、低排放。付允等人（2008）认为低碳经济的发展模式就是在实践中运用低碳经济理论组织经济活动，将传统经济发展模式改造成低碳型的新经济模式。邢继俊（2009）提出了我国低碳经济发展的三种模式，即初期发展模式、中期发展模式和晚期发展模式。朱四海（2009）认为低碳经济发展模式的关键是转变经济增长方式，减少对于高碳能源的依赖。中国人民大学气候变化与低碳经济研究所杨志（2009）提出了“绿色+资本+网络”的低碳经济发展新模式，借助绿色网络和资本的力量发展绿色经济。裘苏（2006）在借鉴日本和台湾低碳经济发展的经验基础上，提出了浙江省低碳经济发展的模式。

2.1.2.2 低碳经济发展模式框架

学术界一般比较认同付允等人（2008）所建立的低碳经济发展模式（图 2-1）。

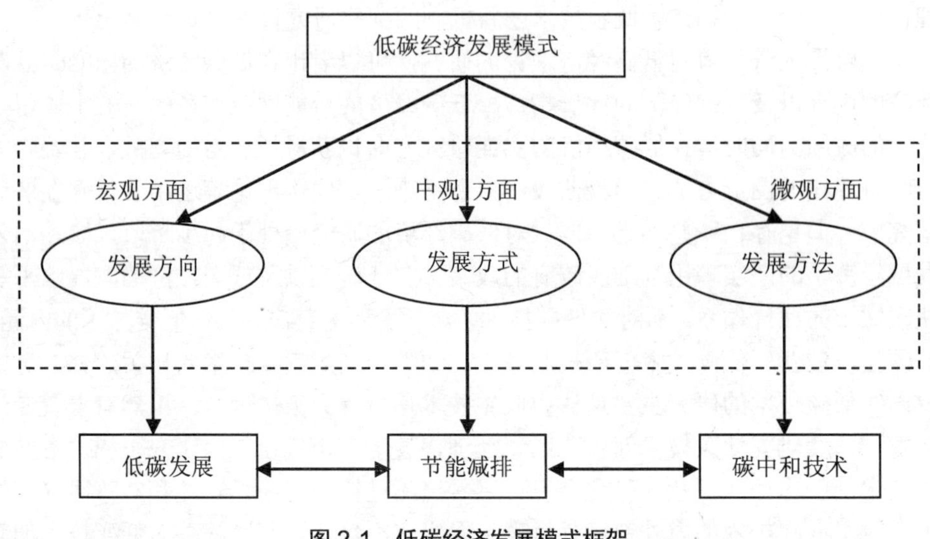

图 2-1 低碳经济发展模式框架

具体来讲，低碳经济发展模式就是以低能耗、低污染、低排放和高效能、高效率、高效益（三低三高）为基础，以低碳发展为发展方向，以节能减排为发展方式，以碳中和技术为发展方法的绿色经济发展模式（付允等，2008）。低碳经济的发展模式包括宏观、中观和微观三个层面。宏观方面主要涉及低碳经济的发展方向，其发展方向主要以低碳发展为主；中观方面主要涉及低碳经济的发展方式，其发展方式主要通过节能减排来实施；微观方面主要是低碳经济发展的方法，主要采用碳中和技术来解决。

从宏观层面来看，低碳发展是低碳经济发展的方向。低碳发展的重点是低碳，目的是发展。如果在保持现有经济发展模式和技术水平不变的前提下，不进行碳排放量约束，那么这无疑会在很大程度上限制经济发展，包括速度和总量；然而经过一系列包括改善能源结构、调整产业结构、提高能源效率、增强技术创新能力、增加碳汇的措施可以实现碳排放总量和单位排放量的减少。因此低碳经济要朝着低碳发展方向发展，而要实现低碳发展，关键是技术创新，这是因为能源效率的提高、低碳新能源的开发、化石能源的低碳化都要依赖于技术创新。

从中观层面来看，节能减排是低碳经济发展的方式、手段和途径。节能减排是应对全球气候变化的迫切需要，是发展低碳经济、改革能源结构的重要手段，是实现节约发展、低碳发展、清洁发展、低成本发展、低代价发展的方式，是实现低能耗、低污染、低排放和高效能、高效率、高效益发展目标的着力点。

从微观层面来看，“碳中和”是现代人为减缓全球变暖所作的努力之一，碳中和技术是低碳经济发展的方法。碳中和是指通过计算二氧化碳排放总量，然后通过植树造林（增加碳汇）、二氧化碳捕捉和埋存等方法把排放量吸收掉，以达到环保的目的。碳中和技术包括温室气体的捕集技术、埋存技术和低碳或零碳新能源技术。

2.2 技术创新相关理论

技术创新相关理论是本书的理论基石。技术创新对福建省社会经济的发展起着举足轻重的作用。本书基于链环—回路模型、技术创新及技术创新系统理论，结合福建省的实际，拟通过对技术创新链中价值的链接，把低碳技术和产品的创新链、发明设计、研究活动以及反馈等各个环节有效整合，构建低碳技术创新的链环—回路模型；之后，分析福建省低碳技术创新的可能主体要素，以期尽可能地找出所有的主体要素；最后回顾福建省低碳技术创新系统取得的成效，同时找出福建省低碳技术创新系统的“瓶颈”，从而为本文福建省低碳技术创新机制的构建提供理论铺垫和实证依据。

2.2.1 技术创新含义

创新一词最早由美籍奥地利经济学家熊彼特（J. A. Schumpter）于1912年在《经济发展理论》一书中首次提出，认为创新就是“建立一种新的生产函数”，也就是说把一种从来没有过的关于生产要素和生产条件的“新组合”引入生产系统，其目的在于获取潜在的超额利润，并概括了关于创新的五种情况：①采用一种新的产品；②采用一种新的生产方法；③开辟一个新的市场；④控制原材料或半成品的新供应来源；⑤实现任何一种工业的新组织。熊彼特列出了技术创新一些具体的形式，但是他本人并没有给予技术创新明确的定义。伊诺思（1962）（J.L.Enos）在其《石油加工业中的发明与创新》一书中首次明确地对科技创新下定义。他从行为集合的角度定义科技创新，认为科技创新是几种行为综合作用的结果，这些行为包括发明的选择、资本投入保证、组织建立、制订计划、招用工人和开辟市场等。厄特巴克（1971）（J.M.Utterback）认为“与发明或技术样品相区别，创新就是技术的实际采用或首次应用”。Edquist（1977）认为科技创新是生产新知识，或将既有知识重新组合，以及将之转换成经济上有意义的产品而言。即创新未必一定是意味着全新的知识和产品，也意味对既有知识的重新组合或是改良旧的过程，它可以涵盖突破性的产品创新，也可以包含渐进式的过程改良。而林恩（Lynn，1978）则从时序创新过程的角度来考虑，认为技术创新是始于对技术的商业潜力的认识而终于将其完全转化为商业化产品的整个行为过程。缪尔塞（1985）对几十年来在科技创新概念与定义上的多种主要观点和表述作了较系统的整理分析。在此基础上，缪尔塞将科技创新重新定义为：以其构思新颖性和成功实现为特征的有意义的非连续事件。这一定义突出了两方面的特殊含义：一是活动的非常规性，包括新颖性和非连续性；二是活动必须获得最终的成功实现。Christensen（2000）从科技的角度来说明创新，他认为所谓科技是指组织将劳力、资本、物料与信息转化为具有高附加值的产品或服务，其涵盖范围除工程和流程部分，还包括营销、投资与管理流程，创新可以视为上述面向任何一种科技的变革。从整体上看，西方学者对技术创新的界定有两种观点：一种是基于发明与创新的联系和区别来理解，专指与技术有关的狭义创新。持这种观点的有美国经济学家曼斯费尔德（Mansfield，1975），认为“创新是一项发明的首次运用”。另一种是从技术、市场、管理和组织体制等生产系统的要素方面来理解的广义创新。如英国经济学家弗里曼（C.Freeman，1997）认为：工业创新是指“第一次引进一个新产品或新工艺中所包含的技术、设计、生产、财政、管理和市场诸步骤”。美国企业管理学家德鲁克（P. F. Drucker）认为“创新的行动就是赋予资源以创造财富的新能力”。美国国会图书馆研究部认为：技术创新是一个从新产品或新工艺设想的产生到市场应用的完整过程，它包括设想的产生、研究、商业化生产到扩散这样一系列的活动。应该说，熊彼特的思想同时包括了这两种观点。

国内学者对技术创新的概念也进行了探讨。很多学者集中于技术方面及其与商业目的关系的研究，如傅家骥（1998）等认为，技术创新是企业家抓住市场的潜在赢利机会，以获得商业利益为目标，重新组织生产条件和要素，建立起效能更强、效率更高和费用更低的生产经营系统，从而推出新的产品、新的生产（工艺）方法。许庆瑞（2000）认为，技术创新是技术变革的一个阶段。技术变革过程大致有技术发明、创新和扩散三个阶段。技术创新是继发明之后将科学转化为直接生产力的阶段。柳卸林也认为技术创新是指与新产品的制造、新工艺过程或设备的首次商业应用有关的技术的、设计的、制造及商业的活动，包括产品创新、过程创新和扩散三阶段。江文钜和陈志嘉（2008）认为技术创新指在一个活动或过程，个人可在活动或过程中展现人类解决问题能力与创造性思考能力，掌控内部以及结合外部知识与资源，进而产生或累积知识与经验，应用在组织或企业各部门，可产生差异性产品、方法或服务等，借此获得竞争力，并产生额外的利益或利润。此外，很多国内学者对技术创新特征的概括意见也比较统一，如都认为其具有：创新收益的非独占性、创新的不确定性、创新的市场性、创新的系统性等。

还有学者从其他角度进行理解。欧阳建平和曹志平（2001）认为技术创新可以从经济学层面、社会学层面、哲学层面给予理解和界定。中国人民大学的刘劲杨（2002）认为，当前对技术创新的研究存在着将技术创新的范围无限扩大，把市场创新、机制创新等涉及制度方面的因素都包括于其中，从而失去了技术创新的准确定位，以及把技术创新仍然局限于技术发明或技术进步的工程学意义上的狭义理解，忽略了技术应用的新组合可能存在的巨大创造性及技术与经济的紧密联系的两个误区；并把技术创新定义为：以实现特定经济目的和技术的高效应用为目标，优化组合既有技术，并发展出新的技术，打破旧有技术经济的均衡格局，实现经济发展的突破。

2.2.2 技术创新系统理论

技术创新系统理论的发展经历了单因素理论、双因素理论到多因素理论，即国家创新体系理论的发展过程。

把技术进步与经济增长的关系进行宏观视角分析的传统由来已久。亚当·斯密是第一个在理论上明确提出以知识为基础的发明技术等具有价值这一观点的经济学家。马克思在其《资本论》中也反复强调了技术作为物质手段是现代生产的必要前提条件。而熊彼特则反对新古典经济学静态均衡的观点，强调技术创新在经济发展过程中起着决定性的动态均衡作用，创造性地提出“不是资本，也不是劳动力，而是技术创新，是资本主义经济增长的主要源泉”，成为“技术推动论”的代表。但受到20世纪初的经济学思潮的影响，在1912年的《经济发展理论》一书中，熊彼特也认为科学与发明是外生因素，不受外界影响。单因素理论的技术推动说简化了技术创新的过程，把它看作一个“管道”：即从管道的一端输入劳动和资本，科学、技术就会从管道的另一端输出来。认为具有大规模研究群体的企业在创新上优于科研人员的小企业；二是创新活动的步伐依赖于科学进展。技术推动说在20世纪60年代受到了另一位美国经济学家施莫克勒（J. Schmookler）的挑战。他通过对美国19世纪上半叶到20世纪50年代的铁路、炼油、农业与造纸业的投资、产量、就业和发明活动的研究，提出市场拉动（或需求拉动）比技术推动更具代表性。他得出结论：专利活动，也就是发明活动，与其他经济活动一样，基本上是追求利润的经济活动，它受市场需求的引导和制约。即：在刺激发明活动方面，需求比知识进步更重要。施莫克勒对熊彼特的研究→开发→生产→销售的直线流程进行了补充，构成了销售→研究→开发→生产→销售的循环流程，认为需求的上涨是发明活动高涨的直接诱因。此后，迈尔斯（Myers）和马奎斯（Marquis）于1969年做了一项重要的实证工作，支持施莫克勒的观点。他们抽样调查了5个产业的567项创新，其中四分之三的创新是由市场需求或生产需要而来，只有1/5的创新以技术本身的发展为来源。而熊彼特则认为，只有发明这个外生变量才能产生新的投资和新的经济活动。在技术创新源泉方面，前者强调市场需求即赢利的机会，而后者则强调科学和技术。显然，单纯的技术推动和需求拉动说都是片面的。

纳尔逊和温特（Nelson and Winter）在20世纪70年代中期，开始秉承生物进化论的思想，在一个演进的环境中考察创新的系统。他们否定古典经济学对静止、均衡办法的偏好，认为技术变迁是开放的、路径依赖的过程，应该用演进理论来理解、研究。在《经济变迁的演化理论》一书中，纳尔逊和温特主要讨论了企业为响应环境而做出的创新，分析了影响企业研究与开发的因素。认为企业在技术创新的过程中会基于三个方面考虑：其一是类似于施莫克勒的观点，即“一种产品的预期市场是一种考虑，它影响那些旨在改善产品或降低其成本而作的研究与开发的努力数量”；其二是研究和开发的支出大体上是销售额的一个不变部分；其三是选择研究开发的类型时要考虑知识基础，因为它影响到研究开发的有效性即公共率。因此，纳尔逊和温特提出了双因素推动论：在静态环境中，边干边发现和利用这种创新机会；在动态环境中，搜寻与实现对创新机会的发现和利用。双因素理论认为创新不是孤立存在的，突出了其与创新主体的知识状况以及与环境的密切关系，并考虑到了组织制度因素在技术创新中的地位。

综合众学者的研究，技术创新系统理论的核心是国家创新体系理论。国家创新体系的理论渊源可以追溯到 19 世纪德国著名经济学家弗里德里希·李斯特，而其首倡者是英国学者克里斯托弗·弗里曼。李斯特对于国家创新体系研究的贡献主要有：率先提出“政治经济学的国家体系”的概念；明确提出并且深入分析了国家专有因素对于一国经济发展和经济政策选择的巨大影响；明确地提出了后进国家在面对先进国家的技术限制和技术封锁的情况下所应该采取的国家技术战略，强调了一国内生性科学急速能力的重要性。但他们都没有围绕这些问题提供完整的理论分析框架。20 世纪 50 年代中期以后，以美国经济学家施穆克勒、罗森伯格和弗里曼为代表的“熊彼特主义学派”注重对技术创新过程的研究，重点研究技术创新产生的技术经济基础、技术轨道与技术范式、技术创新集群、技术创新的扩散以及长波等重大理论问题，并提出了一系列的技术创新模式。从 20 世纪 70 年代末起，冯·希伯尔（Eric von Hippel）、伦德瓦尔（Lundvall）等提出在技术创新中，用户、供应商等都对技术创新起着主要作用，这成为技术创新是一个体系概念的雏形。弗里曼（Freeman）也通过对日本的考察总结出以技术创新为主导、辅以组织创新和制度创新的经验，并得到纳尔逊、伦德瓦尔的进一步论证。弗里曼和伦德瓦尔几乎同时提出了“国家创新体系”的表述，但一般认为弗里曼最先提出国家创新体系的概念：创新系统是国家内部系统组织及其子系统间的相互作用。伦德瓦尔则认为一个创新体系是由在新的、有经济价值的知识的生产、扩散和使用上互相作用的要素和关系所构成的，国家创新体系是指包括了在国家含义上的要素和关系。

在分析技术创新系统理论的过程中，众学者对与技术创新有关的社会因素进行了实证分析，对国家创新体系所包含的主体、要素进行了研究。弗里曼通过对日本以技术创新为主导、附以组织创新和制度创新，从而在短短的时间内使国家的经济出现强劲发展的创新体系的概括强调了国家创新体系中：①政府的重要干涉作用；②企业研究开发的作用，尤其是在引进技术创新基础上的创新；③教育和培训的重要作用；④独特的产业结构，尤其是企业集团的重要作用。此外，还论证了技术创新与组织创新和社会创新结合起来的必要性。纳尔逊比较分析了美国和日本等技术创新的国家制度体系，提出现代国家的创新体系在制度上的复杂性，认为“创新是大学、企业等有关机构的复合体，制度设计的任务是在技术的私有和公有两方面建立一种适当的平衡”。佩特尔（Patel）和帕维蒂（Pavite）也认为国家创新系统包括企业、大学科研机构、教育部门、政府及金融部门这些决定一个国家技术学习方向和速度的国家制度，以及激励结构和竞争力。伦德瓦尔等从微观角度着手，根据用户—生产者相互作用的分析方法，认为地理和文化的差距以及政府的作用是影响用户和生产者相互作用的一个重要因素，因此，工人、消费者和公共部门等最终用户在创新过程中也起着重要的作用。经济合作与发展组织（OECD）在报告中指出技术创新是系统内部各个要素之间的相互作用和反馈的结果，其核心是组织生产和创新、获取外部知识方式的企业；而外部知识则来源于别的企业、公共或私有的研究机构、大学和中介组织。

国内引入国家创新系统概念始于 1995 年，冯之浚、齐建国、柳卸林、王春法、赵玉林、庄卫民等国内学者结合我国国家创新系统理论的建设对国家创新系统理论进行了研究。赵玉林（2006）把国家创新系统划分为主体子系统：企业、科研机构和研究型大学、教育培训和中介机构、政府；对象子系统：知识创新、技术创新、制度创新；环境子系统：经济的、政治的、法律的、科技的、文化的乃至自然环境等相互作用、相互制约的因素，如人力资源环境、社会制度环境和社会文化背景等变量。

总结国内外学者的观点，国家创新体系是以国家的存在为前提，基于这个前提政府有目的地推动创新。它整合了国家范围内的各种资源，并调动了企业、科研机构、教育系统、政府等部门对其进行重新配置，以此来进行技术创新。

2.2.3 链环—回路模型

2.2.3.1 链环—回路模型概述

克莱茵（S. Klein）和罗森伯格（N. Rosenberg）于 1986 年提出了技术创新过程的集成模型，即链环—回路模型（图 2-2），在这一模型中，他们认为研究开发、原型研制试验、生产制造、产品销售只是一个逻辑上的技术创新系列，并不是一个简单的线性关系，在实际上则要求这些要素并行发展，综合集成。这一模型较全面地分析了技术创新的整个过程。该模型将技术创新的各个阶段与现有的知识技术存量和基础研究联系起来，同时考虑了创新链各个环节之间的反馈关系。

2.2.3.2 链环—回路模型的创新路径

克莱茵和罗森伯格（1986）认为该技术创新链环—回路模型共有 5 条创新路径。

第一条路径是创新的中心链，该路径起于发明、设计，通过开发、生产等阶段，最后结束于销售阶段。

第二条路径由一系列的主反馈和反馈环等为标志的反馈回路组成。反馈表示从对市场需求的察觉，直接返回下一轮设计，以便对产品和服务的性能做进一步的改善。

第三条路径是指研究和发明设计过程的相互作用，以及发明设计—知识—研究—设计或设计—知识—设计等多种回路的多次反馈过程。它说明创新是以科学知识的积累为基础，同时开发工作也经常需要研究（也就是新的科学）。因此，从科学到创新的回路，不只是创新的开端，而是贯穿于整个创新过程。

科学是创新各阶段的基础。在创新的链环—回路模型中，科学不再是创新的初始点，而是创新主链各节点上都需要的东西。科学常常导致根本性的创新，新的产业，半导体、激光等便是著名的例子，这是创新的第四条路径。

反之，创新又能推动科学，这则是创新的最后一条路径。

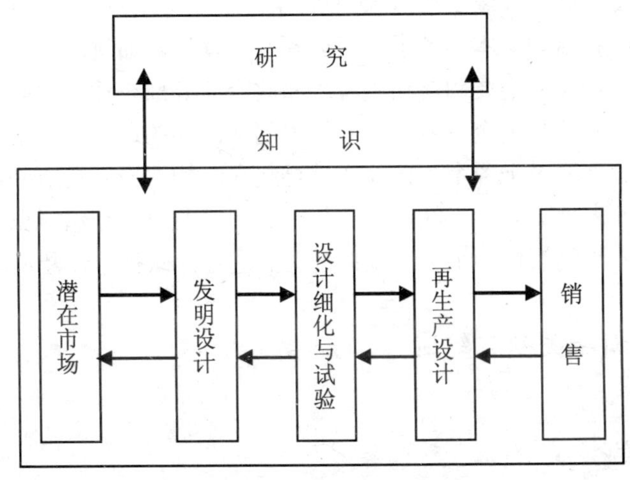

图 2-2　链环—回路模型

2.2.3.3 链环—回路模型分析

链环—回路模型是在对技术创新由线性思考逐步深入理解的过程中被提出的。它从技术创新本身出发，将技术创新项目的展开过程进行了恰当的阶段划分，而且在各个阶段之间的相互作用和联系上注入了丰富的知识。它既符合人们所熟悉的创新过程的顺序思维模式，又克服了以往模型单纯线性化、反映问题不够全面的局限。

但是这种模型基本上是描述性的，在实际应用中存在一定的局限，因为它不能明确哪些环节对创新绩效起关键的作用。该模型主要从技术创新本身出发，没有考虑技术创新同其他职能之间的相互作用，局限于技术创新项目的分析。因此许多学者认为技术创新不仅仅是一个知识和技术的问题，还必须将它放到企业环境中去，必须考虑它与企业其他职能之间的交互作用，如企业战略、组织结构、组织文化、人力资源管理等。

2.3 协同创新相关理论

企业要进行低碳技术创新活动，其途径有多种。企业可以自己内部进行低碳技术创新，可以联合其上下游企业共同进行低碳技术创新，还可以借助政府颁布的相关政策以及法规来开展低碳技术创新，甚至还可以与高校科研机构进行合作，共同开展技术创新活动。本书基于协同创新网络理论，通过对各大利益相关者进行分析，识别出企业的主要利益相关者，即政府、外部企业、中介组织、研究机构四大主体，目的就是把企业开展低碳技术创新活动的途径有效地联结起来，做到既协同又协调。通过把各个有效途径整合起来，构架出企业协同创新网络模型图，通过对企业内部、企业之间、企业与政府、企业与中介组织以及企业与研究机构之间建立协同创新机制来进一步促进企业进行低碳技术创新活动。

2.3.1 协同创新相关研究综述

2.3.1.1 协同理论

“协同”在《辞海》里被解释为同心协力，互相配合。英文里的协同来源于希腊文，意为协同工作。传统的协同理念最简单的表达公式就是“1+1＞2”。20 世纪 40 年代，美国生物学家贝塔朗菲（Bertalanffv，1987）在其《一般系统论》中首次将系统作为一个科学体系进行论述。贝塔朗菲把“系统”定义为“相互作用的诸要素的综合体”，解释系统是由相互制约、相互作用的一些部分组成的具有某种功能的有机整体。德国著名物理学家哈肯从系统科学角度来阐述协同，指出协同就是系统中大量存在的子系统，却只受少量的序参量支配，实现系统的总体上形成有序结构。美国战略理论研究专家 H. 伊戈尔·安索夫（1965）和日本战略家伊丹广之（1972）则是从企业战略角度阐述了协同的定义。前者认为“协同是企业如何通过识别自身能力与机遇的匹配关系来成功地拓展新的事业”，后者认为协同就是“搭便车”，因为“从公司某一局部发展出来的隐形资产可以同时被用于其他领域，且不会被耗掉”。

自协同提出后，便引起了众多管理学研究人员的兴趣，很多学者致力于发生协同效应的机制研究。在安索夫研究基础之上，Michael Porter（1980）、C K Prahalad（1990）等学者也对协同的机理进行了一定的研究，但他们重点探讨了协同机会的识别以及如何创造协同效应等内容。国内学者潘开灵和白列湖（2006）在提出管理协同含义的基础上，提出了管理协同机制的过程模型，并将管理协同的机制构造分为形成机制和实现机制，给出了形成机制中的评估机制和利益机制的定义和机理，对实现机制中的协同机会识别、协同价值预先评估、沟通、整合、支配、反馈等机制进行了阐述。赵昌平等人（2004）讨论了战略联盟协同的内在机理，在对协同机理进行分析的基础上，讨论了联盟伙伴决策者对联盟战略选择的偏好问题，用数学模型分析了众多联盟伙伴的战略选择形成联盟结构的过程，并对其中的一些影响因素进行了讨论。此外学者秦书生（2001）、王谦（2003）、张翠华（2006）等也对协同机制进行了研究。除了协同效应机制的研究之外，众多学者还涉及协同管理、协同优化方法、协同设计等领域的研究。

2.3.1.2 协同创新理论

目前，国外针对协同创新而做的研究还较少。20 世纪 70 年代中期以后，Dillon 等人进一步探讨了企业组织、决策行为、学习能力与营销以及内外部因素相互作用对于企业技术创新的影响，指出提高技术创新效果的关键在于合理处理好上述各种要素的匹配关系，发挥协同作用。坎贝尔（2000）认为协同创新是指参与要素在发挥各自作用、提升自身效率的基础上，通过机制性互动产生效率的质的变化。国内理论界针对协同创新的研究较多，但是理论界目前还未达成对协同创新概念的共识。1997 年以许庆瑞为首的浙江大学创新管理研究团队，采用理论推导、案例研究、统计实证等方法，以全面创新管理为中心，连续、系统地对协同创新进行了多角度、不断深入的研究；彭纪生（2000）在其《中国技术协同创新论》

一书中提出了“技术协同创新”的概念；陈劲和王方瑞（2005）对技术和市场的协同创新进行了一系列的研究；许庆瑞和蒋键（2005）从创新战略、组织结构和企业文化三方面对我国大中型企业创新要素全面协同程度的影响进行了分析；郑刚和梁欣如（2006）对技术与非技术要素全面协同的机制进行了研究；陈劲和谢芳（2006）对企业集团内部的协同创新管理进行了理论分析和实证研究。此外，众多学者对于企业间及产学研之间的协同创新进行了较深入的研究。但是仍然存在着一些不足：如缺乏大量企业实证研究支撑；没有针对高技术企业进行其协同创新的研究；当前基于系统观的要素协同研究较少考虑协同成本，一味追求全要素协同，尚缺乏对于全要素协同的需求程度的研究，对于系统协同创新的概念模型也未进行系统的分析和构建。

2.3.1.3 创新网络理论

最早提出创新网络概念的是 Freeman，1991 年他指出创新网络是应付系统性创新的一种基本制度安排，其主要联结机制是企业间的创新合作关系，并进一步把创新网络的类型分为合资企业和研究公司、合作 R&D 协议、技术交流协议、直接投资、许可证协议、分包、生产分工和供应商网络、研究协会、政府资助的联合研究项目等。1998 年，Oerlemans 的一篇文章也研究了创新网络的作用，他认为，纳入企业外部的网络因素以后，对企业的创新绩效的解释力要比单纯考虑企业内部因素强。北京大学盖文启和王辑慈（1999）发表的《论区域创新网络对我国高新技术中小企业发展的作用》一文，标志着创新网络研究在我国的开始。学者王大洲（2001）对创新网络综述了 3 个方面的问题：①区分了商业网络与企业创新网络；②对企业创新网络的治理结构的研究进行了梳理；③关于企业创新网络的进化过程的论文进行了综述。沈必扬和池仁勇（2005）认为：企业创新网络是涉及多个层次、多个组织、多个阶段、多种创新要素的复杂创新活动的组织形式。而关于创新网络的定义，学者们从经济学、社会学、产业组织学等多学科多角度研究认为，随着技术进步速度的加快以及竞争加剧等外部环境的波动，外部的联系对企业的技术创新越来越重要，这些联系形成企业的创新网络。而关于创新网络的功能，众多学者也从诸如交易费用、资源互补、知识创造等不同视角进行了详细的分析。

2.3.1.4 协同创新网络理论

Hadjimanolis（1999）指出，协同创新网络是由企业和客户、供应商、中介机构等通过形成垂直或水平的关联节点所构成。Pekkarinen 和 Harmaakorpi（2006）

认为企业协同创新网络主要来自异质的参与者，包括企业、大学、研究机构和中介组织等。国内学者对协同创新网络的系统研究尚不多见，只是一些学者对创新网络进行了相应探讨，在某种程度上体现了协同的理念。国内学者池仁勇（2007）通过对中小企业创新的实证研究表明，中小企业同中介、科研机构、政府等构成的创新网络对创新绩效有着显著的影响。姚小涛等人（2008）基于250家企业的实证分析，验证了强弱关系是企业创新所依赖的重要社会关系。在2010年前，协同创新网络的研究主要都是提供些理论框架，基本上是从定性角度进行的初步分析，直到学者解学梅（2010）发表在管理科学学报的论文《中小企业协同创新网络与创新绩效的实证研究》才真正意义上进行了实证的研究。她是基于前人研究的创新网络理论和协同的内涵，提出企业协同创新网络是指企业在创新过程中，同供应链企业、相关企业、研究机构、高校、中介和政府等创新行为主体，通过交互作用和协同效应构成技术链和知识链，以此形成长期稳定的协作关系，具有聚集优势和大量知识溢出、技术转移和学习特征的开放的创新网络。

总的来说，关于协同创新网络的相关研究，国外论文实证方面的研究比较多，主要是产业或者区域创新网络的实证研究，而在中国这一领域尚处于起步阶段，研究成果普遍使用的是定性理论分析，案例研究较少，定量模型分析、实证研究较少，尤其是可操作性的实证更为少见。国内目前关于创新网络的研究对象正在逐渐扩大，但主要集中在区域技术创新网络、产业集群发展、高新技术开发区建设等几个领域，并且研究并不深入，处于起步阶段。如对产业或区域集群创新网络构建的具体因素，这些因素在多大程度上影响其协同创新绩效，创新网络运作机制研究，区域网络模式的缺乏分析和量化研究等，这些在国内目前都比较缺乏，有待进一部深入研究。此外，虽然有一些文章从整体网络的角度初步描述了网络的特征与治理问题，但是从企业角度展开创新网络治理的研究目前还比较匮乏。而将该理论运用于低碳技术创新，并结合企业相关理论如协同创新网络理论构建低碳技术创新机制的研究更是凤毛麟角。

2.3.2 协同创新网络理论框架

如前所述，协同创新网络就是企业同政府、研究组织和中介机构等主体所建立起的资源能够得到整合，创新效率能够得到提高，创新效果能够得到共享以及创新具有持续性的一种特殊类型的社会关系网络。基于协同和创新网络理论，我们可以得出企业协同创新网络的构架图，如图2-3所示。

从图2-3的内部虚线椭圆来看，供应商企业、销售企业、竞争企业和客户，与企业形成企业—其他企业结构，各主体间内部自发形成创新网络，主体之间具有长期的稳定的协同。从实线三角形来看，中介组织（风险投资组织、技术市场等）、政府以及研究机构，与集群企业分别形成了企业—中介、企业—政府、企业—研究机构创新网络，各主体间知识交互并达成知识链协同。通过技术和知识的获取、传递和共享的协同循环形成技术和知识网络。企业协同创新网络的构建包括企业自身构建以及与政府，与外部企业，与研究组织，与中介机构的构建五部分。从微观角度来看，每一部分的构建都是相互独立的，所用的构建机制都是不同的；但是从宏观角度来看，这是一个大的整体，各个部分是相互联系的，任何一部分做不好就有可能导致整个创新网络无法协同，只有确实做好每一部分的机制构建才能形成企业整体协同和协调，也才能真正形成企业协同创新网络。

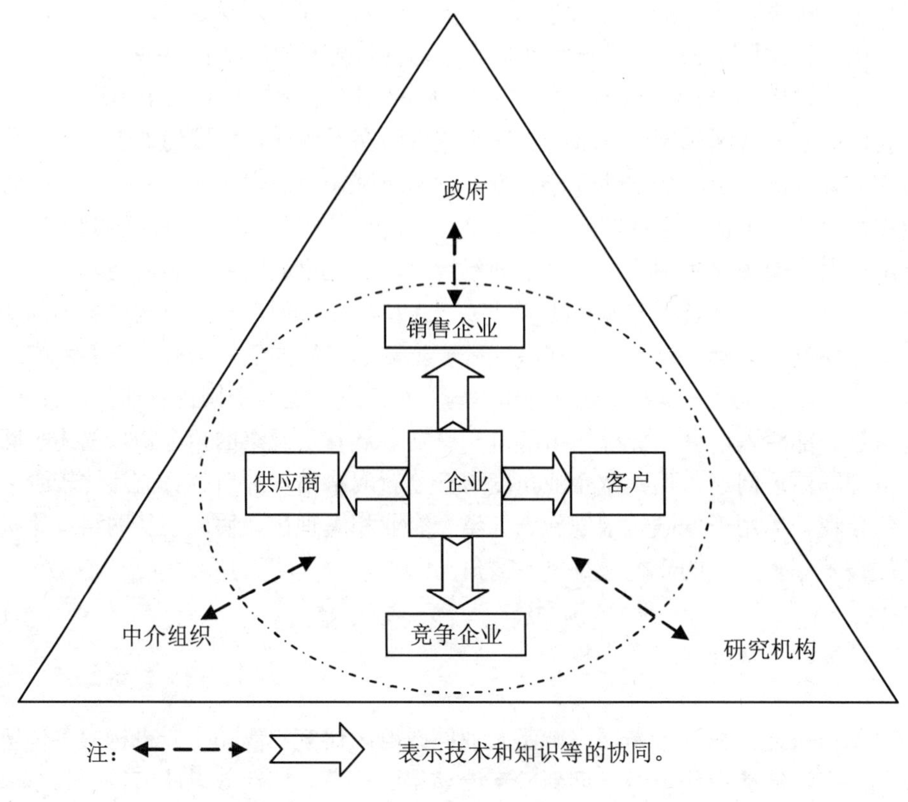

图 2-3　企业协同创新网络构架

本章小结

本章对低碳经济理论、技术创新理论和协同创新网络等相关理论进行了回顾分析。从低碳的定义、内容及低碳经济国内外研究进展状况看，学术界目前对低碳经济内涵的理解还没有明确、统一的认识，低碳经济的研究尚处于起步阶段。现有对于发展低碳经济的价值实现主要从“道德价值”或“社会价值”方面阐述，从市场价值的角度论证低碳经济的相对较少；在低碳经济的发展模式研究方面，已经有比较成熟的模型框架，但在低碳技术创新机制的内容和构建原理上的研究文献相对较少，研究面也比较狭窄，主要集中在动力机制的研究上。关于低碳技术创新的实证研究更多的是基于某个区域的碳排放影响因素分解、碳排放限制等方面，鲜有基于某个区域的综合评价指标体系构建和评价。

国家创新体系已得到了国内外学者的广泛认可，基于国家前提的资源整合和配置是技术创新成功的关键。而在技术创新的经典“链接”模式中，通过链接实现价值活动的双向反馈机制是创新系统的重要组成部分，更是技术创新能否成功的关键。由于低碳经济的发展很大程度上受制于其成本效益优势不显著及其可能引起的经济效益与生态效益的矛盾。因此，本研究尝试从国家创新系统和“链接”模型中寻找促进低碳技术创新的理论框架。当前，很少研究从企业的微观层面和社会系统的宏观层面同时关注低碳技术创新的过程和机制，而只有同时考虑微观和宏观层面的低碳技术创新才能保证社会资源的整合、政策的响应和技术路径的有效实施。因此，在前两个理论的基础上，本研究把广泛运用于企业创新系统中的协同创新网络理论引入低碳技术创新中，综合考虑在不同的主体视角下，低碳技术创新的过程、机理、主要激励因素和制约因素，如何进行微观和宏观层面结合的福建省低碳技术创新机制构建。

第3章　福建低碳技术创新环境的评价分析

当前已有学者从定性和定量的角度论述了科技创新环境对科技创新能力和创新绩效的影响，如李婷和董慧芹（2005）认为，创新环境是科技创新活动赖以生存和发展的物理空间和社会空间，它影响和制约着创新活动，当科技创新环境处于良好状态时，它对科技创新起促进作用，反之，则起限制和阻碍作用；易成栋（2001）通过问卷调查研究发现，由制度与社会文化等因素组成的区域创新环境对技术创新有重要的影响；赵付民，邹珊刚（2005）通过实证研究得出政府主导的创新环境影响最为重要，市场主导的创新环境影响没有预期的明显，创新文化与价值观也显著影响创新绩效；王善礼（2008）通过实证发现基础设施水平、市场需求、劳动者素质、金融环境等都显著地影响区域创新能力，且对区域技术创新效率具有正面促进作用；陈文韬（2008）研究得出区域创新环境相对优越的省市中，基础设施环境对创新绩效的影响较大，另一类省市的软环境对创新绩效的影响突出；张媛媛和张宗益（2009）运用《中国区域创新能力报告（2002—2006）》中的区域创新能力体系指标数据，利用面板数据模型进行实证研究，研究表明：创新环境中基础设施、劳动者素质、市场需求、金融环境、创业水平都显著地影响创新能力，创新环境对创新绩效的贡献都为正且统计显著；牛玲飞（2008）采用主成分分析法对城市的经济环境和技术环境进行评价，再利用多元线性回归研究两大环境对高新区技术创新能力的影响，研究表明：基础较好的城市对高新区的支撑作用较强，而非省会的中小城市，经济基础和科技实力并不能带动高新区的技术创新能力的提升；张宗益和张莹（2008）以专利申请量为因变量，以基础设施、市场需求、劳动者素质、金融环境及创业水平5大创新环境为自变量，利用多元线性回归分析法研究表明，基础设施、市场需求、劳动者素质及金融环境对区域技术创新效率有显著影响；等等。

以上学者的分析结果均表明，科技创新环境对科技创新能力和创新绩效的提升具有重要的促进作用。因此，本章将对福建低碳技术创新环境进行详细的分析，对它进行系统的评价，寻找创新环境存在的不足之处，以便在构建低碳技术创新机制时，更具针对性、合理性与可操作性，为低碳技术创新的开展营造良好的发展空间。

3.1 低碳技术创新环境的内涵

对创新环境的研究是 20 世纪 90 年代国际学术界创新研究的重点领域之一。创新环境论最先是由欧洲创新环境研究小组（GREMI）的学者们在研究欧洲高新产业区的过程中提出来的，他们先后提出了“创新环境”“创新网络”“集群学习”等概念。欧洲创新环境研究小组（GREMI）将创新环境定义为：在有限的区域内，主要的行为主体（节点）通过相互之间的协同作用和集体学习过程，而建立非正式的复杂社会关系，这种关系提高了本地的创新能力。1997 年经济合作与发展组织的《国家创新系统》报告提出，国家创新系统由创新资源、创新机构、创新机制、创新环境四个相互关联、相互协调的主要部分构成，也强调了创新环境的重要性，其中创新环境是指为创新提供规则和机会的国家体制和结构因素，它包括国民基础教育、通讯基础设施、财政、金融、产业政策等（谭贤楚，2004）。当前中国学者对科技创新环境内涵的研究也比较多，如王家利等（2003）认为科技创新环境是激励和约束创新主体行为、保障科技创新得以实现的网络系统，它涵盖了政策、机制、资源、中介服务、金融、社会文化环境等诸方面；李婷等（2005）认为科技创新环境是由影响科技创新的公共和私有部门及机构组成，通过各行为主体的制度安排及相互作用，旨在经济地创造、引入、改进和扩散新的知识和技术，使科技创新取得更好的绩效，并将创新作为变革和发展关键动力的相对稳定的开放网络系统；陈文韬（2008）认为区域创新环境侧重于环境中参与要素和行为主体之间的互动关系和它们各自实现其功能所需要的必要条件，区域创新环境包括两个方面的含义：一是促进区内企业等行为主体不断创新的区域创新环境（静态的环境）；二是为进一步促进区域内创新活动的发生和创新绩效的提高，区域环境自身随着客观条件的变化，而不断自我创新和改善，以形成自我调节功能的区域创新系统；等等。

本书在以上学者对技术创新环境内涵论述的基础上，根据技术创新的链环—回路模型等理论，对低碳技术创新环境的定义如下：低碳技术创新行为主体之间在技术研发、技术示范、技术推广产业化过程中形成的长期正式或非正式的合作与交流关系的基础上形成的、多种创新资源流动的、相对稳定的系统。这一系统能影响技术创新过程中各环节内部的运行效率和各环节之间的衔接效率，从而影响低碳技术的创新效率。

3.2 低碳技术创新环境构成要素的理论分析

根据以上对低碳技术创新环境的定义，本书结合创新体系结构理论和国内学者对科技创新环境划分的研究结论，将低碳技术创新环境划分为法律政策环境、科技环境、经济环境、市场环境、产学研合作环境、人文社会环境、资源环境约束 7 个环境子系统。

政策环境主要指低碳技术创新相关的政策、法规等内容。在区域创新服务体系中，政府不仅承担着通过制定、完善有关政策、法规引导创新实现良性循环的责任，而且在市场经济条件下，它还具有借助经济手段进一步完善市场监管机制，保护创新者利益的义务（中国科技发展战略研究小组，2009）。由于低碳技术创新活动具有高风险、外部性强等特性，使得私人部门进行低碳技术创新的积极性大打折扣，这时就需要政府的干预。政府干预低碳技术创新的形式包括低碳技术创新相关的政策、法规等内容。其中，政策环境主要包括低碳技术政策、产业政策、财政政策、税收政策、金融政策、政府采购政策等；而法律法规主要包括专利制度、知识产权保护的相关法律法规、促进官产学研合作创新和技术市场有序运行的相关法律法规等。

科技投入环境主要反映区域技术创新的人力、物力和财力的投入情况。技术创新活动处于整个社会的技术变革之中，技术资源禀赋也是一个重要的环境变量，而技术创新人力、物力和财力是最重要的技术资源。因此，科技投入环境也同样是低碳技术创新环境的重要组成部分。低碳技术创新的人力、物力和财力投入会直接影响低碳技术成果产出，而且会间接影响技术研发主体示范并推广技术成果的积极性，以获得更多的政府资金扶持。R&D 经费内部支出占 GDP 比重、地方财政科技拨款占地方财政支出比重、万人科技活动人员数、R&D 人员占科技活动人员的比重、R&D 人员人均科研经费、科技活动机构个数、每名 R&D 活动人员新增仪器设备费、科研与综合技术服务业新增固定资产占全社会比重等可以反映出区域技术创新投入的实际情况。

经济环境主要影响低碳技术创新的资金环境以及低碳技术的潜在市场需求等。在一定科技水平和科研人员情况下，资金是低碳技术创新实现的决定性因素，因此经济环境是低碳技术创新环境的重要方面。低碳技术创新的可持续进行需要大量的、持续的资金扶持，主要包括低碳技术研发创新资金、示范资金、推广产业化资金、对环保企业技术创新的资金扶持等。资金的主要来源包括政府、企业（尤其是环保企业）、银行和风险资金等金融机构、中介机构等。而地区政府的财政总收入、工业增加值率、金融机构人民币各项存款余额、金融机构贷款在科技经费筹集额中的比重、企业在证券市场融资金额等指标可以在一定程度上反映出以上低碳技术投资主体的投资水平。地区经济发展水平和人民生活水平越高，社会公众或消费者就越有可能更加关注环保问题、产品的绿色性等，而这将加大企业对低碳技术的需求，以求保持或提升自身的市场竞争力，而人均GDP、城乡居民人均消费支出等可在一定程度上反映出人民的生活水平。

市场环境主要反映技术市场的供给与需求情况。市场机制在经济社会的资源配置中将发挥越来越重要的基础性作用。健全的技术市场机制对技术创新具有良好的信息导向作用，为低碳技术创新资源的流动提供导向作用，提高科技资源配置的合理性和使用效率，提升低碳技术研发创新能力和示范转化能力。完善的技术市场能够提供及时的技术供给信息给技术需求者，为农业技术需求者找到卖家，满足自己的农业生产经营需要或解决技术难题，提高其使用新技术或新产品的积极性，对低碳技术创新成果的需求逐步提升，反过来促进低碳技术研发、示范和推广的发展。专利申请授权数可在一定程度上反映技术市场供给量，而技术贸易合同数和技术贸易合同金额可在一定程度上反映市场交易的顺畅度，技术成果市场化可在一定程度上反映市场的发达程度，同时也可反映技术市场交易的成果。

产学研合作环境主要反映高校、科研院所和企业之间在技术创新时的合作情况。产学研结合即产业、学校、科研机构相互配合，发挥各自优势，形成强大的研究、开发、生产一体化的先进系统并在运行过程中体现出综合优势。目前中国已形成具有中国特色的产学研合作体系，即以企业为主体、以市场为导向、产学研用紧密结合、政府起主导作用的产学研合作体系。低碳技术具有较大的正外部性，多属于共性技术，且有些技术的研发难度较大。这就需要以政府为主导，鼓励有实力的高校、科研院所与企业合作进行低碳技术研发，政府可通过科技立项方式投入启动资金，而高校、科研院所和企业通过合同确定资金投入与收益分配方式。与国内高校合作项目（课题）数、与国内高校合作项目（课题）实际经费支出、与国内独立研究机构合作项目（课题）数、与国内独立研究机构合作项目（课题）实际经费支出等各指标可在一定程度上反映产学研的合作情况。

人文社会环境主要反映区域社会公众的科学文化素质。历史经验表明，人文社会环境对科技事业发展的影响是重大而深远的，一个国家或地区要在实现科技事业腾飞之前，都必将通过不断创新人文环境，为科技创新腾飞打造充实的思想动力、攀升动力、创造动力以及其他相关层面的动力。人文社会环境可具体表现为区域社会公众的科学文化素质，从低碳技术创新来讲，包括人们对环境保护问题的关注与支持程度、对低碳技术的认知度、对低碳技术的采纳能力等。城镇化水平、各类文化事业机构数、平均受教育年限等指标可在一定程度上反映出区域社会公众的文化素质水平，以及政府对提高社会公众科学文化素质水平的投入力度。

资源环境约束主要反映区域环境保护方面的投资情况及其取得的效果。政府及企业增加在环境保护方面的投资，将在一定程度上促进低碳技术的研发、示范与推广应用。而低碳技术成果的应用，最终将有利于环境保护、降低固体废弃物排放、增强资源节约及循环利用能力、降低有害气体排放等，产生良好的经济效益、社会效益与生态效益。环境污染治理投资总额、工业废水排放达标率、工业二氧化硫排放达标率、工业粉尘排放达标率、工业烟尘排放达标率、工业固体废物综合利用率、“三废”综合利用产品产值、单位 GDP 综合能源消耗比等指标可以很好地反映低碳技术创新的资源环境约束。

根据以上理论分析结果，低碳技术创新主体在各个创新环境的大范围内相互作用，共同促进低碳技术创新活动的开展，低碳技术创新环境系统如图 3-1 所示。本章所要论述的福建低碳技术创新环境内容，正是基于这个系统而展开的。

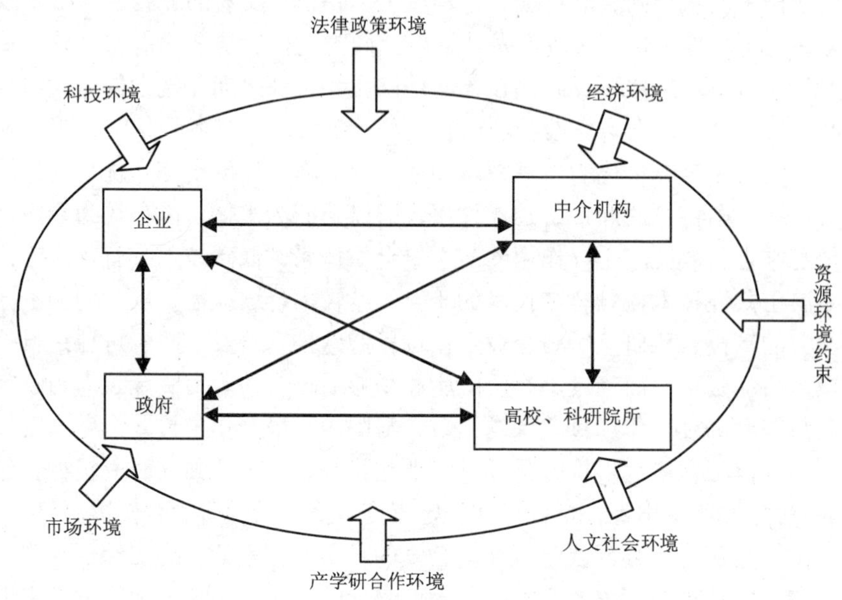

图 3-1 低碳技术创新环境系统

3.3 低碳技术创新环境评价指标体系的构建

根据低碳技术创新环境构成要素的理论分析，本章将设计一套较为完整的、可定量化分析的低碳技术创新环境评价指标体系；然后通过《福建统计年鉴》、《福建经济与社会统计年鉴：社会科技版》等统计年鉴收集数据，对福建低碳技术创新环境有一个较为充分的了解。

3.3.1 指标体系构建的原则

① 科学性原则。指标体系应反映低碳技术创新的内涵，符合区域技术创新体系的组成结构和运行机制，以及企业、政府、大学、科研机构等在推动低碳技术创新中所起的重要作用。同时在提炼指标时要抓住最重要、最本质、最有代表性的东西，对客观实际抽象描述越清楚、越简练、越符合实际，其科学性也就越强。

② 系统整体性原则。将低碳技术创新环境系统作为一个系统来进行研究，应尽可能完整、系统地揭示低碳技术创新环境，防止以偏赅全，应从总目标层出发，进行要素分解，逐层建立完整的评价指标体系。同时，既要注意总量指标，又要注意相对指标，还要注意结构性指标，以反映系统中要素的性质、要素之间的作用，并且还需要充分考虑各指标的有机联系，采取系统设计、整体评估的原则，才能全面、客观、合理地做出评价。

③ 可行性原则。在评价指标体系构建时充分考虑尽量减少评估成本，使评估程序规范化、简易化。并且，在评价低碳技术创新环境时，需要保证选取的指标评价的可行性。

④ 客观性原则。客观准确地反映低碳技术创新环境的实际情况，克服因人而异的主观因素影响，尽量加大可直接量化指标的比例，减少人的主观因素对评价结果的影响。

⑤ 实用性原则。对低碳技术创新环境的评价，不是为评价而评价，而是通过评价，为福建省判断自身的低碳技术创新环境提供一个分析框架，为构建低碳技术创新机制提供科学参考。而且，评价指标要以统计指标为基础，设置要少而精，不可贪多求全，要突出重点。

3.3.2 指标体系的内容

在借鉴前人研究成果的基础上，并根据本研究的研究目标和实际中二手数据可收集情况，本研究涉及的低碳技术创新环境评价指标体系包括：低碳技术创新环境评价为一级；6 个二级指标，具体为科技环境、经济环境、市场环境、产学研合作环境、人文社会环境、资源环境约束；38 个三级指标。由于法律政策环境的量化指标较少，或者与其他环境的相关指标有所交叉，因此本书在构建低碳技术创新环境评价指标体系时，未考虑法律政策环境具体评价指标的构建。具体指标体系如表 3-1 所示。

表 3-1 福建低碳技术创新环境评价指标体系

一级指标	二级指标	三级指标
低碳技术创新环境评价	科技环境（P）	R&D 经费内部支出占 GDP 比重（P1）
		地方财政科技拨款占地方财政支出比重（P2）
		R&D 人员人均科研经费（P3）
		万人科技活动人员数（P4）
		R&D 人员占科技活动人员的比重（P5）
		科技活动机构个数（P6）
		每名 R&D 活动人员新增仪器设备费（P7）
		科研与综合技术服务业新增固定资产占全社会比重（P8）
	经济环境（Q）	GDP（Q1）
		财政总收入（Q2）
		金融机构人民币各项存款余额（Q3）
		金融机构贷款在科技经费筹集额中的比重（Q4）
		企业在证券市场融资金额（Q5）
		人均 GDP（Q6）
		城乡居民人均消费支出（Q7）
	市场环境（R）	专利申请数（R1）
		专利授权数（R2）
		技术贸易合同金额（R3）
		技术贸易合同数（R4）
		技术成果市场化（R5）

一级指标	二级指标	三级指标
低碳技术创新环境评价	产学研合作环境（S）	与国内高校合作项目（课题）数（S1）
		与国内高校合作项目（课题）实际经费支出（S2）
		与国内独立研究机构合作项目（课题）数（S3）
		与国内独立研究机构合作项目（课题）实际经费支出（S4）
		与境内注册其他企业合作项目数（S5）
		与境内注册其他企业合作项目实际经费支出（S6）
	人文社会环境（T）	平均受教育年限（T1）
		劳动生产率（监测值）（T2）
		城镇化水平（T3）
		各类文化事业机构数（T4）
	资源环境约束（U）	环境污染治理投资总额（U1）
		单位 GDP 综合能源消耗比的倒数（U2）
		工业废水排放达标率（U3）
		工业二氧化硫排放达标率（U4）
		工业粉尘排放达标率（U5）
		工业烟尘排放达标率（U6）
		工业固体废物综合利用率（U7）
		“三废”综合利用产品产值（U8）

3.3.3 指标的解释

3.3.3.1 科技环境评价指标的解释

科技环境包括科技创新的资金投入、人力资源投入、物资资源投入，其中，科技创新的资金投入反映了一个国家或地区的科技实力，而且体现出政府及全社会对科学技术的支持程度。大幅度增加科技财力投入，对于推动科技进步与创新具有重要的作用，这里用 R&D 经费内部支出占区域 GDP 比重（P1）、地方财政科技拨款占地方财政支出比重（P2）、R&D 人员人均科研经费（P3）来衡量。而科技活动人员在科技创新活动中贡献自己的智力资源，与资金资源、物资资源一起相互作用，促使科技创新活动的顺利进行，这里采用万人科技活动人员数（P4）、R&D 人员占科技活动人员的比重（P5）两个指标。科技创新的物资投入包括了科技活动机构和科研设备等的投入，这里构建了科技活动机构个数（P6）、每名 R&D 活动人员新增仪器设备费（P7）、科研与综合技术服务业新增固定资产占全社会比重（P8）这三个指标。指标解释如下：

P1：R&D 经费内部支出占区域 GDP 的比重=R&D 经费内部支出费用÷区域 GDP 总额×100%。

P2：地方财政科技拨款占地方财政支出比重=地方财政科技拨款÷地方财政支出×100%。

P3：R&D 人员人均科研经费=科技活动经费内部支出÷R&D 人员数。

P4：万人科技活动人员数=科技活动人员数÷区域总人口数×10 000。

P5：R&D 人员占科技活动人员的比重=R&D 人员总数÷科技活动人员总数×100%。

P6：科技活动机构主要由县级以上政府部门属科学研究与开发机构、高等院校属科研机构、大中型工业企业属科研机构以及其他部门属科研机构组成。

P7：每名 R&D 活动人员新增仪器设备费=新增用于科技活动的仪器设备费用÷R&D 活动人员数。其中新增用于科技活动的仪器设备费用是指在报告期形成的用于科技活动的仪器和设备原价，其中设备包括用于科技活动的各类机器和设备、试验测量仪器、运输工具、工装工具等。

P8：科研与综合技术服务业新增固定资产占全社会比重=科研与综合技术服务业新增固定资产÷全社会新增固定资产×100%。

3.3.3.2 经济环境评价指标的解释

如前所述，经济环境可以在一定程度上反映低碳技术创新资金来源的充足度、低碳技术的市场推动力情况。本书用 GDP（Q1）、财政总收入（Q2）、金融机构人民币各项存款余额（Q3）、金融机构贷款在科技经费筹集额中的比重（Q4）、企业在证券市场融资金额（Q5）5 个指标来反映潜在资金来源充足度，而用人均 GDP（Q6）、城乡居民人均消费支出（Q7）2 个指标来反映消费市场或社会公众对低碳技术创新与应用的潜在推动力。具体解释如下：

Q1：国内生产总值（GDP）共有四个不同的组成部分，包括消费、私人投资、政府支出和净出口额。

Q2：财政总收入属于地方财政的收入，包括营业税、地方企业所得税、个人所得税、城镇土地使用税、固定资产投资方向调节税、城镇维护建设税、房产税、车船使用税、印花税、屠宰税、牧业税、耕地占用税、契税、25%增值税、50%证券交易税（印花税）和除海洋石油资源税以外的其他资源税。

Q3：中国的金融机构主要有四大类，包括中央银行、银行、非银行金融机构、在境内开办的外资、侨资、中外合资金融机构。人民币各项存款余额包括企业存款、财政存款、城乡居民储蓄存款，将这三种存款加总就是金融机构人民币各项存款余额。

Q4：该指标用金融机构贷款额除以科技经费筹集总额所得，用来表明在科技经费筹集中，金融机构贷款所提供的力度。

Q5：区域内上市公司在证券市场上通过首次 IPO 或配股等再融资方式，在证券市场上的融资金额合计。

Q6：人均 GDP=区域 GDP 总量÷区域总人口数×100%。

Q7：由城镇居民人均消费支出和农民人均消费支出加总而得，具体是城镇居民和农村居民的消费性支出和服务性支出合计。

3.3.3.3 市场环境评价指标的解释

市场环境主要反映市场的发达程度、市场供求双方交易情况和新技术的推广产业化情况。本书拟用专利申请数（R1）、专利授权数（R2）、技术贸易合同金额（R3）、技术贸易合同数（R4）4 个指标来反映技术市场的发达程度即交易情况，用技术成果市场化（R5）来反映新技术的推广产业化情况。

R1：向专利管理机关提出并被受理的申请项数，包括发明专利申请数、实用新型专利申请数和外观设计专利申请数受理数之和。

R2：对发明人发明创造经审核合格后，由专利局依据专利法授予发明人和设计人对该项发明创造享有的专有权，包括发明专利授权数、实用新型专利授权数和外观设计专利授权数，反映拥有自主知识产权的科技和设计成果情况。

R3：由技术开发、技术转让、技术咨询、技术服务这四大类的合同金额加总而得。

R4：技术贸易合同包括技术开发、技术转让、技术咨询、技术服务这四大类，合同总数由这四个加总而得。

R5：技术成果市场化指标来自《中国科技统计资料汇编》，主要通过专家调查法，对技术成果的推广产业化程度进行打分。

3.3.3.4 产学研合作环境评价指标的解释

产学研合作环境主要反映高校、科研院所和企业之间在技术创新领域的合作情况。主要由与国内高校合作项目（课题）数（S1）、与国内高校合作项目（课题）实际经费支出（S2）、与国内独立研究机构合作项目（课题）数（S3）、与国内独立研究机构合作项目（课题）实际经费支出（S4）、与境内注册其他企业合作项目数（S5）、与境内注册其他企业合作项目实际经费支出（S6）6 个指标来反映。

S1：区域内高校、科研院所和企业与区域外境内高校合作研发的项目数。

S2：区域内高校、科研院所和企业与区域外境内高校合作研发项目数的实际经费支出总额。

S3：区域内高校、科研院所和企业与区域外境内独立研究机构合作研发的项目数。

S4：区域内高校、科研院所和企业与区域外境内独立研究机构合作研发项目数的实际经费支出总额。

S5：区域内高校、科研院所和企业与区域外境内注册其他企业合作研发的项目数。

S6：区域内高校、科研院所和企业与区域外境内注册其他企业合作研发项目数的实际经费支出总额。

3.3.3.5 人文社会环境评价指标的解释

人文社会环境主要反映区域社会公众的科学文化素质，其可以间接地影响低碳技术创新或采纳低碳技术的积极性。本书用平均受教育年限（T1）、劳动生产率（监测值）（T2）、城镇化水平（T3）、各类文化事业机构数（T4）4 个指标来反映人文社会环境。

T1：以现行学制年数为系数，将学制年数视为受教育年数。大专以上文化程度 16，高中文化程度 12，初中文化程度 9，小学文化程度 6，文盲、半文盲 0。然后乘以各种程度的人口比例，最后加权总和即是该地区的平均受教育年限。

T2：劳动者在一定时期内创造的劳动成果与其相适应的劳动消耗量的比值。

T3：城镇化水平=城镇人口÷区域总人口数×100%。

T4：各类文化事业机构指从事专业文化工作和为专业文化工作服务的独立建制的单位，包括公共图书馆、博物馆、艺术馆、文化馆、文化站等。

3.3.3.6 资源环境约束评价指标的解释

资源环境约束主要反映区域环境保护方面的投资情况及其取得的环保效果。本书设计了以下 8 个指标来反映低碳技术创新的资源环境约束：环境污染治理投资总额(U1)、单位 GDP 综合能源消耗比的倒数(U2)、工业废水排放达标率(U3)、工业二氧化硫排放达标率（U4）、工业粉尘排放达标率（U5）、工业烟尘排放达标率（U6）、工业固体废物综合利用率（U7）、“三废”综合利用产品产值（U8）。

U1：在工业污染源治理和城市环境基础设施建设的资金投入中，用于形成固定资产的资金。包括工业新老污染源治理工程投资、建设项目“三同时”环保投资，以及城市环境基础设施建设所投入的资金。

U2：单位地区生产总值能耗=能源消费总量÷地区生产总值×100%。能源消费总量是指一定时期内物质生产部门、非物质生产部门和生活消费的各种能源的总和，是观察能源消费水平、构成和增长速度的总量指标，包括原煤和原油及其制品、天然气、电力，不包括低热值燃料、生物质能和太阳能等的利用。为了满足实证部分中熵权法对变量数据方向的要求，本书将用单位地区生产总值能耗的倒数来替代单位地区生产总值能耗，以使该指标的数据与其他六个指标的数据方向一致，保证熵权法分析的科学性。

U3：工业废水排放达标率=（工业废水排放达标量/工业废水排放量）×100%；工业废水排放量指经过企业厂区所有排放口排到企业外部的工业废水量。

U4：工业二氧化硫排放达标率=（工业二氧化硫排放达标量/工业二氧化硫排放量）×100%；工业二氧化硫排放量指报告期内企业在燃料燃烧和生产工艺过程中排入大气的二氧化硫总量。

U5：工业粉尘排放达标率=（工业粉尘排放达标量/工业粉尘排放量）×100%；工业粉尘排放量指企业在生产工艺过程中排放的能在空气中悬浮一定时间的固体颗粒物排放量。

U6：工业烟尘排放达标率=（工业烟尘排放达标量/工业烟尘排放量）×100%；工业烟尘排放量指企业厂区内燃料燃烧过程中产生的烟气中夹带的颗粒物排放量。

U7：工业固体废物综合利用率=工业固体废物综合利用量/（工业固体废物产生量+综合利用往年贮存量）×100%。

U8：报告期内利用“三废” 作为主要原料生产的产品价值（现行价）；已经销售或准备销售的应计算产品价值，留作生产自用的不应计算产品价值。

3.4 福建低碳技术创新环境的现状分析

通过前文的分析，我们将福建低碳技术创新环境的构成分为：法律政策环境、科技环境、经济环境、市场环境、产学研合作环境、人文社会环境、资源环境约束 7 个部分。下面将分别阐述福建 7 个环境子系统的基本情况。

3.4.1 法律政策环境

技术创新的法律保障体系的作用机制是促进技术创新的环境形成与目标实现。在创新主体关系上，应当形成以政府为主导，以企业为主体，产、学、研相结合的技术创新格局，坚持技术创新的市场导向，有效整合产、学、研的科技资源（孙南申，2007）。强制法律规范手段和法律法规是市场经济条件下促使企业进行低碳技术创新，建设资源节约型、环境友好型社会最重要的、最有效的外部强制力量（李翠锦、李万明、王太祥，2004）。而在实践中，各国也都通过一定的法律政策来鼓励、引导本国的低碳技术创新，努力为低碳技术创新创造良好的外部环境。

在福建政府发展研究中心课题组的发展报告中，我们可以清楚地看到福建自改革开放以来，在科技政策法规体系方面的建设过程，主要经历了“以科技政策和行政规章为主导”“科技法规建设与科技政策建设并重”“科技政策法规修订规范”这三个阶段，形成了一系列科技政策法规，现归纳如下：福建人大常委会于1997年通过了《福建科学技术进步条例》、《福建人民政府关于加快实施科教兴省战略的决定》、《福建科学技术发展“十五”计划和2010年规划》、《福建低碳技术发展纲要（2001—2010年）》等促进科技进步的科技法规；《福建实施〈农业技术推广法〉办法》、《福建促进科技成果转化条例》等，确保福建从基层开始，形成全面的技术推广体系，确保技术成果得到全面的推广，已达到技术成果应用于实际的目的；福建政府围绕着国家关于基础研究的政策法规制定《福建自然科学基金计划项目立项评审程序》、《福建自然科学基金计划项目立项初审规则》、《福建自然科学基金计划项目立项评审委员会组建规则》、《福建自然科学基金计划项目立项学科组评审规则》和《福建自然科学基金计划重点基础上立项评审（评议、答辩）规则》，以及2001年重新修改和完善的《福建自然科学基金管理办法》，以求提高基础科学研究能力（福建政府发展研究中心课题组，2010）。

为了保障各级政府对科技经费的投入，福建政府制定了《福建专利保护条例》、《关于创建省技术创新企业的暂行办法》、《福建科技三项费用管理办法》、《福建科技型中小企业技术创新资金管理实施细则》、《福建专利申请资助资金管理暂行办法》、《关于科学事业费管理的暂行规定》、《科研院所社会公益研究专项资金管理暂行办法》、《关于科研单位建立三项基金的规定》、《关于科研单位减少科学事业费拨款比例的核定办法》、《关于对非教育系统回国留学人员择优资助经费的使用与管理暂行办法》、《关于加强科研单位收入财务管理的暂行办法》等条例或办法。

从以上条例或办法的制定情况可以看出，福建分别从专利保护资金、科技成果转化投入、鼓励企业加大科技投入等方面都做了相关的规定，以保障科技投入力度的不断加大，同时规范科技经费管理，确保经费得以正确的分配，流向科研最需要的地方（福建政府发展研究中心课题组，2010）。

1990 年以来，福建从各方面加大力度，推进福建高新技术及其产业的发展，先后出台了《福建人民政府关于进一步加快高新技术及其产业发展的若干规定》、《福建科技型中小企业技术创新资金管理暂行规定》、《福建高新技术创业服务中心管理办法（暂行）》、《福建高新技术产业开发区管理办法（暂行）》、《福建高新技术产品认定办法》、《福建关于贯彻科技部等七部委〈关于建立风险投资机制若干意见〉的几点意见》以及《关于建立风险投资机制若干意见》等，并于 2008 年启动了福建高新技术企业认定工作，截至 2008 年年底，福建高新技术企业达到 867 家，产值 3 800.75 亿元（福建统计局，2009）。这些政策及管理办法的出台，有效地规范有关管理并为福建高新技术产业的发展创造了良好的外部环境，而低碳技术、环保技术、新材料技术等先进技术均属于高新技术范畴。

福建政府根据省情已经制定了《福建环境保护条例》、《福建农业资源环境约束保护条例》、《福建发展应用新型墙体材料管理办法》、《福建固体废物污染环境防治若干规定》、《福建海洋环境保护条例》等一系列环境保护及污染治理的地方性法规及地方政策规章；同时，各级政府对低碳技术创新越来越重视，各地对资源节约、环境保护的重视达到了一定的高度，相关的法律政策也将日趋完整，如 2006 年 3 月福建人民政府印发了《关于风能开发利用管理暂行管理办法的通知》（闽政[2006]7 号），以促进风能开发利用和技术创新。福建政府在环境保护方面的法律，使企业对低碳技术产生需求，以降低环境污染的机会成本，同时建立与政府的良好关系，由于低碳技术需求的拉动，必将对高校、科研院所和企业进行低碳技术研发产生一定的刺激作用，从而促进低碳技术研发与推广。

随着福建法律政策的不断完善，为福建科技创新能力的提升起到了良好的促进作用，当然也为低碳技术研发、示范及推广产业化提供了良好的法律环境，促进了低碳技术研发企业及其产业的发展，对福建经济增长方式的转变提供了良好的技术支撑。但到目前为止，中国还没有完整、系统的低碳视角下的技术创新的法律、政策及市场机制，福建关于低碳技术方面的法律法规仍存在许多漏洞。自从国家建立社会主义市场经济体系以来，福建制定的低碳技术相关法律法规还是给人“只要通过低碳技术创新就能遏止污染和清洁环境，促进节能减排，走先污染、后治理的发展道路”的感觉，随着科学技术的不断发展，如果这种整体的政策趋势不随着社会的进步而改变，它们将阻碍目前经济形势的发展和环境法制观念的变更。从整体上看，目前福建的法律政策还存在“各自立法，忽视全局”的问题。如果政府没有进一步出台有利于低碳技术创新的政策，将直接影响低碳技术创新过程中的其他环境子系统。

3.4.2 科技环境

3.4.2.1 福建整体科技水平分析

根据中国科技统计资料汇编，福建科技活动产出监测值 2007 年为 16.86，位居全国第 27；2008 年为 18.15，位居全国第 29，科技活动产出水平 2007 年和 2008 年分别居位全国第 29，第 30；万名 R&D 活动人员科技论文数 2007 年和 2008 年分别位居全国第 28，第 29。获国家级科技成果奖系数 2007 年为 0.83，位居全国第 29，2008 年为 0.75，位居第 30；万名就业人员发明专利授权量 2007 年和 2008 年分别位居第 18 和第 14；高技术产业增加值占工业增加值比重 2007 年位居全国第 6，2008 年位居第 7；新产品销售收入占产品销售收入比重 2007 年位居第 8，2008 年居第 10 位（表 3-2）。根据以上数据可知，福建省在科技投入上处在全国各省市的前列，但科技成果产出却在全国各省市中排名靠后，这说明福建省科技投入产出水平较差，科技创新效率与效果较低，这对福建整体科技水平的提高产生了直接的制约作用。这可能与福建省科技创新体制存在弊端有关，这也将影响福建省低碳技术创新的进展，应当对低碳技术创新机制构建予以重视。

表 3-2 福建科技水平相关指标检测值及位次（2007—2008）

	监测值		位次	
	2008	2007	2008	2007
科技活动产出	18.15	16.86	29	27
科技活动产出水平	19.53	20.13	30	29
万名 R&D 活动人员科技论文数	1 725.87	1 831.12	29	28
获国家级科技成果奖系数	0.75	0.83	30	29
万名就业人员发明专利授权量	0.55	0.43	14	18
高技术产业增加值占工业增加值比重	12.36	14.59	7	6
新产品销售收入占产品销售收入比重	18.17	19.02	10	8

资料来源：《中国科技统计资料汇编 2009》。

3.4.2.2 福建 R&D 经费投入分析

福建 R&D 经费内部支出不断增加，从 2000 年的 21.19 亿元增长到 2008 年的 102.13 亿元，增幅达 381.97%，其中 2008 年比 2007 年增加了 19.96 亿元，增长了 24.29%，高于当年福建 GDP 增长率。但从整体看，福建 R&D 经费内部支出占 GDP 的比重还太小。如近 9 年来，福建 R&D 经费内部支出占 GDP 的比重没有超过 1%，最高的为 2008 年的 0.94%，而全国平均 R&D 经费内部支出占 GDP 比重除 2000 年外都超过了 1%，2008 年为 1.54%（表 3-3、表 3-4）。从全球比较看，世界主要发达国家 R&D 经费支出占 GDP 的比重更是远远高出中国的平均水平，如美国近年来 R&D 经费支出占 GDP 的比重维持于 2.59%～2.8%，日本 2006 年达 5.39%，韩国 2006 年达 5.22%（表 3-5）。以上数据可能说明经济发展水平与 R&D 经费的支出存在较大的关系，经济发达国家、地区重视研究与开发活动；另一方面则说明了福建虽然不断地付诸努力，但研究与开发经费的投入与发达国家、地区还有较大的差距，甚至低于全国的平均支出水平，这与福建社会经济地位不相称，也在一定程度上阻碍了福建低碳技术创新水平的提高。因此，福建应持续加大 R&D 经费投入，保证 R&D 经费内部支出更多更快的增长，从而也间接地为低碳技术创新提供更多的资金支持。

表 3-3　福建 R&D 经费内部支出情况（2000—2008）

	2000	2001	2002	2003	2004	2005	2006	2007	2008
R&D 经费内部支出/亿元	21.19	22.62	24.40	37.50	45.89	55.75	67.43	82.17	102.13
R&D 经费内部支出占 GDP 比重/%	0.56	0.53	0.52	0.75	0.80	0.82	0.89	0.90	0.94

资料来源：《福建统计年鉴》（2000—2009）。

表 3-4　全国平均的 R&D 经费内部支出占 GDP 比重（2000—2008）

	2000	2001	2002	2003	2004	2005	2006	2007	2008
R&D 经费内部支出占 GDP 比重/%	1.00	1.07	1.23	1.31	1.23	1.33	1.42	1.44	1.54

资料来源：《中国统计年鉴》（2000—2009）。

表 3-5 世界主要发达国家 R&D 经费支出占 GDP 的比重 单位：%

国家＼年份	2003	2004	2005	2006	2007
美国	2.66	2.59	2.62	2.66	2.68
日本	5.20	5.17	5.32	5.39	—
瑞典	5.85	5.62	5.80	5.74	5.63
德国	2.52	2.49	2.48	2.54	2.53
丹麦	2.58	2.48	2.45	2.46	2.54
韩国	2.63	2.85	2.98	5.22	—

资料来源：《中国科技统计资料汇编 2009》。

2000—2008 年，福建财政科技经费拨款的绝对额逐年增长，平均增速为15.89%；截至 2008 年，福建财政科技经费拨款达到 25.63 亿元，比 2007 年增长 20.50%，财政科技经费拨款占财政支出比重为 2.25%，比 2007 年略有下降（表 3-6），以上数据说明政府对科技创新的重视程度不断提高。而低碳技术因具有很大的正外部性，属于前沿技术，需要较多的基础研究资金和应用研究资金，更需要政府的财政扶持。因此，福建政府应做好低碳技术发展规划，并以此为指导，适当地增加对低碳技术创新的财政资金扶持，以促成低碳技术创新共性难题或基础研究的重大突破，为低碳技术应用技术的研究与应用奠定基础。

表 3-6 福建财政科技经费情况（2001—2008）

年 份	2001	2002	2003	2004	2005	2006	2007	2008
福建财政科技经费拨款总计/亿元	8.58	8.72	10.00	11.12	13.00	14.84	21.27	25.63
增长率/%	4.73	1.63	14.68	11.20	16.91	14.15	43.33	20.50
财政科技经费拨款占财政支出比重/%	2.30	2.19	2.22	2.15	2.19	2.04	2.34	2.25

资料来源：《福建统计年鉴》（2001—2009）。

3.4.2.3 福建科技人才投入分析

2000—2008 年，福建科技活动人员投入总数和万人拥有科技活动人员数除 2002 年出现负增长以外，其他年份保持增长趋势，但增长比例各年份有所波动；至 2008 年，福建科技活动人员总数达 13.15 万人，比 2007 年增长 16.58%；万人拥有科技活动人员数为 36 人，比重相当小，说明福建科技活动人员投入有待加强（表 3-7）。

表 3-7　福建科技活动人员情况（2000—2008）

	2000	2001	2002	2003	2004	2005	2006	2007	2008
科技活动人员数/万人	6.82	7.09	6.75	7.15	8.0	8.62	10.11	11.28	13.15
万人拥有科技活动人员数/人	20	21	19	20	23	24	28	31	36

资料来源：《福建统计年鉴》（2000—2009），《中国统计年鉴》（2000—2009）。

从省科技活动人员部门构成看，大中型工业企业所占比重一直位居首位，到 2008 年总人数达 6.55 万人，占总数比重达 49.81%，而 2000 年的总人数为 1.73 万人，占总数比重 25.43%，增长速度较快（表 3-8）。这反映了大中型工业企业不断加大对科技人员的投入，从一定程度上说明了大中型工业企业对技术创新的重视。福建科研机构科技活动人员数比重不到 10%，且近年来连续递减，从 2000 年的 8.44%降到 2008 年的 4.30%（表 3-8）。科研机构是处于政府和企业两者之间的中间层次，是吸收政府财政科技拨款的主要主体，是进行基础研究的重要主体，也是低碳前沿技术创新的主要力量。因此应充分重视科研机构科技活动人才投入少、比重低的现象，保证福建科研机构科技活动人员数达到科研机构正常活动的需要。高等院校科技活动人员占总数的比重保持在 10%左右，虽然每年人数有所递增，但是增幅较小。高等院校承担了大量的前沿科学技术的研究，而科技人才是确保研究顺利进行的重要条件。以上科技人员构成在一定程度上说明了福建省已基本上建立起了企业投资为主体、高校和科研机构为辅的技术创新机制。

表 3-8 福建从事科技活动人员数及各部门人员构成（2000—2008）

年 份	科研机构		高等院校		大中型工业企业		其 他	
	人数/人	比重/%	人数/人	比重/%	人数/人	比重/%	人数/人	比重/%
2000	5 754	8.44	6 350	9.31	17 343	25.43	38 741	56.81
2001	4 844	6.84	7 149	10.09	26 351	37.19	32 516	45.89
2002	4 497	6.66	7 764	11.50	25 623	37.96	29 624	43.88
2003	4 495	6.29	8 280	11.58	28 772	40.24	29 957	41.90
2004	4 379	5.48	9 018	11.28	30 943	38.70	35 613	44.54
2005	4 852	5.63	8 563	9.94	37 174	43.13	35 595	41.30
2006	5 066	5.01	9 296	9.19	46 745	46.24	39 992	39.56
2007	5 406	4.79	10 479	9.29	53 610	47.54	43 263	38.37
2008	5 654	4.30	11 475	8.73	65 481	49.81	48 844	37.16

资料来源：《福建统计年鉴 2009》。

注：①高等院校科技活动人员不包括教学人员；②2000 年起统计范围扩大；③其他包括小型工业企业、软件开发单位、农业企事业单位和卫生单位等；④2004 年数据为第一次全国经济普查数。

从 R&D 人员情况看，近八年来福建 R&D 人员数量增长波动较大，但总体上呈现增长态势。2008 年，福建 R&D 人员占科技活动总人数比重达 45.31%，远远高于同期全国 R&D 人员占科技活动总人数比重 39.57%（表 3-9、表 3-10）。R&D 人员的数量及素质在研究与开发活动中起着非常重要的作用。由表 3-9、表 3-10 可以看出，福建 R&D 人员占科技活动总人数比重高于全国平均水平，这说明福建的 R&D 人才投入较多，也从另一个方面说明了福建对研究与开发活动的人才重要性给予肯定。科技活动人员总数和 R&D 人员的逐年增长，一方面说明政府对科技人员教育、培养与培训的逐渐重视，另一方面也反映了企业对技术研发的重视。而不管是政府所属的科技人员还是企业拥有的科技人员的增长，也将间接地为高校、科研机构和企业等科研主体进行低碳技术创新奠定了良好的人才基础，有利于福建低碳技术的创新、示范及推广产业化。

表 3-9 福建 R&D 人员情况（2000—2008）

	2000	2001	2002	2003	2004	2005	2006	2007	2008
R&D 人员/（万人/年）	2.24	2.48	2.24	2.66	5.18	5.58	4.02	4.76	5.96
比增/%	—	10.71	−9.68	18.75	94.74	7.72	−27.96	18.41	25.21
占科技活动人员的比重/%	32.88	34.40	35.19	37.20	39.75	41.53	39.76	42.25	45.31

资料来源：《福建统计年鉴》（2000—2009）。

表 3-10　全国 R&D 人员情况（2000—2008）

	2000	2001	2002	2003	2004	2005	2006	2007	2008
R&D 人员/（万人/年）	92.2	95.7	105.5	109.5	115.3	136.5	150.2	175.6	196.5
比增/%	—	3.80	10.24	3.79	5.30	18.39	10.04	16.91	11.90
占科技活动人员的比重/%	28.60	30.47	32.12	35.34	35.12	35.78	36.35	38.20	39.57

资料来源：《中国科技统计年鉴 2009》。

2000—2008 年，福建科研机构数除了 2001 年出现减少外，2002 年开始逐年增长，至 2008 年，科研机构总数达 1 267 个，比 2000 增加了 305 个，增长了 31.70%；2000—2008 年，福建每名科技活动人员平均科技经费呈现逐年增长的态势，至 2008 年，福建每名科技活动人员平均科技经费为 16.00 万元，较 2007 年的 15.32 万元微涨了 4.44%；2000—2008 年，福建每名 R&D 活动人员新增仪器设备费的绝对值存在较频繁的波动，2008 年为 6.8 万元/人，比 2007 年的 7.69 万元/人下降 11.57%；2000—2008 年，科研与综合技术服务业新增固定资产占全社会新增固定资产的比重同样存在较大波动（表 3-11）。以上数据说明，福建每名 R&D 活动人员新增仪器设备费和科研与综合技术服务业新增固定资产占全社会新增固定资产比重存在较大波动，在一定程度上反映了福建科研机构应重视保持对科研仪器设备购买支出，以为不断增加的技术研发人员进行技术研发提供良好的物质基础，同时也为低碳技术创新活动提供良好的支撑。

表 3-11　福建科研机构的科技活动人员经费、仪器设备购置费情况（2000—2008）

	2000	2001	2002	2003	2004	2005	2006	2007	2008
科研机构数/个	962	750	716	774	908	1 059	1 177	1 215	1 267
每名科技活动人员平均科技经费/万元	6.43	6.85	7.10	9.68	11.08	12.58	13.98	15.32	16.00
每名 R&D 活动人员新增仪器设备费/万元	5.64	5.81	6.45	5.85	6.37	6.11	6.95	7.69	6.8
科研与综合技术服务业新增固定资产占全社会比重/%	0.43	0.23	0.2	0.14	0.52	0.19	0.17	0.11	0.35

资料来源：《中国科技统计年鉴 2009》。

3.4.3 经济环境

经济水平与技术创新能力是相辅相成的，发达的经济水平，为技术创新注入更强有力的资金支持，而经济的快速发展也离不开技术创新体系的支持。因而，经济环境也是我们要重点考察的对象。

3.4.3.1 福建整体经济保持健康发展

2008 年福建地区生产总值为 10 825.11 亿元，比 2007 年增长了 17.04%，高于全国国内生产总值 16.82%的增长率。由表 3-12 可知，2000—2006 年，福建地区生产总值的增长率始终低于全国平均水平，从 2007 年开始，则高于全国平均水平，虽然差距不大，但从这里可以看出福建整体经济发展的良好势头。因此，我们应该加大 R&D 经费内部支出的比重，促进科技创新的进一步发展。

表 3-12　福建地区生产总值及增长情况（2000—2008）

	2000	2001	2002	2003	2004	2005	2006	2007	2008
地区生产总值/亿元	3 764.5	4 072.9	4 467.6	4 985.7	5 765.3	6 568.9	7 584.4	9 249.1	10 825.1
增长率/%	—	8.19	9.69	11.60	15.64	13.94	15.46	21.95	17.04
全国增长率/%	—	10.27	10.20	15.5	18.06	15.35	15.78	21.64	16.82

资料来源：《福建统计年鉴》（2000—2009），《中国统计年鉴》（2000—2009）。

在 GDP 不断增长的带动下，2000—2008 年福建财政总收入也呈现持续增长的趋势，即使在 2008 年金融危机的影响下，福建的财政总收入总体上也保持了增长的势头，比 2007 年增长了 18.22%（表 3-13）。财政收入是财政支出的基础，同时也是政府财政科技拨款的资金来源，财政收入逐年增长的良好形势下，政府更加有可能加大对科技创新的资金扶持力度，即增加财政科技拨款的金额。同时，在面临经济增长方式转型、节能减排目标等的推动下，政府将会逐步加大对节能技术、污染治理技术等低碳技术的财政资金扶持，而财政收入的逐年增长将为政府这一努力奠定了良好的资金基础。

表 3-13　福建财政总收入情况（2000—2008）

	2000	2001	2002	2003	2004	2005	2006	2007	2008
财政总收入/亿元	369.67	428.33	476.2	551	622.57	788.11	1 012.77	1 282.84	1 516.51
比增/%	—	15.87	11.18	15.71	12.99	26.59	28.51	26.67	18.22

资料来源：《福建统计年鉴 2009》。

3.4.3.2 福建投资增长潜力较大

从金融机构人民币各项存款余额来看，福建近 9 年来金融机构人民币各项存款余额呈现持续增长的态势。至 2008 年，福建金融机构人民币各项存款余额为 11 804.4 亿元，较 2007 年增长了 17.57%，其中，企业存款 3 494.62 亿元，占 29.60%，财政存款 457.26 亿元，占 3.87%，城乡居民储蓄存款 5 861.17 亿元，占 49.65%（表 3-14）。存款余额的逐年增长，为银行发放贷款提供了充足的资金供给，间接地满足了资金短缺企业的资金需求，也将在一定程度上为企业进行技术研发投资提供部分资金，当然也为进行节能技术、污染治理技术等低碳技术创新的企业提供了部分资金。

表 3-14　福建金融机构人民币各项存款余额（2000—2008）

	各项存款余额/亿元	比增/%	企业存款/亿元	财政存款/亿元	城乡居民储蓄存款/亿元
2000	3 114.32	—	1 002.17	39.59	1 767.59
2001	3 614.26	16.05	1 165.26	45.94	2 030.94
2002	4 255.07	17.73	1 262.12	55.21	2 430.46
2003	5 178.29	21.70	1 561.01	51.74	2 924.65
2004	5 984.32	15.57	1 834.69	92.63	3 322.26
2005	7 248.4	21.12	2 164.86	128.33	3 905.05
2006	8 836.26	21.91	2 767.76	219.38	4 478.26
2007	10 040.15	13.62	3 222.76	328.32	4 711.23
2008	11 804.4	17.57	3 494.62	457.26	5 861.17

资料来源：《福建统计年鉴 2009》。

然而，2000—2008 年，在福建省科技经费筹集总额逐年增长的同时，金融机构科技贷款额却出现较为频繁的波动，导致本身占科技经费筹集额比重不大的金融机构科技贷款额也存在较频繁的波动现象。导致这一现象的原因可能是：第一，由于科技创新风险较大，而金融机构又无法分享科技创新成功的超额利润，因此在平衡利益和风险后，银行等金融机构不愿发放科技贷款；第二，科技贷款额统计存在误差，因为企业可能将获得的金融机构贷款投入到科技研发中去，但在统计时却没有统计进去。但是，不管什么原因导致金融机构贷款金额占科技经费筹集额比重出现波动，均为政府提出了应采取措施的信号，比如建立科技创新成果收益分享机制，鼓励金融机构对科技创新进行贷款支持。而针对低碳技术创新，政府可通过贴息贷款、税收优惠等措施，鼓励银行等金融机构根据市场行情，对环保企业、高新技术企业等进行低碳技术创新提供部分贷款资金，以缓解企业低碳技术创新资金不足的不利局面。

表 3-15 福建金融机构贷款金额占科技经费筹集额比重（2000—2008）

	2000	2001	2002	2003	2004	2005	2006	2007	2008
金融机构贷款额/亿元	4.28	6.81	7.15	10.37	8.20	10.41	18.24	20.42	18.78
科技经费筹集额/亿元	51.53	58.19	58.09	85.81	95.16	120.06	160.3	197.44	231.0
比重/%	8.31	11.70	12.31	12.37	8.80	8.67	11.38	10.34	8.13

数据来源：《福建统计年鉴》（2000—2009）。

2000—2006 年，企业在证券市场的融资金额变化幅度不大，基本维持在 11 亿～42 亿元；2007 年，证券市场出现了高速增长的现象，企业在证券市场融资金额 2007 年为 209.54 亿元，较 2006 年增长了 1 698.63%，这与 2007 年的股票市场牛市行情有很大的关系；而受 2008 年金融风暴的影响，企业在证券市场融资金额迅速降为 121.12 亿元，减少了 42.20%。2000—2008 年，企业在证券市场融资金额呈现不规则的发展趋势，这也跟福建乃至全国证券市场的发展情况息息相关（表 3-16）。政府应鼓励未上市的企业通过股份制改造、借壳、买壳等途径在国内外证券交易所上市，鼓励符合条件的上市公司通过配股、增发等形式吸收新资金，鼓励符合条件的企业发行债券筹集资金，等等，以拓宽企业的融资渠道，这样也可以间接地为企业进行技术研发提供资金供给，同时也为企业进行低碳技术创新提供资金支持。

表 3-16 企业在证券市场融资金额（2000—2008）

	2000	2001	2002	2003	2004	2005	2006	2007	2008
企业在证券市场融资金额/亿元	41.18	17	15.97	21.94	8.14	12.31	11.65	209.54	121.12

数据来源：《福建统计年鉴》（2000—2009）。

3.4.3.3 福建消费市场拓展空间广阔

在地区 GDP 逐年增长的带动下，2000—2008 年，福建人均 GDP 呈现逐年增长的态势，至 2008 年福建人均 GDP 为 30 123 元，比上年增长 16.27%。

表 3-17 福建人均 GDP（2000—2008）

	2000	2001	2002	2003	2004	2005	2006	2007	2008
人均 GDP/元	11 194	11 892	12 938	14 333	16 469	18 646	21 385	25 908	30 123

资料来源：《福建统计年鉴》（2000—2009）。

同时，由表 3-18 可知，在人均 GDP 福建城镇居民人均可支配收入、城镇居民人均消费支出、农民人均纯收入、农民人均生活消费支出 4 个指标都呈现逐年提高的趋势；其中，城镇居民人均可支配收入、城镇居民人均消费支出增长的速度均大于农民的。1999 年，Henriques and Sardorsky（1999）、Afsah、Dasgupta 等（1996）和 Stafford（2006）等学者的研究均表明，消费者及社会公众对企业环境管理行为具有显著的促进作用，说明消费者和社会公众的环保意识或绿色意识越强，越有利于企业进行低碳技术创新与应用。一般认为，社会公众的生活水平越高，对产品绿色性、企业环境行为等环保问题的关注程度越高。人均 GDP 和城乡居民消费支出可在一定程度上体现出人民的生活水平，因此，人均 GDP 和城乡居民收入的逐年增长，也会间接地刺激企业进行低碳技术创新与应用。

表 3-18 城镇居民和农民人均收入、消费情况（2000—2008） 单位：元

	2000	2001	2002	2003	2004	2005	2006	2007	2008
城镇居民人均可支配收入	7 432	8 313	9 189	10 000	11 175	12 321	13 753	15 505	17 961
城镇居民人均消费支出	5 639	6 015	6 632	7 356	8 161	8 794	9 808	11 055	12 501
农民人均纯收入	3 230	3 381	3 539	3 734	4 089	4 450	4 835	5 467	6 196
农民人均生活消费支出	2 410	2 503	2 583	2 718	3 015	3 293	3 591	4 053	4 662

数据来源：《福建统计年鉴》（2001—2009）。

3.4.4 市场环境

市场是科技创新主体生存的基本环境，构建起科技成果需求方与供给方相联系的桥梁，在推动知识与技术的转移和科技成果的推广中发挥着重要的作用（翁媛媛和高汝熹，2009）。近几年来，福建技术市场由初期以技术为主逐步趋向开发、

转让、咨询、服务四类贸易均衡发展，技术交易活动领域也由初期主要集中在工业领域，扩大到农业、能源、交通、通讯、卫生和社会发展各个部门，技术市场在国民经济和社会发展各个领域的作用正在逐渐增强。通过大量的技术中介和服务，加快了科技成果转化，促进了技术商品的流通和技术市场的繁荣。同时，福建与其他国家、省份、组织进行了科技合作和交流，特别是闽台科技合作取得了一定的进展，为福建技术创新创造了有利的环境。

3.4.4.1 技术专利申请与授权数量

2000—2008 年，福建省专利申请数与授权数均呈稳步增长的良好势头。2008 年的福建专利申请数比 2000 年增长了 2.13 倍，年均增长 23.67%；而专利授权数比 2000 年增长了 1.64 倍，年均增长 18.22%（表 3-19）。专利申请数与授权数的逐年增加，在不考虑成本效益原则的层面上，说明福建省技术研发活动的产出情况还是较好的，在一定程度上增强了技术市场的供给能力。

表 3-19 福建专利申请和授权数（2000—2008） 单位：件

	2000	2001	2002	2003	2004	2005	2006	2007	2008
专利申请数	4 211	4 971	6 521	7 236	7 498	9 460	10 351	11 341	13 181
专利授权数	3 003	3 296	4 001	5 377	4 758	5 147	6 412	7 761	7 937

资料来源：《福建统计年鉴 2009》。

3.4.4.2 技术市场交易情况

2007 年，福建全年登记的各类技术合同共 5 047 项，比 2006 年下降 11.03%；合同金额 16.87 亿元，比 2006 年增长 17.07%；平均每项合同的金额 35.42 万元，比 2006 年增长 39.45%（表 3-20）。从技术贸易合同的类别来看，2007 年福建登记技术开发合同 1 752 项，比 2006 年增加 10.54%，合同金额 6.90 亿元，比 2006 年增加 7.48%；登记技术转让合同 98 项，比 2006 年减少 19.67 %，合同金额 7.21 亿元，比 2006 年增加 55.72%；登记技术咨询合同 996 项，比 2006 年减少了 5.95%，合同金额 0.97 亿元，比 2006 年减少 14.16%；登记技术服务合同 2 201 项，比 2006 年减少了 24.29%，合同金额 1.79 亿元，比 2006 年减少 20.09%。技术交易合同数量与合同金额波动的原因可能是：第一，技术创新主体未根据市场需求进行技术创新，导致技术成果质量存在问题，无法满足技术需求者的要求；第二，技术市场发展不成熟，无法为技术供求双方提供良好的信息服务，从而导致技术交易成本过高而降低了供需双方交易积极性；第三，技术专利等知识产权保护不利，导致技术市场秩序混乱，影响了技术成果交易活动的进行。不管什么原因导致技术市场交易不稳定，这一不利局面也有可能在低碳技术交易过程中出现。因此，福建省政府应加快技术市场的建设，尤其是在构建资源节约型、环境友好型社会过程中，应为低碳技术市场交易活动提供充足的技术供求信息服务，以促进低碳技术创新与成果转化。

表 3-20 福建技术贸易总额及构成（2004—2007）

		2004	2005	2006	2007
福建	合同数量/项	5 656	6 510	5 673	5 047
	金额/亿元	14.14	17.2	14.41	16.87
	平均/万元	25.00	26.42	25.40	33.42
技术开发合同	合同数量/项	1 191	1457	1 585	1 752
	金额/亿元	4.60	5.18	6.42	6.90
	平均/万元	38.62	35.55	40.50	39.38
技术转让合同	合同数量/项	204	200	122	98
	金额/亿元	5.97	7.98	4.63	7.21
	平均/万元	292.65	399	379.51	735.71
技术咨询合同	合同数量/项	1 406	1 503	1 059	996
	金额/亿元	0.90	1.26	1.13	0.97
	平均/万元	6.4	8.38	10.67	9.74
技术服务合同	合同数量/项	2 855	3 350	2 907	2 201
	金额/亿元	2.67	2.78	2.24	1.79
	平均/万元	9.35	8.3	7.71	8.13

资料来源：《福建经济与社会统计年鉴（2008）社会科技篇》，第 38 页，表 1-20。

2000—2008 年，在福建省技术市场交易活动存在波动的情况下，福建技术成果市场化监测值出现了较为频繁的波动，而且每年波动的幅度也较大。2008 年，福建省技术成果市场化的监测得分为 16.07，在全国各省市中位居 18（表 3-21）。技术成果市场化水平检测值的波动说明福建省技术成果得到转化并产业化的比例也存在波动，这与技术成果质量问题、技术市场不发达有较大的关系，进一步为福建省政府应加快技术市场建设提供佐证。

表 3-21 福建科技水平相关指标检测值（2000—2008）

	2000	2001	2002	2003	2004	2005	2006	2007	2008
技术成果市场化监测得分	12.89	11.46	12.37	15.49	14.43	15.96	15.54	11.95	16.07

资料来源：《中国科技统计资料汇编》（2000—2009）。

3.4.5 福建产、学、研合作状况

近年来福建对产学研合作的重视性逐渐提高，开展产学研合作的企业也越来越多。福建省省直有关部门，各市、县经贸委都有专人负责推动产学研联合工作，各高等院校、科研院所也有专门的机构负责组织、协调产学研联合工作。产学研合作的形式呈多样化，产学研合作已从最初的短期、单一的技术转让逐步向合作开发、人才培训、共建研发实体等多种形式发展。如永安智胜公司与福州大学化工学院共建企业技术中心；省机械科学研究院以帮助福安市企业提高电机产品技术含量为主要服务内容，牵头组建了省电机行业技术开发基地；福建农林大学食品科技学院牵头组建省农副产品保鲜技术开发基地，为福建 120 多家农副产品加工企业提供保鲜技术服务等。

福建省科学研究与开发机构的科技经费主要来源于政府资金、企业资金和金融机构贷款，而这三大块资金的构成可以反映出产学研合作的一些基本情况。由表 3-22 可知，科技经费筹集额中的企业资金金额和比重基本上逐年下降，由 2000 年的 18.63%降至 2008 年的 2.75%，这可在一定程度上说明企业与科研机构的合作力度有所减退，而与此相对应的是规模以上工业企业 R&D 经费内部支出呈现上升的趋势。以上数据可在一定程度上说明，企业加大了独立自主创新投入力度，而减少了与科研机构的合作。

表 3-22 科学研究与开发机构科技经费筹集额中企业资金所占比重

	2000	2003	2005	2007	2008
科技经费筹集额/万元	49 383	57 133	63 030	100 696	119 378
企业资金/万元	9 199	7 525	6 583	10 958	3 281
比重/%	18.63	13.17	10.44	10.88	2.75

资料来源：《福建统计年鉴 2009》。

由表 3-23 可知，高等学校科技经费筹集额中企业资金的总额有了较大幅度的提升，但是所占比重在2005年出现了较大的下滑，由2003年的28.65%下降到2005年的 14.68%，下降了 48.76%，2007—2008 年又有所回升，表明高等院校与企业的合作情况有所好转，同时也说明了高等院校与外界的合作更加密切，这样不仅可以提高高等院校科研成果的转化率，也可以提升高等院校对社会需求的认识度。

表 3-23　高等学校科技经费筹集额中企业资金所占比重

	2000	2003	2005	2007	2008
科技经费筹集额/万元	16 496	28 993	53 233	80 298	105 547
企业资金/万元	4 574	8 306	7 817	14 070	21 457
比重/%	27.73	28.65	14.68	17.52	20.33

资料来源：《福建统计年鉴 2009》。

从与国内高校合作项目数与项目实际经费支出来看，项目数和实际经费支出总体上都保持了良好的发展局面，从 2002 年开始呈现逐年增长的趋势，2008 年与国内高校合作项目数比 2001 年增长了 108.20%，而 2008 年项目实际经费支出是 2001 年的 5.32 倍（表 3-24）。

表 3-24　与国内高校合作情况（2000—2008）

	2001	2002	2003	2004	2005	2006	2007	2008
与国内高校合作项目数/项	439	129	326	439	547	639	750	914
与国内高校合作项目实际经费支出/亿元	1.88	0.14	2.42	5.24	5.47	6.43	8.01	10.00

资料来源：《福建科技发展报告》（2001—2009）。

2001—2008 年，与国内独立研究机构合作项目（课题）数和实际经费支出存在波动现象，但总体上呈现出上升的趋势。2008 年与国内独立研究机构合作项目（课题）数比 2001 年增长了 88.94%，项目实际经费支出是 2001 年的 6.10 倍（表 3-25）。

表 3-25　与国内独立研究机构合作情况（2000—2008）

	2001	2002	2003	2004	2005	2006	2007	2008
与国内独立研究机构合作项目数/项	461	176	395	325	551	532	645	871
与国内独立研究机构合作项目实际经费支出/亿元	1.76	0.27	2.75	2.36	5.58	2.51	5.39	10.73

资料来源：《福建科技发展报告》（2001—2009）。

由表 3-26 可知，从 2002 年开始，与境内注册其他企业合作（课题）数和实际经费支出总体上也呈现出上升的趋势。2008 年与境内注册其他企业合作（课题）数比 2001 年增长了 98.55%，项目实际经费支出是 2001 年的 2.51 倍（表 3-26）。

表 3-26 与境内注册其他企业合作情况（2000—2008）

	2001	2002	2003	2004	2005	2006	2007	2008
与境内注册其他企业合作项目数/项	620	315	548	591	853	955	1 105	1 231
与境内注册其他企业合作项目实际经费支出/亿元	2.29	0.20	2.64	2.94	4.26	2.91	5.03	5.74

资料来源：《福建科技发展报告》（2001—2009）。

以上产学研合作的相关指标数据中，与国内高校合作项目数与经费和与境内注册其他企业合作项目数 2 个指标在 2002—2008 年呈现逐年增长的态势，说明福建省的技术创新主体更倾向于跟高校和企业进行技术创新合作，但近 3 年来正逐渐加大与国内独立研究机构的合作。这说明，福建省技术创新主体已经较为重视与外部技术创新主体展开合作，以充分利用外部知识资源、物质资源、资金资源，以加快技术创新速度，降低技术创新风险。而当前技术创新领域的产学研合作的成功经验与失败教训，可以为低碳技术创新主体的产学研合作提供借鉴，以促进低碳技术创新产学研合作的顺利进行，有利于低碳技术创新与转化。

3.4.6 人文社会环境

新古典经济学家贝克尔、布坎南等曾以理性选择理论方法来分析和解释经济社会的诸多现象，比如生育率、家庭、官僚体制等，他们用经济人的绝对理性来解释经济主体的社会经济选择，得出自由市场经济是追求效用最大化的最有效方式的结论。很显然，被古典经济学所重视的文化对社会经济发展的重要制约作用被新古典经济学忽视了（弗朗西斯·福山，2001）。而且新古典经济学无法解释一些经济现象，比如中国经济的发展。在中国社会几次重大的转折中，不仅仅是制度的变迁，其中文化的变迁也是深刻而重大的。因此发展低碳经济过程中有许多因素与条件上的要求，需要有经济、科技、法规 、政治等因素协同作用，而绿色文化是其中一个非常重要的因素（聂莉，2006）。而社会公众绿色文化水平的高低，主要与受教育水平、生活水平、政府的宣传推广活动等因素有关。

3.4.6.1 福建的整体人口素质仍有待提高

据第五次人口普查资料显示，福建人口中，文盲人口为 250 万人，与 1990 年第四次全国人口普查相比，下降了 8.67%，但是仍高于全国平均水平。与第四次人口普查相比，初中、高中（含中专、职高）、大学（指大专以上）的比重都有所提高，但是高素质人才的比重同北京、上海、广东等较发达地区相比仍然存在着差距（福建统计局，2003）。根据本书的统计结果，2000—2008 年，福建平均受教育年限基本上没有太大的变化，基本维持在 7 年左右。而全国平均的受教育水平均高于福建，除了 2002 年和 2005 年外，两者的差距均在 1 年左右，差距较大。可见福建还必须加强教育的投入力度，提高福建人民的受教育水平（表 3-27）。居民受教育年限的高低，会影响其对绿色产品、环境污染、环境保护等问题的理解，也会影响其对政府所进行的环保知识宣传活动的关注度和接受程度，会影响其对应用低碳技术重要性的理解，最终会通过其消费行为而间接地影响企业低碳技术创新、低碳产品研发等行为。

表 3-27 福建及全国平均受教育年限（2000—2008）

	2000	2001	2002	2003	2004	2005	2006	2007	2008
福建平均受教育年限/年	7.187	7.143	7.136	7	7.057	7.154	7.036	7.047	7.083
全国平均受教育年限/年	—	—	7.73	7.91	8.01	7.83	8.04	8.19	8.27
差距/年	—	—	0.594	0.91	0.953	0.676	1.004	1.143	1.187

数据来源：根据《福建统计年鉴》（2000—2008）和《中国统计年鉴》（2005—2009）的数据整理得到。

3.4.6.2 福建城市化水平、社会劳动生产率和文化机构建设情况

由表 3-28 可知，2000—2008 年，福建的城镇化水平逐渐提升，至 2008 年，整个社会城镇化水平达 49.9%，比 2000 年提升了 7.94 个百分点；2000—2006 年，福建社会劳动生产率逐渐提高，由 2000 年的 1.98 提高至 2006 年的 5.44，2007 年在全球金融危机的影响下，生产量下降导致整个社会劳动生产率有所下降，但在 2008 年又止降反升，为 4.35；2000—2008 年，福建各类文化事业机构数存在波动，但整体上还是有所增加的，2008 年有文化事业机构 1 356 个，比 2000 年的 1 247 个增加了 109 个。城镇化水平的提高，说明更多的人会进入城市和乡镇，说

明人民的生活水平有所提高，而劳动生产率的提高有利于工人工资收入的增长，也有利于人民生活水平的提高，从而刺激人们对绿色食品的需求，也在一定程度上增强了社会公众对企业环境行为的监督力度，从而促使企业进行低碳技术创新或采纳低碳技术，以生产出符合市场需求的产品，留住和吸引客户；而各类文化事业机构是政府进行低碳技术宣传、绿色消费意识宣传推广的重要载体，其数量的增加可以加快宣传速度，拓宽宣传广度与深度，从而有利于政府在宣传低碳技术的经济效益、生态效益与社会效益时提高效率。

表 3-28 福建城市化水平、社会劳动生产率和文化机构建设情况（2000—2008）

	2000	2001	2002	2003	2004	2005	2006	2007	2008
城镇化水平/%	41.96	45.76	44.38	45.1	46.35	47.3	48	48.7	49.9
劳动生产率检测值	1.98	2.19	2.414	2.658	2.97	5.23	5.44	4	4.35
各类文化事业机构数/个	1 247	1 294	1 294	1 315	1 251	1 282	1 277	1 311	1 356

资料来源：《福建统计年鉴》（2000—2009），《中国科技统计资料汇编》（2001—2009）。

3.4.6.3 福建绿色消费意识

从近年来的调查数据和形势看，发达国家的绿色消费意识不断提高，这是推动其低碳技术创新与发展的巨大动力之一。有调查显示，84%的荷兰人、90%的德国人、89%的美国人、94%的加拿大人表示在选择商品时会把其对环境的影响看作一个重要的考虑因素。据联合国统计署统计，全球绿色消费总量已经达到3 000多亿美元。英国对2 450个样本的调查也发现90%的人将环境问题与消费联系起来，并愿意为产品环境标准的提高而支付额外的费用。中国消费者在价格相同时愿意购买绿色产品的比重占50%以上，价格高一些仍愿意购买绿色产品的百分比也接近50%（万后芬，2001），由此可见消费者对绿色产品的高价格定位接受度已经有所提高。

从福建每年6月18日举行的海峡绿色建筑与建筑节能博览会（以下简称绿博会）的情况来看，每届都展出一系列与百姓生活息息相关的新技术、新产品，也迎来了民众的争相观看，首届绿博会参观人数达7.6万人次，尤其是“节能屋”人气火暴，开馆当天观众近3万人次，第二届参观人数达11.1万人次；第三届参观人数达12.3万人次。表明了老百姓们绿色环保意识的逐渐提高，许多参观的民众普遍表示，绿色建筑就在老百姓身边，建筑节能对己对社会都有利，特别是参观了节能屋，真正体验一次绿色建筑给生活带来的好处。福建每届绿博会都有许多企业报名参展，对接项目和投资金额也是不断增加，这从一定程度上说明了企业在市场绿色消费需求的引导下，加大了对绿色产品的研发生产力度。

从整体上看，福建的文化环境良好，它对于社会经济的发展以及由此所要求的各种制度变迁和创新提供了较好的条件，如已培育出了一些企业家的企业精神和风险意识，他们对低碳技术创新的深刻内涵逐步形成了独特的认识。如拥有“中国鸡王”之称的福建圣农集团率先走上低碳技术创新之路，为其他企业做出了低碳技术创新的榜样。许多企业都看到了低碳技术创新带来的利润及其可持续发展的重要性，在实践和文化影响中明白了走绿色创新之路才是将来市场经济的生存之道。然而也应该看到，福建低碳技术创新的整体公民意识和绿色观念的暂时薄弱使福建绿色文化的作用没有凸显出来，难以对企业开展低碳技术创新产生强大的驱动力。而且福建有较多中小型家族民营企业，这些企业都还依靠比较传统的生产运作模式，参与低碳技术创新的还比较少。但我们相信一旦其他条件成熟，良好的文化建设机制将很快地推进绿色文化的创建，为福建低碳技术创新提供进一步的文化影响和精神支持。

3.4.7 资源环境约束

对传统的制造业来讲，低碳技术主要包括节能技术、减排技术、资源循环利用技术、污染治理技术、废弃物回收利用技术等，而这类技术创新能力的提升，可以为企业进行环境保护与污染治理提供良好的技术支撑，有利于减少废气、废水、废弃物的排放，节约能源消耗，最终有利于资源环境约束的改善。然而，资源环境约束同时也是低碳技术创新的重要基础之一，资源环境约束恶化了，将会促使政府采取更加严厉的措施来催促污染主体进行污染防治，并鼓励技术研发单位进行低碳技术创新。因此，本书将福建工业污染情况作为低碳技术创新的资源环境约束进行论述。

由表 3-29 可知，2000—2008 年，福建环境污染治理投资总额存在波动现象，但整体处于上升的趋势，2008 年环境污染治理投资总额为 72.86 亿元，比 2000 年的 41.63 亿元增长了 75.02%。在环境污染治理投资总额增长的推动下，福建工业污染治理情况有很大的改善。例如，2000—2008 年，福建工业废水排放达标率逐年提升，从 2000 年的 80.8%提升至 2008 年的 98.45%，已达到很高水平；工业二氧化硫排放达标率从 2000 年的 86.90%提高至 2008 年的 97.69%；工业粉尘排放达标率从 2000 年的 41.86%提高至 2008 年的 96.08%；工业烟尘排放达标率从 2000 年的 76.61%提高至 2008 年的 98.09%；工业固体废物综合利用率从 2000 年的41.63%提高至2008年的72.86%；“三废”综合利用产品产值从2000年的9.27亿元提高至2008年的25.35亿元；单位GDP综合能源消耗比的倒数从2000年的1.279吨标煤/万元提高至2008年的1.314吨标煤/万元。以上数据说明，福建在工业污染治理方面取得了较好的效果，这其中也是减排技术、污染防治技术、废弃物回收利用技术等低碳技术应用取得的良好效果，同时也为低碳技术创新提供一定的实践依据。

表3-29 福建工业污染治理情况（2000—2008）

	2000	2001	2002	2003	2004	2005	2006	2007	2008
环境污染治理投资总额/亿元	41.63	55.10	38.10	65.10	66.40	68.90	75.10	70.50	72.86
工业废水排放达标率/%	80.8	95.00	95.70	97.20	97.20	97.70	97.94	98.27	98.45
工业二氧化硫排放达标率/%	86.90	86.90	94.73	96.80	96.60	97.19	97.30	97.80	97.69
工业粉尘排放达标率/%	41.86	61.40	68.94	84.94	85.92	95.30	96.03	96.00	96.08
工业烟尘排放达标率/%	76.61	81.09	89.52	92.74	95.82	94.82	94.85	95.90	98.09
工业固体废物综合利用率/%	41.63	55.10	38.10	63.10	66.40	68.90	75.10	70.50	72.86
“三废”综合利用产品产值/亿元	9.27	7.38	7.35	8.79	11.07	14.90	18.28	20.52	25.35
单位GDP综合能源消耗比的倒数/（吨标煤/万元）	1.28	1.29	1.28	1.27	1.27	1.06	1.10	1.23	1.31

数据来源：《福建统计年鉴》（2000—2009）。

3.5 福建低碳技术创新环境评价——实证部分

3.5.1 熵权法概述

根据熵的思想可知：人们在决策中获得信息的多少和质量，是决策的信度和效度的决定因素之一。因此，评价不同决策过程或评价案例效果时熵是一个理想的工具。不仅如此，熵还可以度量获取的数据所提供的有用信息量，从而能够确定该信息所占权重。

考虑一个评价问题，假设有m个被评价对象、n个评价指标的评价问题[以下简称（m，n）评价问题]，按照定性与定量相结合的原则可以形成多对象关于多指标的评价矩阵：

$$R'=\begin{bmatrix} \gamma'_{11} & \gamma'_{12} & \cdots & \gamma'_{1n} \\ \gamma'_{21} & \gamma'_{22} & \cdots & \gamma'_{2n} \\ \vdots & \vdots & \cdots & \vdots \\ \gamma'_{m1} & \gamma'_{m2} & \cdots & \gamma'_{mn} \end{bmatrix}$$

$$\gamma_{ij}=\frac{\gamma'_{ij}-\min\limits_{j}\{\gamma'_{ij}\}}{\max\limits_{j}\{\gamma'_{ij}\}-\min\limits_{j}\{\gamma'_{ij}\}} \tag{3-1}$$

式中，γ_{ij}为第 i 个对象在指标之上的值，为计算方便，可假定γ_{ij}大者为优，是收益性指标，且$\gamma_{ij}\in[0,1]$。

按照（3-1）式对 R'进行标准化处理得到：

$$R=(\gamma_{ij})_{m\times n}$$

而评价指标的熵，在（m，n）评价问题中，可将第 j 个评价指标的熵定义为：

$$H_j=-k\sum_{i=1}^{m}f_{ij}\ln f_{ij}，j=1，2，3，\ldots，n \tag{3-2}$$

式中，$$f_{ij}=\frac{r_{ij}}{\sum\limits_{i=1}^{m}r_{ij}}，\quad k=\frac{1}{\ln m} \tag{3-3}$$

并假定：当 $f_{ij}=0$ 时，$f_{ij}\ln f_{ij}=0$；也可以在进行比较时进行标准化，即选择 k 使得 $0\leqslant H_j\leqslant 1$。

在（m，n）评价问题中，第 j 个评价指标的熵权可定义为：

$$\omega_j=\frac{1-H_j}{n-\sum\limits_{j=1}^{n}H_j} \tag{3-4}$$

指标的熵越大，其熵权越小，该指标越不重要。同时还需要满足以下条件：

$$0\leqslant\omega_j\leqslant 1 \quad 和 \quad \sum_{j=1}^{n}\omega_j=1$$

在求得 n 个评价指标的熵权之后，可以根据公式（3-4），计算得到 m 个被评价对象的综合评价值：

$$V_i=\sum_{j=1}^{n}\omega_j\gamma_{ij} \tag{3-5}$$

3.5.2 数据的确定

根据以上对福建低碳技术创新环境中 6 个子环境所属的评价指标进行权重分析，基本上已收集了所有二级指标在 2000—2008 年的数据。但是，与国内高校合作项目（课题）数、与国内高校合作项目（课题）实际经费支出、与国内独立研究机构合作项目（课题）数、与国内独立研究机构合作项目（课题）实际经费支出、与境内注册其他企业合作项目数、与境内注册其他企业合作项目实际经费支出等该指标只能收集到 2001—2008 年年底数据。因此，部分指标某些年份的数据采用指数平滑、对数、多项式、移动加权平均法等方法进行预测得到。

3.5.3 分析过程及结果

根据熵权法的计算步骤，即式（3-1）～式（3-4），计算得到福建低碳技术创新环境的 38 个三级指标的熵和熵权，如表 3-30 所示。

表 3-30　三级指标的熵和熵权

指标	熵值	熵权
R&D 经费内部支出占 GDP 比重（P1）	0.845	0.028
地方财政科技拨款占地方财政支出比重（P2）	0.922	0.014
R&D 人员人均科研经费（P3）	0.877	0.022
万人科技活动人员数（P4）	0.783	0.039
R&D 人员占科技活动人员的比重（P5）	0.831	0.030
科技活动机构个数（P6）	0.842	0.028
每名 R&D 活动人员新增仪器设备费（P7）	0.839	0.029
科研与综合技术服务业新增固定资产占全社会比重（P8）	0.818	0.033
GDP（Q1）	0.809	0.034
财政总收入（Q2）	0.798	0.036
金融机构人民币各项存款余额（Q3）	0.833	0.030

指标	熵值	熵权
金融机构贷款在科技经费筹集额中的比重（Q4）	0.821	0.032
企业在证券市场融资金额（Q5）	0.585	0.074
人均 GDP（Q6）	0.803	0.035
城乡居民人均消费支出（Q7）	0.831	0.030
专利申请数（R1）	0.870	0.023
专利授权数（R2）	0.854	0.026
技术贸易合同金额（R3）	0.873	0.023
技术贸易合同数（R4）	0.864	0.024
技术成果市场化（R5）	0.864	0.024
与国内高校合作项目（课题）数（S1）	0.866	0.024
与国内高校合作项目（课题）实际经费支出（S2）	0.868	0.024
与国内独立研究机构合作项目（课题）数（S3）	0.883	0.021
与国内独立研究机构合作项目（课题）实际经费支出（S4）	0.835	0.030
与境内注册其他企业合作项目数（S5）	0.869	0.024
与境内注册其他企业合作项目实际经费支出（S6）	0.913	0.016
平均受教育年限（T1）	0.886	0.021
劳动生产率（监测值）（T2）	0.821	0.032
城镇化水平（T3）	0.917	0.015
各类文化事业机构数（T4）	0.863	0.025
环境污染治理投资总额（U1）	0.899	0.018
单位 GDP 综合能源消耗比的倒数（U2）	0.912	0.016
工业废水排放达标率（U3）	0.945	0.010
工业二氧化硫排放达标率（U4）	0.883	0.021
工业粉尘排放达标率（U5）	0.925	0.014
工业烟尘排放达标率（U6）	0.919	0.015
工业固体废物综合利用率（U7）	0.899	0.018
“三废”综合利用产品产值（U8）	0.764	0.042

在根据公式（3-5），得到 2000—2008 年福建低碳技术创新环境的综合评价得分以及科技子环境、经济子环境、市场子环境、产学研合作子环境、人文社会子环境和资源环境约束 6 个子环境的评价得分，结果如表 3-31 所示。

最后，根据一级环境指标和二级环境指标的评价得分值，利用 Excel 的图表功能，画出福建低碳技术创新的科技子环境、经济子环境、市场子环境、产学研合作子环境、人文社会环境、资源环境约束及其总体环境评价得分的趋势图（图 3-2）。

表 3-31 福建低碳技术创新环境的评价得分情况（2000—2008）

	总体环境	科技子环境	经济子环境	市场子环境	产学研合作子环境	人文社会子环境	资源环境约束
2000	0.185	0.049	0.013	0.036	0.020	0.026	0.041
2001	0.221	0.035	0.038	0.006	0.041	0.039	0.062
2002	0.218	0.032	0.052	0.017	0.000	0.038	0.079
2003	0.355	0.052	0.068	0.067	0.038	0.028	0.102
2004	0.393	0.113	0.053	0.051	0.048	0.026	0.102
2005	0.530	0.104	0.074	0.088	0.078	0.069	0.117
2006	0.489	0.128	0.121	0.074	0.073	0.055	0.038
2007	0.738	0.166	0.220	0.066	0.102	0.053	0.131
2008	0.868	0.193	0.207	0.104	0.139	0.073	0.152

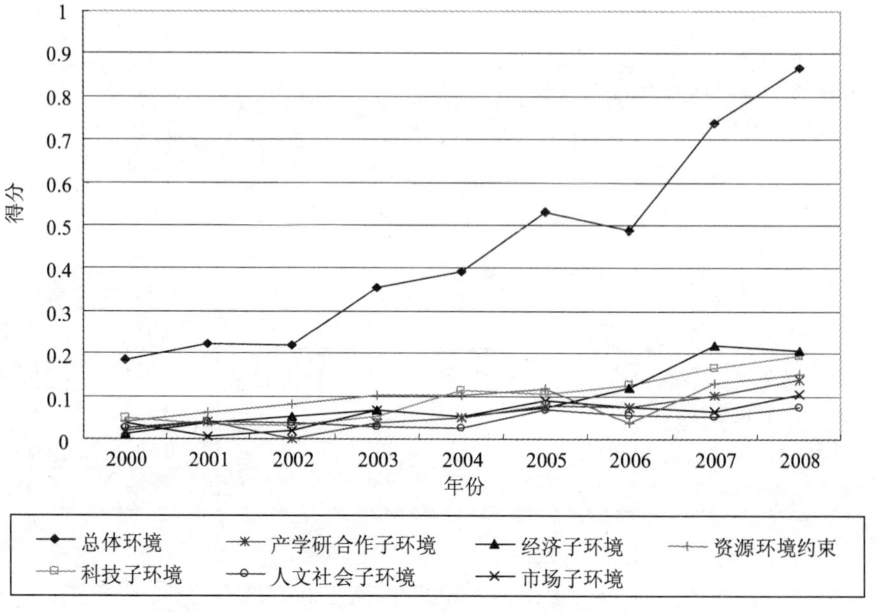

图 3-2 福建低碳技术创新的评价得分趋势

由图 3-2 可知，2000—2002 年，科技子环境的评价得分值有所下降，说明 2000—2002 年科技子环境存在恶化的现象，这与 R&D 经费内部支出占 GDP 比重、地方财政科技拨款占地方财政支出比重、万人科技活动人员数、科技活动机构个数、科研与综合技术服务业新增固定资产占全社会比重 5 个指标都出现了小幅度的下降有关；2002—2004 年，科技子环境评价得分曲线出现了逐年提高的趋势，说明福建低碳技术创新环境中科技子环境逐年改善，这是因为科技环境的 R&D 经费内部支出占 GDP 比重、万人科技活动人员数、R&D 人员占科技活动人员的比重、科技活动机构个数等 6 个指标的数值大部分都呈现了逐年上升的趋势；在 2005 年比 2004 年出现下滑的转折之后，2005—2008 年，科技子环境呈现逐年改善的趋势。因此，在低碳技术创新机制的构建中要保持近几年科技子环境逐步改善的趋势，为福建低碳技术创新建设创造良好、稳定、持续改善的人、财、物基础。

由图 3-2 可知，经济子环境评价得分值在 2000—2003 年逐渐提高，说明在此期间福建低碳技术创新的经济环境得到持续的改善，这主要归功于 GDP、财政总收入、金融机构人民币各项存款余额、企业在证券市场融资金额、城乡居民人均消费支出、人均 GDP 6 个指标的数值基本上呈现逐年上升的趋势；2004 年，在金融机构贷款在科技经费筹集额中的比重和企业在证券市场融资金额两个指标出现大幅下降的影响下，经济子环境评价得分出现了一定幅度的下调；而 2004 年之后，经济子环境评价得分值又逐渐提高，说明福建低碳技术创新的经济环境近几年得到持续改善。经济环境的逐渐改善，可以为福建低碳技术创新主体提供良好的资金保障，但还需要政府通过财政拨款、税收政策、贴息贷款等优惠政策，以形成政府为主导、企业为主体、金融机构等广泛参与的资金投入机制，尤其要加大金融机构对低碳技术创新的贷款扶持力度，以加大对低碳技术创新的投资力度，充分发挥当前的资金充足优势。同时，政府应加大低碳技术、绿色知识等知识的宣传推广工作，让社会公众对低碳技术发展的效益有更好的认识，从而加大对企业采纳低碳技术的推动作用，以充分发挥产品市场需求对企业进行低碳技术创新与应用的推动力。

由图 3-2 可知，福建技术市场子环境的评价得分波动较为频繁，但总体上呈现出了在波动中提高的态势。其中，2000—2001 年呈现较大幅度的下降，2001—2003 年快速提高，2003—2004 年又出现较大幅度的下调，2004—2005 年又止降反升，2005—2007 年又出现下降局面，直到 2008 年又出现的上升趋势。以上结果说明，福建技术市场环境发展还不成熟，原因可能是：其一，虽然福建专利申请数逐年增加，但是专利申请授权数存在波动，可能说明福建科研单位的科研成果质量有待提升；其二，技术贸易合同金额、技术贸易合同数、技术成果市场化 3 个指标出现了不同程度的波动，说明福建市场环境还不够稳定，这可能是由于技术市场供给信息与需求信息不对称导致的，或者更多的技术使用者采取合作的方式进行技术研发，使技术交易内部化。因此，政府应该鼓励科研单位特别是高校和科研机构在科研立项前进行充分的市场调研和科研成果检索工作，使科研成果更加符合市场需要，更具先进性，以避免重复研究和科技资源的浪费，从而提高科研成果的质量；同时，应该加快技术市场的发展，加快技术信息服务平台建设，为低碳技术供应者和需求者提供良好的信息服务，从而促进低碳技术成果的交易，促进低碳技术创新成果的转化。

由图 3-2 可知，产学研合作子环境评价得分在 2001 年比 2000 年有所提高，但紧接着 2002 年却急速下降，2002—2005 年逐年提高，2006 年出现小幅下调，从 2006 年起，提升速度迅猛，整体上呈现出在波动中提高的局面。其中，波动的主要根源是与国内高校合作项目（课题）数、与国内独立研究机构合作项目（课题）数、与国内独立研究机构合作项目（课题）实际经费支出、与境内注册其他企业合作项目实际经费支出 4 个指标的波动所导致。以上分析结果说明，虽然产学研合作存在一定的不稳定性，但是从总体情况来说，福建近几年在产学研合作方面的积极性有所提升，尤其是与国内高校合作项目（课题）实际经费支出和与境内注册其他企业合作项目（课题）数呈现逐年增长的态势，说明技术创新主体已较为认同产学研合作的技术创新模式。因此，福建政府应努力完善产学研合作平台，通过财政政策、税收政策等优惠政策，创造良好的产学研合作的制度环境，鼓励低碳技术创新主体通过项目合作的形式进行技术创新，以实现良好的人力资源、仪器设备资源、知识资源等创新资源共享，从而促进低碳技术创新能力的提升，促进低碳技术创新成果的转化。

由图 3-2 可知，人文社会子环境的评价得分值同样也存在较为频繁的波动。其中，2001 年比 2000 年出现较大幅度的提升；2001—2004 年逐年下降；2005 年又出现大幅度提高；2005—2007 年又下调明显；2008 年止降反升，比 2007 年有较大程度的提升。以上的波动现象主要是由劳动生产率、各类文化事业机构数、平均受教育年限 3 个指标的波动所引起。因此，为使人文社会环境得到更大的改善，政府应加大教育投入，重点加强义务教育投入，同时加强农村人口的再教育工作，努力提升人民的受教育水平和科学文化素质水平，以增强社会公众对低碳技术的认知度；政府应继续加大对各类文化机构的资金投入，使文化机构可以成为低碳技术、绿色文化等知识宣传的有效载体；通过充分调研，在适宜地区加快城镇化速度，提高城镇化水平，提高人民生活水平，提高社会公众对环境保护、资源节约等的认识，从而推动企业进行低碳技术创新与应用。

由图 3-2 可知，资源环境约束的评价得分值在 2000—2005 年呈现逐年提高的趋势，说明在环境污染治理投资增长的带动下，福建工业污染防治能力逐渐提升；2006 年比 2005 年出现了很大幅度的下降，主要是工业废水排放达标率、工业二氧化硫排放达标率、工业粉尘排放达标率、工业烟尘排放达标率、工业固体废物综合利用率、“三废”综合利用产品产值 6 个指标值的下降引起的；2007 年又比 2006 年有较大幅度的提升，2008 年比 2007 年也有小幅提升。从总体上讲，福建工业污染防治能力在 2000—2008 年间有了较大的提升，而这一提升主要来自于环境污染治理投资的增加。而环境污染治理费用主要投资于减排技术、节能技术、废气处理技术、废弃物处理技术、资源回收利用技术等技术的创新与购买，而这些投资其实很大部分是对低碳技术的投资。因此，福建政府应在当前逐渐提升的环境污染治理能力的基础上，通过法律法规、财政政策、税收政策、信贷政策、产业政策等政策，对企业进行环境污染治理投资进行扶持，以间接推动企业进行低碳技术创新与应用。

最后我们再来看总体环境的得分情况，在科技子环境、经济子环境、市场子环境、产学研合作子环境、人文社会子环境、资源约束环境的共同作用下，总体环境在波动中得到极大的改善。以 2002 年为界，2002 年以前福建低碳技术创新环境基本保持一个较低的数值，2002 年以后，虽然在 2006 年出现小幅下降，但呈现出较大幅度的上升局面，从这里我们可以看出，福建低碳技术创新的总体环境得到了较大的改善，在一定程度上为低碳技术创新提供了良好的外部环境。

本章小结

本章主要是对福建低碳技术创新环境进行分析，首先对创新环境构成要素进行理论分析；在理论分析结果的基础上和前人研究成果的指导下，设计一套低碳技术创新环境评价的指标体系；依据所收集资料对福建低碳技术创新的法律政策环境进行论述；根据指标进行数据收集，最后利用熵权法对福建低碳技术创新环境进行综合评价，具体的研究结论如下：

其一，福建自改革开放以来，在科技政策法规体系方面的建设过程，主要经历了“以科技政策和行政规章为主导”“科技法规建设与科技政策建设并重”“科技政策法规修订规范”3 个阶段；福建分别从专利保护资金、科技成果转化投入、鼓励企业加大科技投入等方面都做了相关的规定，保障科技投入力度的不断加大，同时规范科技经费管理，确保经费得以合理分配；福建针对高新技术产业发展制定了相应的法律政策文件，为高新技术产业发展创造了良好的外部环境，而低碳技术、环保技术、新材料技术等先进技术均属于高新技术范畴；福建政府制定了一系列环境保护及污染治理的地方性法规及地方政策规章，为高校、科研机构和企业等科研单位进行低碳技术创新提供了一定的方向指引。

其二，结合创新体系结构理论和国内学者对科技创新环境划分的研究结论，将低碳技术创新环境划分为法律政策子环境、科技子环境、经济子环境、市场子环境、产学研合作子环境、人文社会子环境、资源环境约束 7 个环境子系统；然后，考虑定量化数据的获取能力，设计低碳技术创新环境评价指标体系，即包括科技环境、经济环境、市场环境、产学研合作环境、人文社会环境、资源环境约束 6 个二级指标，38 个三级指标。

其三，根据评价指标体系，收集基础数据，对福建低碳技术创新环境现状进行分析；然后采用熵权法，对福建低碳技术创新环境进行综合评价，评价结果为：第一，福建低碳技术创新的科技子环境评价得分在 2000—2002 年有所下降，在 2003—2004 年逐年提高，2005—2008 年又逐年提高；这说明近几年福建在技术创新的人力、物力和财力等资源投入逐年增加，应继续保持此良好趋势；第二，经济子环境评价得分值在 2000—2003 年逐渐提高，2004—2008 年逐渐提高，说明福建低碳技术创新的经济环境近几年得到持续改善，为建立以政府为主导、企业为主体、金融机构等广泛参与的资金投入机制奠定了良好的基础，应努力加强金融机构对低碳技术创新资金的投入强度；第三，市场子环境的评价得分很不稳定，说明 2000—2008 年福建技术市场环境发展还不成熟，主要表现在技术市场交易很不稳定，技术成果市场化水平有待提高；第四，产学研合作子环境的评价得分在 2000—2008 年很不稳定，但整体上呈现出在波动中提高的局面，尤其从 2006 年起，提升速度迅猛，说明近几年来，福建的高校、科研机构和企业等科研单位更加注重与外部科研主体的合作，有利于促进低碳技术创新能力的提升，促进低碳技术创新成果的转化；第五，人文社会子环境的评价得分值同样也存在较为频繁的波动现象，应努力提升人民的受教育水平和科学文化素质水平，继续加大对各类文化机构的资金投入，使文化机构可以成为低碳技术、绿色文化等知识宣传有效载体；第六，福建工业污染防治能力在 2000—2008 年有了较大的提升，而这一提升主要来自于环境污染治理投资的增加，福建政府应在当前逐渐提升的环境污染治理能力的基础上，通过法律法规、财政政策、税收政策、信贷政策、产业政策等政策，对企业进行环境污染治理投资进行扶持，以间接推动企业进行低碳技术创新与应用；最后，在科技子环境、经济子环境、市场子环境、产学研合作子环境、人文社会子环境、资源环境约束的共同作用下，福建低碳技术创新的总体环境得到了较大改善。

第 4 章　福建低碳技术创新系统的“瓶颈”

Stephen Kline 于 1985 年提出了科技创新过程的链环—回路模型。它将技术创新的各个阶段与现有的知识技术存量和基础研究联系起来，同时考虑了创新各个环节之间的反馈关系，对于技术创新过程具有较好的解释力。链环—回路模型提出后被认为更加准确地描述了技术创新的过程。低碳经济的发展很大程度上受诟于其成本效益优势不显著及其可能引起的经济效益与生态效益的矛盾。因此，本章基于链环—回路模型，拟通过对技术创新链中价值的链接，把低碳技术和产品的创新链、发明设计、研究活动以及反馈的各个环节有效整合，构建低碳技术创新的链环—回路模型，并据此通过纵向分析比较，回顾福建低碳技术创新系统取得的成效；通过横向分析比较，揭示福建低碳技术创新系统存在的不足和缺陷。

4.1 低碳技术创新系统

Lundvall（1992）指出，创新系统是指由生产、扩散、知识的使用等元素与相互关系交互影响所组成的系统。所谓低碳技术创新是以低能耗、低污染、低排放和高效能、高效率、高效益为基础，通过技术创新实现节约能源资源、保护生态环境和节能减排的技术创新模式。Jolly（1997）从产品生命周期的角度分析创新价值链，提出商品化的五个阶段，包括想象、培育、实体展示、推广以及维持；而兴趣鸿沟、技术鸿沟、商品化鸿沟以及扩散鸿沟则是创新进展到不同阶段需衔接的四个环节。以下结合这种区分，从技术系统和管理系统两大部分分析低碳技术创新过程中的各个环节。

4.1.1 低碳技术创新的技术系统

发展低碳经济主要取决于新的低碳技术的研发应用和现有低碳技术的普及推广（张坤民，潘家华等，2008），它是经济发展模式和社会消费模式向低碳方向转变的基础。从技术系统的角度看，将创新的观点、概念或技术镶嵌到实际的实体组件、产品雏形里面是其主要的工作（温肇东，陈明辉，2007），因此，技术系统主要是创新技术选择的策略规划，包括低碳技术预测、技术开发、应用和研究。此外，技术系统的规划与开发需要社会认同性的整合和社会支撑体系的建立，因为只有低碳技术的新观点、概念和技术及时地得到体现并依靠价值活动之间的技术链接使整个技术发展产生路径依赖，低碳创新系统才能得以实现。

4.1.2 低碳技术创新的管理系统

当前低碳经济的理念更强调的是一种社会价值的追求，而对于产业发展来说，经济价值最大化才是最强大最持久的驱动力，如何在创新链中实现两大价值系统的结合是发展低碳经济的重要切入点，因此，低碳技术创新的管理系统具有特殊的重要性。在技术创新系统中，管理系统负责将负载着创新概念的组件、产品雏形转化为可供销售的商品，即将技术创新成果转换为经济产出，而社会系统的最终目标也是透过某些价值活动将创新概念或技术商品化（温肇东，陈明辉，2007）。因此，在低碳技术创新技术系统的基础上，管理系统侧重于通过整合销售与反馈机制，将人们现有与未来的需求联结到社会系统的价值活动中，启动新的创新历程，并成为不断创造附加价值的循环系统。由于低碳技术创新具有一定的正外部性特征，其创新活动往往具有高度的风险和不确定性，仅满足技术系统为核心的价值链不足以满足技术商业化所需具备的条件，低碳技术创新一方面要注重技术扩散的效应，另一方面要注意社会采纳。因此，在技术的示范与推广、知识产权保护、销售模式的选择与设计、产品的销售与管理等方面需要高水平的管理系统，其中，政府应在联结技术政策与产业政策之间的鸿沟上发挥重要作用。

4.1.3 低碳技术创新系统的链环—回路模型

世界正迎来以低碳经济为核心的产业革命，在减排与发展低碳技术创新方面的努力将成为各国时代责任的重要体现。对中国而言，低碳技术所涵盖的能源及重工业领域都是 GDP 的支柱产业，对于生态和经济矛盾的争论在短时间内也无法平息。那么，如何通过整合所有社会力量的创新源，调动各创新主体的参与性，通过价值链接实现低碳经济价值、生态价值和社会价值的统一是一个重要而长期的问题。以下基于链环—回路模型的理论框架，将低碳技术创新过程看成以下主要路径：

① 低碳技术创新链，在图中由字母 C 代表。Edgerton（1999）提出，发明与创新很少导致使用，而使用经常导致发明与创新。价值链理论认为技术创新应始于市场需求，低碳技术的正外部性特点更决定了其对社会价值认同和社会资源整合的更高要求。因此，低碳技术创新链条的出发点——潜在市场包括了现有和未来的技术需求以及政府基于宏观调控和产业协调的计划等。在潜在市场的推动下，低碳经济发展中所需的低碳技术得到发明与设计。技术扩散理论和市场营销理论都强调，技术或创新产品的传播始于早期的采用者。这些早期采用者通过示范效应的溢出，降低了追随者因创新的不确定而带来的风险，从而使技术或创新产品富有效率地扩散出去，低碳技术的传播更需要关键采用者的示范效应。如果技术在示范环节中被证明难以推广，则在知识和研究系统的重新审视下应进行再设计与生产。因此，该链条的第 3、4 链环为“低碳技术创新示范项目实施”和“重新设计与生产”。此后，低碳技术产品推向市场并实施管理。

② 低碳技术创新的反馈环路，在图中由字母 f 和 F 代表，其中，F 为特别重要的反馈。从整个低碳技术创新链来看，在第 1 条路径（C）中，每一个正向的回路都伴随着反向的反馈回路，而每一次反馈都是对低碳技术的经济、社会、生态等效益的不断审视。当低碳技术成为商品并投入市场后，市场的检验将是最重要的反馈，它将为下一个链环的市场需求做出判断。

③ 低碳技术创新链与研究活动的联系，在图中体现为 K-U、1-5 的知识传递过程。如前所述，技术创新源可能是多元化的。从相关文献及现实经验看，政府、非政府组织、高等院校、科研院所、企业等多种主体在发展的需要或社会责任的压力下纷纷推动低碳技术创新，充分调动了社会知识存量和各种社会硬资源及软资源。根据链环—回路模型，低碳技术创新源的选择基于社会的知识总存量。当某个国家或某个组织的知识存量无法满足创新需求时，可以向外部知识库求助，然后根据外部知识库的丰度或成本高低决定是否进行低碳技术的自主研发。因此，本研究对链环—回路模型的第 3 个环路进行改进和细化，提出了创新链与研究活动联系的 5 种可能路径。

④ 实践中的发明与技术改进活动与低碳技术创新科研活动的联系，在图中由字母 D 代表。发明与技术改进往往是研究与开发之间的纽带，特别是对于低碳技

术创新而言，基于实践经验的技术改进和民间发明如果能通过有效的途径和机制被采纳，不仅将对科研活动提供第一手资料，更能反映消费者的实际需求和消费习惯从而更容易产生示范和推广成效。因此，应充分发挥民间技术能人、非政府组织和相关协会的力量，形成发明与设计活动与研究活动的有效联系。

⑤ 低碳产品与研究活动的直接联系，在图中由字母 I 和 S 代表。市场需求既是技术创新的出发点，又是技术创新的归属，市场需求是带动科学研究的长期动力。市场需求与低碳产品与研发活动的直接联系，能使研发的成果直接进入示范和推广，减少前期环节，缩短停留于研究开发阶段和前期工作的时间，增强满足技术市场或推动社会经济发展的能力。

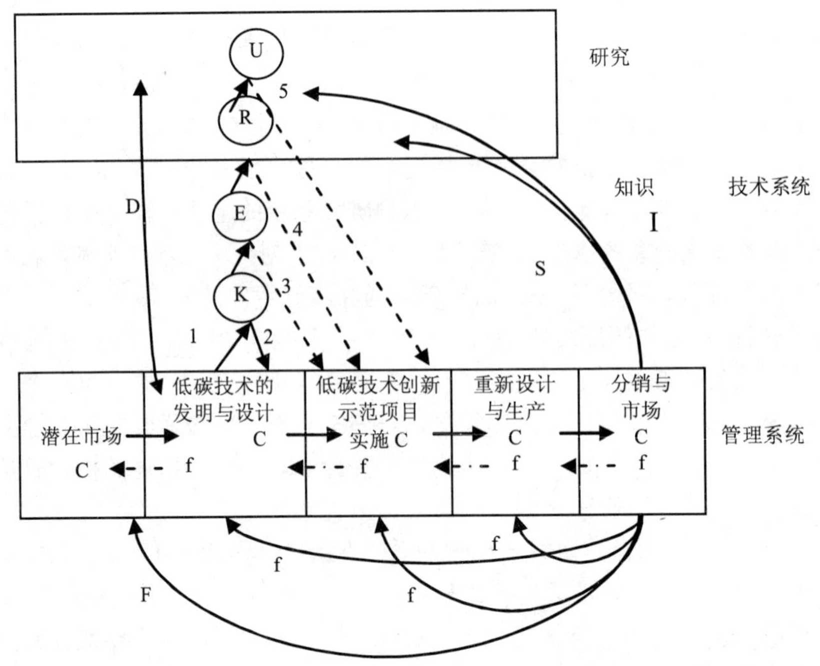

图 4-1 低碳技术创新的链环—回路模型

注：C=技术示范的中心环节；f=反馈回路；F=特别重要的反馈；1—K—2=内部知识存量的寻找；K—E=向外部知识存量库求助；E—3=引进技术创新成果；E—R—4=自主研发；R—U—5=委托外单位研究开发。链接 3、4、5 所代表的路径尚有疑问，故用虚线表示。D=实践中的发明与技术改进活动与科研活动的联系；I=仪器、工具、技术流程等对研究活动的帮助；S=通过链上所有环节获取的信息用以支持科学研究。

4.2 基于链环—回路模型的福建低碳技术创新系统的“瓶颈”分析

本节将基于上文构建的低碳技术创新的链环—回路模型，分析福建低碳技术创新系统的现状。根据低碳技术创新的链环—回路模型，福建的低碳技术创新过程存在 5 条主要的路径：低碳技术创新链、低碳技术创新的反馈环路、低碳技术创新链与研究活动的联系、实践中的发明与技术改进活动与低碳技术创新科研活动的联系和低碳产品与研究活动的直接联系。在实际的技术创新过程中，低碳技术创新链和低碳技术创新的反馈环路仅存在很短的时间差，几乎是同时进行的，在实践中很难观察和区分。同时，低碳技术创新链每一个正向的回路都伴随着反向的反馈回路，因此下文将这两条路径视为同一条双向的路径进行分析。福建省北邻浙江省，南接广东省。2008 年和 2009 年浙江省和广东省的综合科技进步水平指数均高于福建省，对福建省技术创新的资本、人才等要素往往产生强大的“虹吸”效应。因此本节在对福建低碳技术创新系统各链环进行纵向分析比较的基础上，选取浙江省和广东省作为参照系，通过横向分析比较，揭示福建低碳技术创新系统存在的不足和缺陷。

4.2.1 福建低碳技术创新链和反馈环路

根据低碳技术创新的链环—回路模型，低碳技术创新链起始于市场的需求，经过发明与设计，然后通过低碳技术创新示范项目将创新扩散出去，最后经过重新设计与生产以实现产业化，将低碳技术产品推向市场。同时，低碳技术创新链每一个正向的回路都伴随着反向的反馈回路。因此本小节将从低碳产品的市场需求、技术创新能力和低碳技术创新示范、低碳技术的产业化能力四方面分析福建低碳技术创新链和反馈环路的现状。

4.2.1.1 低碳产品的市场需求

市场需求拉动技术创新主要体现在现有的市场需求对技术创新的拉动作用和潜在市场需求的预期对技术创新的拉动作用两个方面。现有低碳产品和服务的市场需求在一定程度上可以由节能环保行业的产值和消费者对低碳产品的关注度两个方面间接反映出来。随着生态省建设和节能减排等工作的推进，有限的环境容量与经济发展的矛盾日益突出，节能减排的强制性与环境管理机制创新等，也将促使企业采用低碳技术以符合相关规定和要求，进而产生巨大的低碳技术和服务需求。因此，低碳产品潜在的市场需求可以通过分析福建省现有的促进低碳经济发展的政策法规和执行力度来预测。所以，对福建省低碳产品的市场需求将围绕福建省节能环保产业的产值、福建省消费者对低碳产品的关注度、福建省促进低碳经济发展的相关法律法规和执行力度4个方面展开。

在节能环保产业总产值方面，据初步调查统计，福建省2008年节能环保产业总产值约为580亿元，占全省工业总产值3.39%。其中节能产业总产值约为180亿元，环保产业总产值约为200亿元，年均增长15%左右，资源循环利用产业总产值约为200亿元（福建省经济贸易委员会，2010）。

在消费者的低碳关注度方面，据统计，第二届“6・18”期间，仅前往新型墙体材料专业展区参观的就达10.1万人次（福建省发展新型建筑材料领导小组办公室，2008），2009首届海峡西岸（福州）节能环保与绿色人居博览会，三天迎接的参展人员达1万人次（福建省环境保护产业协会，2009）。第八届“6•18”首次设立了低碳产业馆，展示了福建省创新平台的技术成果，尤其是在节能环保方面的成果，旨在引导社会各界群众推广低碳消费，为建设资源节约型、环境友好型社会服务，为海西建设服务。这些数据都表明了福建人民对低碳生活的认识越加深入。消费者的低碳关注度还直接反映在节能低碳产品的销量上。在家电下乡政策和“节能产品惠民工程”政策的推动下，截至2010年上半年，福建省家电行业高能效产品比例大大提升，电冰箱、洗衣机、空调器二级以下产品已经退出市场，高效节能空调器的市场占有率已超过50%，节能冰箱特别是日耗电量低于0.4kW・h、容量180～220 L的冰箱，现成为农村市场畅销的机型（福建省经济贸易委员会，2010）。这种需求不仅对大企业，对中小企业提升产品能效水平也有积极的促进作用。

在促进低碳经济发展的相关政策的制定方面，从2002年起，福建作为全国第一批生态省建设试点省份，本着不以牺牲环境为代价的原则，树立科学发展观，建立了一套长效的管理机制，使经济发展与生态保护同步进行。其中，政府政策法规的规定尤为突出，福建省先后颁布了一系列与低碳经济相关的法律、法规和规章，如《福建省固体废物污染环境防治若干规定》、《福建省环保保护条例》、《福建省海洋环境保护条例》、《福建省农业生态环境保护条例》、《福建省环境行政处罚程序暂行规定》、《福建省环境保护行政处罚自由裁量权细化标准（试行）》，福建省的其他地市也颁布了具有地方特色的相关法律法规和规章，从政府强制的角度来促使企业重视环境保护的重要性。

在环境治理执行力方面，福建省不断加强环境污染治理的执行力度，治理效果显著。如2007年，福建强力治理企业环境违法行为，对基层政府出台的有悖于环保法律法规的“土政策”一律予以取消，并依法追究违法排污造成严重损失、触犯刑法的企业的刑事责任。截至 2007 年年底，福建已取缔关闭 23 家年产 1.7 万吨以下化学制浆企业和 5 家年产 3.4 万吨以下草浆造纸企业。对属于淘汰落后生产工艺的造纸企业要吊销证照、断水断电、清除原料，做到彻底淘汰；对治理设施不完善，严重污染环境的造纸企业予以停产整治（孙贤迅，2007）。2009 年，福建省出台《福建省重点流域水环境综合整治考核办法（暂行）》，要求水环境整治不合格的暂停环评审批，被曝光还有扣分，同时，在治理过程中失职、渎职的责任人将被追究法律责任。来自福建省海洋与渔业局的数据显示，2009 年福建海洋环境整治见成效，清洁海域面积上升至 53%，轻度污染海域面积下降到 20.0%，中度污染海域面积下降到 9.0%（福建日报，2009）。这是福建省海洋环境整治与修复的成效。

4.2.1.2 低碳技术研究开发能力

根据低碳技术创新的链环—回路模型，低碳技术的发明与设计是低碳技术创新链的第二个环节，也是最重要的一个环节。低碳技术的发明与设计最主要就是依靠企业的研究开发能力。虽然市场需求是催生技术创新的强大动力，也是技术创新成败的最终检验，但真正推动技术创新进步的是创新主体内在的技术创新能力，也就是企业的研发能力。考虑到数据的可得性，本书选取大中型工业企业从事科技活动的人员和大中型工业企业拥有的科技机构数近似反映技术研究与开发能力，并据此对福建省和其他两个较发达省份的技术研发能力进行测度和比较。

2008 年福建省大中型工业企业从事科技活动的人员达 6.55 万人，比 2007 年增加约 22.2%。2008 年福建省大中型工业企业拥有的科技机构数达 432 个，比 2007 年增加约 11%。虽然福建省大中型企业从事科技活动的人员和拥有的科技机构数一直都显著增加，但与浙江省和广东省等经济和科技比较发达的省市相比，福建省大中型企业从事科技活动的人员和拥有的科技机构数无论总量还是增长率都存在较大的差距（图 4-2 和图 4-3）。如表 4-1 所示，2008 年浙江省大中型企业从事科技活动的人员达 17.86 万人，比 2007 年增加约 15.49%，总数是福建省的两倍多；大中型企业拥有科技机构数 2 102 个，比 2007 年增加约 12.95%，总数接近福建省的 5 倍。2008 年广东省大中型企业从事科技活动的人员达 34.14 万人，比 2007 年增加约 19.75%，总数是福建省的 5 倍多；大中型企业拥有科技机构数 1 678 个，比 2007 年增加约 8.96%，总数接近福建省的 4 倍。

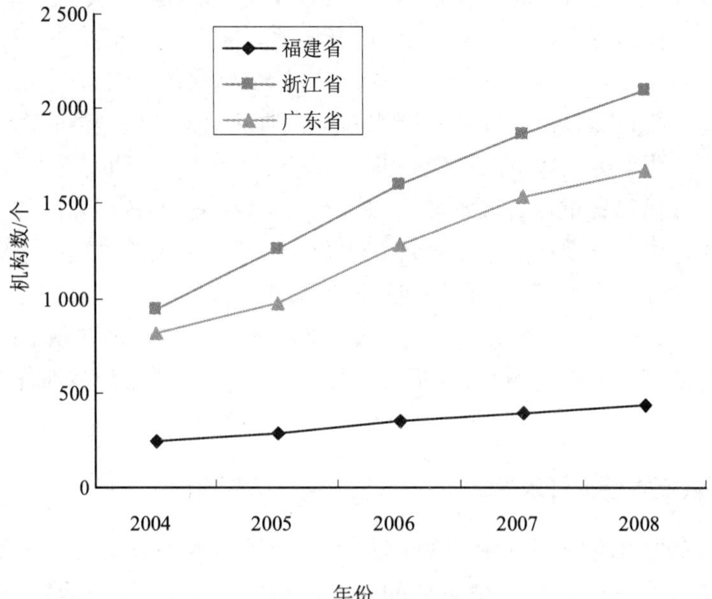

图 4-2 三省大中型工业企业拥有科技机构情况

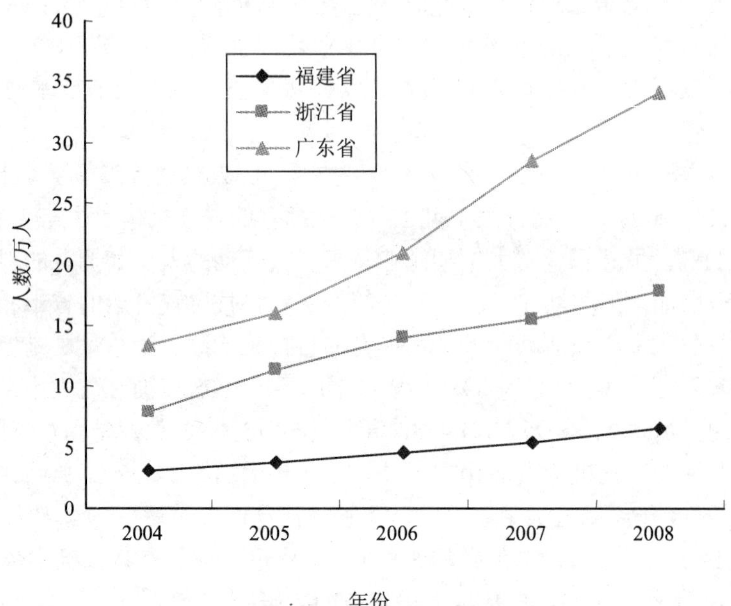

图 4-3 三省大中型工业企业科技活动人员数量

表 4-1 三省大中型工业企业科技活动情况（2004—2008）

年份	福建省		浙江省		广东省	
	科技活动人员/万人	科技机构数/个	科技活动人员/万人	科技机构数/个	科技活动人员/万人	科技机构数/个
2004	3.09	243	7.95	947	13.32	818
2005	3.72	286	11.35	1 261	16.03	976
2006	4.67	349	13.96	1 603	20.85	1 279
2007	5.36	389	15.47	1 861	28.51	1 540
2008	6.55	432	17.86	2 102	34.14	1 678

数据来源：《福建科技统计年鉴 2010》、《浙江统计年鉴 2009》、《广东统计年鉴 2009》、《广东统计年鉴 2007》。

4.2.1.3 低碳技术创新示范项目

创新扩散理论认为，一种新技术新思想要在一个社会系统中能继续扩散下去，首先必须有一定数量的人采纳这种新技术新思想。开始时采用新技术新思想的人很少，扩散的进程很慢，当采用者达到一定数量（“临界数量”）后，这些早期采用者通过示范效应的溢出，降低了追随者因创新的不确定而带来的风险，从而扩散的速度会突然加快。福建省在这个重要环节的现状主要体现在建设可持续发展实验区、推进工业企业清洁生产试点示范工作和向公众示范低碳生活三大方面。

在可持续发展实验区建设方面，福建省研究制定《福建省可持续发展实验区管理办法》和《福建省可持续发展实验区 2010 年度工作要点》，指导全省各地可持续发展实验区建设。同时，深入研究富有海西特色的可持续发展实验区建设的政策性理论、运行机制和评价方法等，出版发行《可持续发展的理论与实践》；加大实验区的宣传力度，组织编写《共创和谐海西——福建省可持续发展实验区建设巡礼》科普书籍。此外，在九龙江流域上游的省级可持续发展实验区——龙岩市新罗区的雁石镇礼邦村建立“九龙江流域礼邦村生态环境综合治理示范点”，组织实施“九龙江流域新农村建设及生态环境治理”“九龙江流域区礼邦村新农村建设治理小规模（500 头以下）养殖污染模式”和“九龙江流域礼邦村节能技术应用与示范”省科技计划项目 3 项，通过对试点村生态环境的综合治理，为九龙江流域治理和全省山区新农村建设提供示范。至 2008 年年底，福建省共有国家可持续发展实验区 3 个（龙岩市、东山县、漳平市），省级可持续发展实验区 10 个（南平市、石狮市、武夷山市、龙岩市新罗区、惠安县、厦门市思明区、泰宁县、永春县、仙游县、龙岩市新罗区铁山镇）（福建省科学技术厅，2009）。

在工业企业清洁生产和试点示范工作方面，2008年，全省开展378家企业的清洁生产审核工作，并编制发布了《化纤行业（涤纶）清洁生产标准》。同时，全省开展6个循环经济试点建设，即福州经济技术开发区国家生态工业示范园区（中德合作项目）、福州青口汽车生态工业园区（中德合作项目）、南平炉下镇循环经济实验区（中德合作项目）、鼓浪屿循环经济实验区（中德合作项目）、三钢（集团）生态工业园区、德化县域循环经济示范县。并入选全国第2批循环经济试点单位4家，即三钢集团、厦门钨业股份公司、福建凤竹纺织科技股份公司和福建泉港石化工业园区（福建省科学技术厅，2009）。

同时，福建省还通过“6•18”等渠道向公众展览和示范低碳生活和低碳生产。2010年的“6•18”第一次主办了低碳产业馆。低碳展馆将分为创新平台展区、新兴产业展区、项目成果与技术需求展区、实物产品展区四大主要展区。创新平台展区、新兴产业展区主要展示海洋碳汇研究与海洋资源开发利用技术成果及发展目标；展示工业烟尘脱硫装置、FE型电袋复合除尘器、电除尘用高频电压整流设备；展示超吸水保水复合材料、无机光电功能材料、有机光电功能材料技术及专利成果；展示福建省近年来大力扶持发展的新材料、新能源、节能环保等产业发展的技术、产品、重点企业等；同时展出世界海水淡化技术发展概况和平潭岛海水淡化项目。此外，在项目成果与技术需求展区重点展出福建省发展新材料、新能源、节能环保产业的20个技术需求和省内外20个低碳技术成果，以及低碳产业小发明、小创造成果13项。实物产品展区主要展示福建省低碳产业相关企业的主要产品，如工业电力节能装置、太阳能电池板、风电及核电模型、保温隔热涂料、新型节能光电产品等。据介绍，低碳产业馆材料将采用可回收材料制作，真正做到低碳环保、环境友好，展馆的设计也主要通过一些数字、文字、卡通、漫画、造型、实物等内容和形式，图文并茂地展示低碳生产和生活的理念（中国经济导报，2010）。

4.2.1.4 低碳技术的产业化能力

根据低碳技术创新的链环—回路模型，低碳技术和产品经过示范后，就进入了重新设计与生产环节。重新设计与生产最重要的目的是实现低碳技术的产业化。而低碳技术产业化的实质是专业化生产，使低碳技术成果实现工业化，把新技术变为可供广泛应用的新产品、新资源和新服务。新技术产业是高增长型产业，一个地区新技术产业化能力与当地工业的发展水平和当地工业的产业化能力是密切相关的。因此本文采用科学技术部发展计划司发布的《全国及各地区科技进步统计监测》的高新技术产业化指数近似反映低碳技术的产业化能力。

根据《2009 全国及各地区科技进步统计监测》，福建省的高新技术产业化指数为 54.99，高于全国平均水平（全国高新技术产业化指数为 49.37%），比上年提高 2.26。根据 2004—2009 年的《全国及各地区科技进步统计监测》，福建省的高新技术产业化指数连续六年居全国第六，低于北京市、上海市、天津市、江苏省和广东省，高于浙江省、重庆市等省市。

4.2.2 低碳技术创新链与研究活动的联系

根据链环—回路模型，低碳技术创新源的选择基于社会的知识总存量。当某个国家或某个组织的知识存量无法满足创新需求，即存在知识缺口时，可以通过企业内部自主研发、通过市场购买和利用企业的外部成长方式（如知识联盟、产学研合作等），借助知识杠杆效应获取。因此，本研究对链环—回路模型的第 3 个环路进行改进和细化，分别从企业内部技术知识存量、自主研发、外部知识存量库、引进技术创新成果和委托外单位研究开发五方面分析福建低碳技术创新链与研究活动的联系的现状。

4.2.2.1 企业内部技术知识存量

蔡虹和张永林（2008）认为在对技术知识存量进行度量时，最重要的就是计算技术知识存量的陈腐化率τ和研究开发的时间滞后期θ，通过对不同区域和企业的问卷调查及专家访谈，测算得出滞后期θ为 4 年，陈腐化率τ为 0.071 4（技术的实际使用年限为 14 年，取倒数而得）。把τ和θ这两个因素考虑进去，就可得出测算技术知识存量的公式：

$$R_t = R_{F_t} + (1-\tau)R_{t-1} \tag{4-1}$$

$$R_{F_t} = \sum_{t=1}^{n} \mu_i E_{t-i} \tag{4-2}$$

其中 R_t 为 t 期的技术知识存量；R_{F_t} 为 t 期的技术知识流量；E_{t-i} 为（$t-i$）期的投资额；τ 为技术知识存量的陈腐化率；θ为投资形成技术知识的最长滞后年限；μ_i为投资在第 i 年形成技术知识的份额。技术知识流量是指经时间滞后而于该期形成技术知识的和。由于一项投资在其后各年形成技术知识的份额分布没有现实可用的信息，因此我们假定：

$$\mu_i = \begin{cases} 1 & i = \theta, \\ 0 & i \neq \theta; \end{cases}$$

由此可得 $R_{F_t} = E_{t-\theta}$ 和 $R_t = E_{t-\theta} + (1-\tau)R_{t-1}$ 。同时，基期 tb 年的技术知识存量可用 $R_{tb} = E_{(tb+1)}/(g+\delta)$ 计算，式中 g 为 R&D 投资在基准年以后的增长率。考虑到数据的可得性和大中型企业的技术知识存量占全体企业技术知识存量的大多数，本书利用大中型工业企业科技活动经费内部支出近似反映当期的投资额 E_t，并据此计算出 1990—2008 年福建省和浙江省大中型工业企业技术知识存量（表 4-2）。

表 4-2 福建省和浙江省大中型工业企业技术知识存量（1990—2008）

年份	福建省技术存量/亿元	浙江省技术存量/亿元
1990	2.458 564	5.053 393
1991	2.712 523	6.040 081
1992	3.474 249	7.805 719
1993	4.518 487	8.844 291
1994	5.500 267	10.686 91
1995	7.687 748	14.425 06
1996	10.190 14	21.932 41
1997	12.566 07	28.941 14
1998	16.226 75	43.712 04
1999	20.115 66	54.750 6
2000	25.624 7	66.946 41
2001	32.371 4	80.101 14
2002	40.000 88	94.416 61
2003	49.505 92	121.900 4
2004	59.287 49	155.258 7
2005	78.793 37	150.434 1
2006	96.480 82	176.863 1
2007	129.742 6	239.205 1
2008	169.672 5	328.295 8

数据来源：根据《福建统计年鉴 2010》、《浙江统计年鉴 2010》、《浙江统计年鉴 2007》相关数据计算。

注：① 浙江省 1987—1992 年、1994—2001 年利用大中型工业企业科技活动科技经费支出总额。

② 1993 年浙江大中型工业企业科技活动科技经费支出总额由于数据缺失，取 1992 年和 1994 年的平均值。

根据表 4-2，福建省大中型工业企业技术知识存量逐年增加，特别是从 2004 年后增长速度明显加快。2008 年福建省大中型工业企业技术知识存量达 169.672 5 亿元，比 2007 年增长 30.78%。但与浙江省相比，福建现有的大中型企业的技术知识存量和技术知识存量的增长速度都有很大的差距。2008 年浙江省大中型工业企业技术知识存量达 328.295 8 亿元，约为福建省当期的两倍，比 2007 年增长约 37.24%。从图 4-3 可以直观地看出，从 1990—2008 年，浙江省大中型工业企业技术知识存量一直都高于福建省。2000 年之前，福建省大中型工业企业技术知识存量与浙江省相比差距不是太大，但从 2000 年开始，差距逐年拉大。

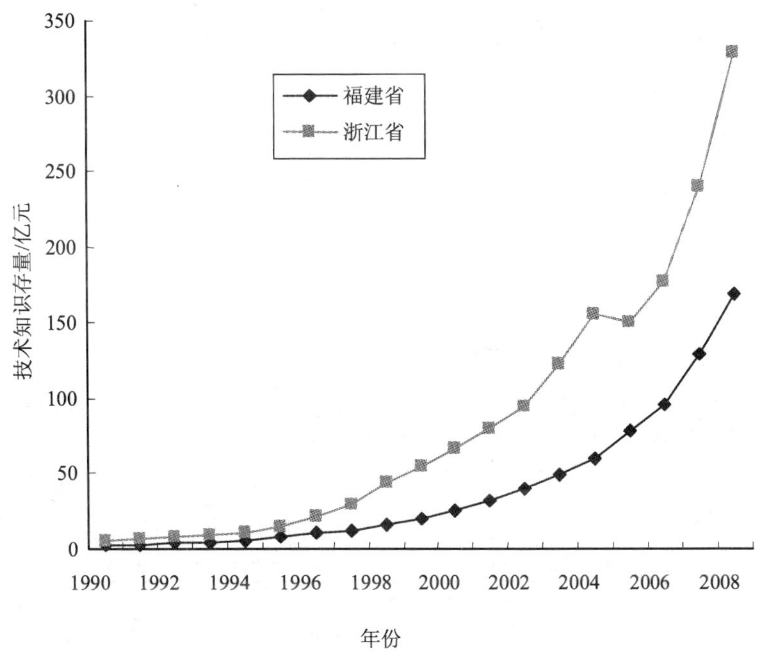

图 4-4　福建省和浙江省大中型工业企业技术知识存量

4.2.2.2 自主研发

根据链环—回路模型，当企业的知识存量无法满足创新需求时，即向外部知识库求助，然后根据外部知识库的丰度或成本高低决定是否进行低碳技术的自主创新。在企业自主创新能力评价指标体系的构建上，国家统计局发布的《中国企业自主创新能力分析报告》，从技术创新能力的角度提出包括潜在技术创新资源指标、技术创新活动评价指标、技术创新产出能力指标和技术创新环境指标四个一级指标的评价指标体系。专利是企业自主创新的重要产出之一。考虑到数据的易得性和工矿企业在企业总体中自主创新的代表性，本书采用工矿企业授权的专利数从技术创新的产出能力方面近似反映区域企业的自主创新情况。

在 2006 年前，福建省工矿企业每年授权专利数维持在 1 100 件左右；2006 年后，福建省工矿企业专利产出显著增加。但与江苏省相比，福建省工矿企业的授权专利数从 1997 年开始均低于江苏省，特别是 2005 年后，差距显著拉大。如 2008 年福建省工矿企业授权专利数达 2 382 件，比 2007 年增长约 19%；而 2008 年江苏省工矿企业的授权专利数达 23 925 件，比 2007 年增加约 63.69%。在工矿企业的授权专利数年增长率方面，福建省仅在 1998 年和 2001 两年高于江苏省，其他年份居低于江苏省，特别是 2004 年后，江苏省每年工矿企业授权专利数以数倍于福建省的增长率增加。

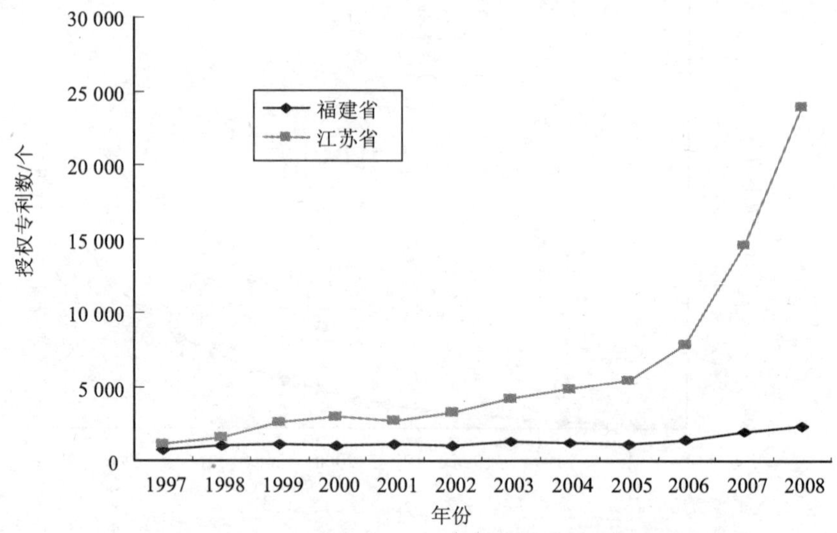

图 4-5 福建省和江苏省工矿企业授权专利数

表 4-3 福建省和江苏省工矿企业授权专利数（1997—2008）

年份	福建省		江苏省	
	授权专利数	增长率/%	授权专利数	增长率/%
1997	722		1 110	
1998	1 071	48.34	1 554	40.00

年份	福建省		江苏省	
	授权专利数	增长率/%	授权专利数	增长率/%
1999	1 158	8.12	2 596	67.05
2000	1 006	−13.13	3 022	16.41
2001	1 144	13.72	2 749	−9.03
2002	1 006	−12.06	3 240	17.86
2003	1 298	29.03	4 247	31.08
2004	1 170	−9.86	4 836	13.87
2005	1 125	−3.85	5 436	12.41
2006	1 391	23.64	7 835	44.13
2007	2 001	43.85	14 616	86.55
2008	2 382	19.04	23 925	63.69

数据来源：《福建统计年鉴 2010》，《江苏省统计年鉴》（2001—2009）。

4.2.2.3 外部知识存量库

企业的知识有两个来源：一是来自企业内部，企业自己投入资源生产知识；二是来自企业外部。当企业在技术创新过程中存在知识缺口时，除了自主研发，还可以向外部知识存量库求助。此外，外部知识存量库对企业的技术创新存在显著正溢出效益。如张玲和赵丽雨（2010）根据 C−D 生产函数构建 R&D 投入溢出效应的分析模型，实证表明：前两期企业和政府 R&D 投入所产生的外部知识存量，对当期的专利申请数和新产品销售收入有显著的正溢出效应。因此，外部知识存量库是整个低碳技术创新系统重要的一环。

科研机构技术存量和高等院校技术存量是外部知识存量库的主体。对外部知识存量库的测度，本书依然是根据蔡虹和张永林（2008）提出的方法，并采用科研机构的科技活动经费内部支出和高等院校科技活动经费内部支出近似反映当期的投资额 E_t，并据此计算出 1990—2008 年福建省和广东省科研机构和高等院校的技术知识存量。然后，用科研机构和高等院校的科技活动经费内部支出的加总计算其技术知识存量，以近似地表示两个省份企业的外部知识存量。

如表 4-4 所示，福建省的外部知识存量每年都有显著增加。2008 年福建省的科研机构知识存量达 36.78 亿元，比 2007 年增长 9.20%；高等院校知识存量达 13.75 亿元，比 2007 年增长 25.50%；外部知识总存量达 50.43 亿元，比 2007 年增长 13.26%。但与广东省相比，福建省的外部知识存量存在很明显的差距。2008 年广东省的科研机构知识存量达 191.47 亿元，约为福建省的 5 倍；高等院校知识存量达 53.57 亿元，约为福建省的 4 倍；外部知识总存量达 245.04 亿元，约为福建省的 5 倍。同时从表 4-4 中可以看出，福建省和广东省科研机构知识存量均数倍于同期的高等院校技术知识存量，科研机构技术知识存量是外部知识存量的主体。从图 4-6 中也直观地看出，2003 年前，福建省的高等院校知识存量与广东省差距较小，但 2003 年后广东省的高等院校知识存量增长速度大大加快，福建省高等院校知识存量与广东省的差距迅速拉开。

表 4-4　福建省和广东省科研机构和高等院校的技术知识存量（1990—2008）

年份	福建省			广东省		
	科研机构知识存量/亿元	高等院校知识存量/亿元	外部知识存量/亿元	科研机构知识存量/亿元	高等院校知识存量/亿元	外部知识存量/亿元
1990	4.998 96	1.162 373	5.740 327			
1991	5.421 734	1.166 58	6.197 367	31.332 23	1.106 365	29.879 99
1992	5.899 422	1.182 386	6.718 775	33.422 1	1.303 17	32.349 36
1993	6.513 503	1.222 264	7.398 655	36.961 87	1.516 624	36.272 22
1994	7.221 439	1.249 194	8.157 591	40.381 19	1.897 937	40.230 38
1995	8.129 029	1.277 602	9.115 939	43.717 27	2.260 524	44.075 33
1996	9.341 216	1.345 481	10.416 76	47.801 36	2.940 423	48.975 15
1997	10.541 75	1.613 013	11.904 1	55.922 34	3.557 277	57.839 13
1998	12.038 37	1.832 044	13.637 65	67.515 09	4.207 887	70.1996 1
1999	13.662 43	2.089 536	15.535 82	79.200 21	5.123 744	82.909 36
2000	15.393 23	2.651 143	17.843 67	90.471 71	6.404 009	95.562 13
2001	17.334 76	3.262 352	20.410 73	106.343 6	7.978 662	113.102 5
2002	19.461 16	4.234 02	23.522 1	121.488	10.175 69	130.531
2003	22.118 53	5.121 911	27.079 72	139.021 7	12.583 44	150.553 3
2004	24.825 17	6.613 406	31.289 33	147.804 6	17.379 68	164.207 6
2005	27.789 35	7.665 409	35.316 17	154.791	22.582 17	176.466 1
2006	30.527 69	9.025 799	39.424 8	164.230 3	31.124 71	194.512 8
2007	33.685 31	10.957 16	44.522 97	176.292 6	41.369 7	216.880 2
2008	36.784 98	13.751 52	50.425 53	189.522 6	53.583 71	242.380 1

数据来源：根据《广东统计年鉴》（1990—2010）、《广东科技年鉴》（2005 年卷）和《福建统计年鉴 2010》相关数据计算。

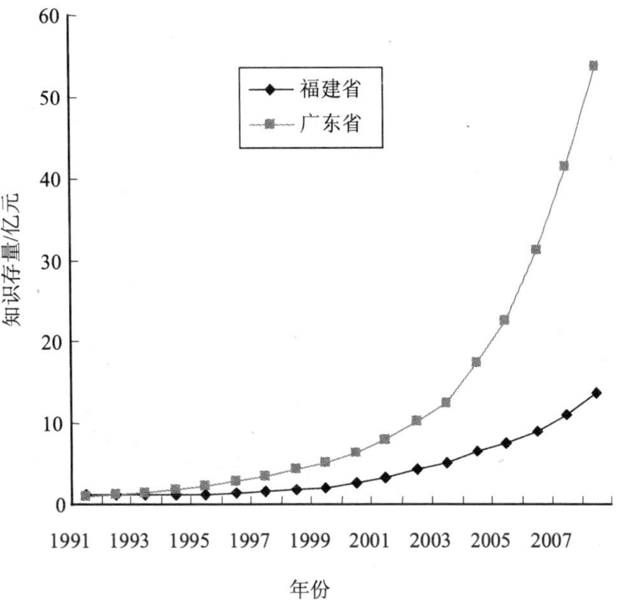

图 4-6　福建省与广东省高等院校知识存量

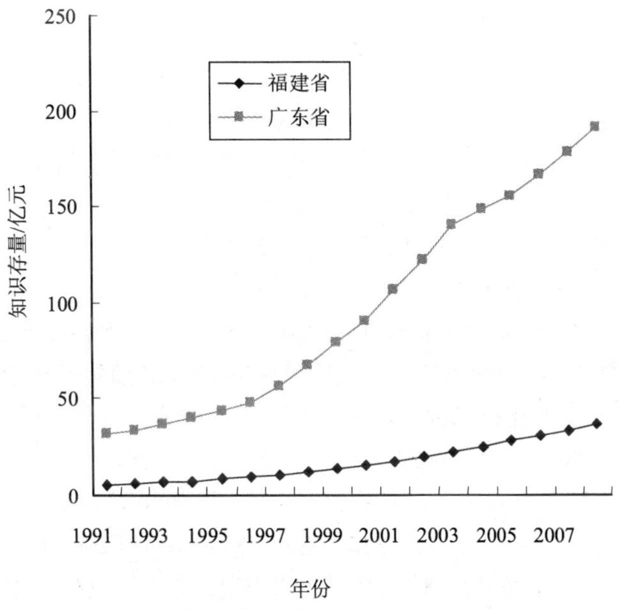

图 4-7　福建省与广东省科研机构知识存量

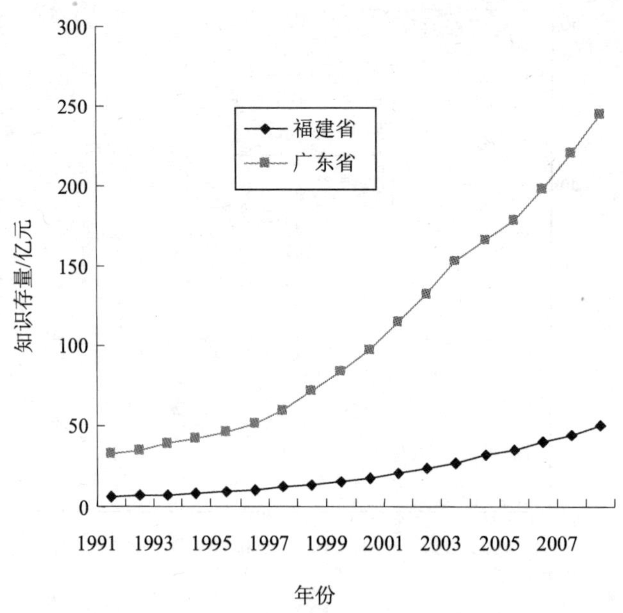

图 4-8 福建省与广东省外部知识存量

4.2.2.4 引进技术创新成果

在引进技术创新成果环节，福建省极力构建技术创新成果的交易平台，进一步加大推动企业与高校、科研机构产学研联合的工作力度。如在第六届“6·18”项交会期间，组织100多家企业参展、200多家企业组成项目采购团参会。同时，联合省直有关部门和部分设区市政府，分别举办电子、装备、食品、生物医药、陶瓷、功能材料、塑料、工业节能等工业专场对接会8场。此外，依托有关高校、科研单位和行业协会建立“技术转移中心”“项目对接中心”等产学研合作平台，直接向有关高校征集项目成果和推介企业技术需求。全年共征集企业技术需求468项、推介项目成果1 900多项、完成项目对接504项(福建省科学技术厅，2009)。

虽然近年福建省在技术创新成果的交易平台建设方面做出了很大的努力，但技术转让的合同数和合同金额却呈逐年下降的趋势。2002—2008年，只有2008年福建省技术市场上技术转让合同数达135件，比2007年增长37.76%，但技术转让合同金额只有35 414万元，比2007年减少50.86%，是2000年以来最少的一年。与福建省相比，广东省的技术转让合同数和金额一直都领先福建省。虽然，2000—2007年，广东省的技术转让合同数和金额也都在波动，但2008年广东省的技术转让合同数显著增加，特别是合同金额比2007年增长206.07%。

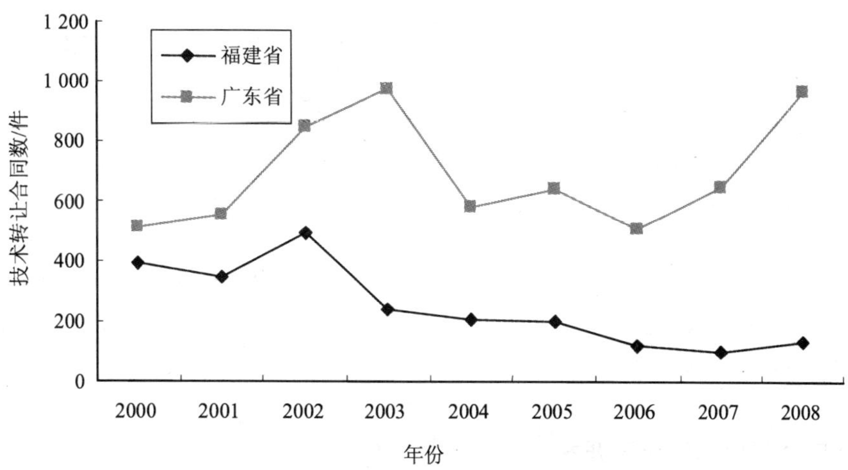

图 4-9　福建省与广东省技术转让合同数

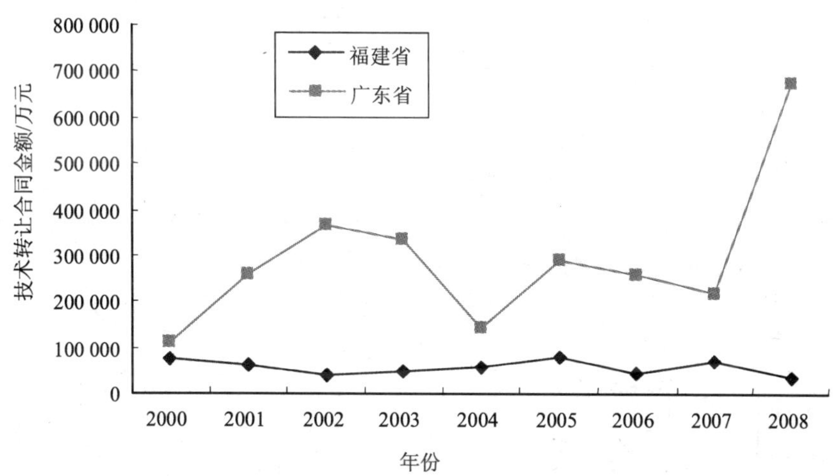

图 4-10　福建省与广东省技术转让合同金额

表 4-5　福建省与广东省技术开发与转让情况（2000—2008）

年份	福建省				广东省			
	技术开发		技术转让		技术开发		技术转让	
	合同数	金额/万元	合同数	金额/万元	合同数	金额/万元	合同数	金额/万元
2000	731	25 411	393	75 045	921	142 107	515	110 279
2001	688	26 488	346	62 482	1 393	138 814	553	258 950
2002	868	53 778	492	41 271	1 803	176 466	844	365 280

<table>
<tr><td rowspan="3">年份</td><td colspan="4">福建省</td><td colspan="4">广东省</td></tr>
<tr><td colspan="2">技术开发</td><td colspan="2">技术转让</td><td colspan="2">技术开发</td><td colspan="2">技术转让</td></tr>
<tr><td>合同数</td><td>金额/万元</td><td>合同数</td><td>金额/万元</td><td>合同数</td><td>金额/万元</td><td>合同数</td><td>金额/万元</td></tr>
<tr><td>2003</td><td>1 113</td><td>65 108</td><td>242</td><td>47 015</td><td>3 291</td><td>365 336</td><td>974</td><td>336 499</td></tr>
<tr><td>2004</td><td>1 191</td><td>46 021</td><td>204</td><td>59 653</td><td>4 540</td><td>341 901</td><td>578</td><td>143 479</td></tr>
<tr><td>2005</td><td>1 457</td><td>51 837</td><td>200</td><td>79 761</td><td>5 983</td><td>571 458</td><td>639</td><td>288 881</td></tr>
<tr><td>2006</td><td>1 585</td><td>64 191</td><td>122</td><td>46 261</td><td>6 381</td><td>718 754</td><td>508</td><td>258 404</td></tr>
<tr><td>2007</td><td>1 752</td><td>68 989</td><td>98</td><td>72 069</td><td>8 088</td><td>981 497</td><td>644</td><td>220 299</td></tr>
<tr><td>2008</td><td>1 906</td><td>95 052</td><td>135</td><td>35 414</td><td>8 253</td><td>1 059 421</td><td>967</td><td>674 278</td></tr>
</table>

数据来源：《福建科技年鉴 2010》、《广东统计年鉴》（2003—2009）。

4.2.2.5 委托外单位研究开发

福建省在促进企业委托外单位研究开发环节也做了很多工作。如 2008 年，积极组织参加第六届“6・18”项交会，在污染减排、污染防治等领域共征集技术需求 56 项、项目成果 62 项，促成龙净环保公司的“钢铁烧结机干法脱硫技术”项目、福建三安钢铁有限公司、哈尔滨工业大学的“内循环多级喷动流态化烟气脱硫技术”项目与三明市清流县氨盛化工有限公司等 10 项成果成功对接转化，对接项目总投资达 2.53 亿元。并组织实施一批产学研联合重点项目，重点支持环保、新材料、生物医药、食品等领域产品和技术的产学研联合开发，下达省产学研联合开发资金 1 289 万元（福建省科学技术厅，2009）。

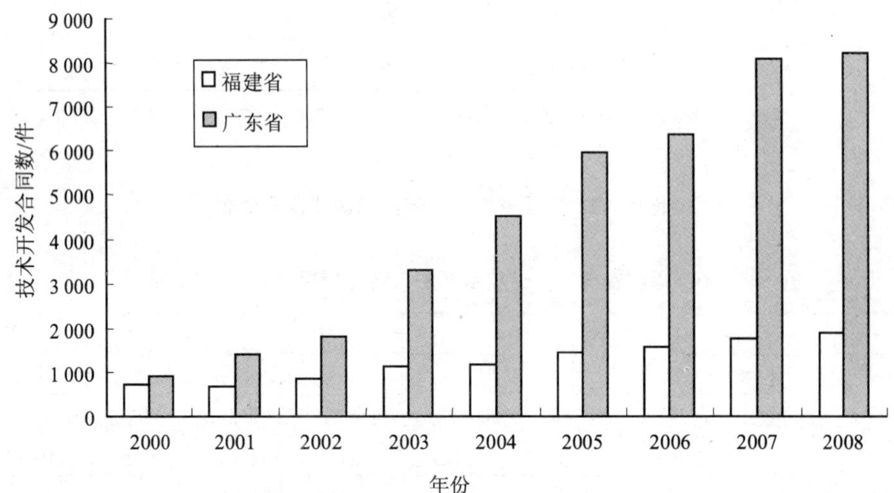

图 4-11 福建省与广东省技术开发合同数

同时也取得了一定的成果。如表 4-5、图 4-11 和图 4-12 所示，自 2000 年以来，福建省技术市场的技术开发合同数和合同金额逐年增加。2008 年，福建省技术市场的技术开发合同数达 1 906 件，比 2007 年增加 8.79%；福建省技术市场的技术开发合同金额达 95 052 万元，比 2007 年增加 37.78%。但也可以看出，从 2003 年开始，福建省技术市场的技术开发合同数和合同金额在增长速度上远远低于广东省，导致技术市场的技术开发合同数和合同金额与广东省的差距越来越大。2008 年广东省的技术开发合同数约为福建省的 4 倍，技术合同金额约为福建省的 7 倍。

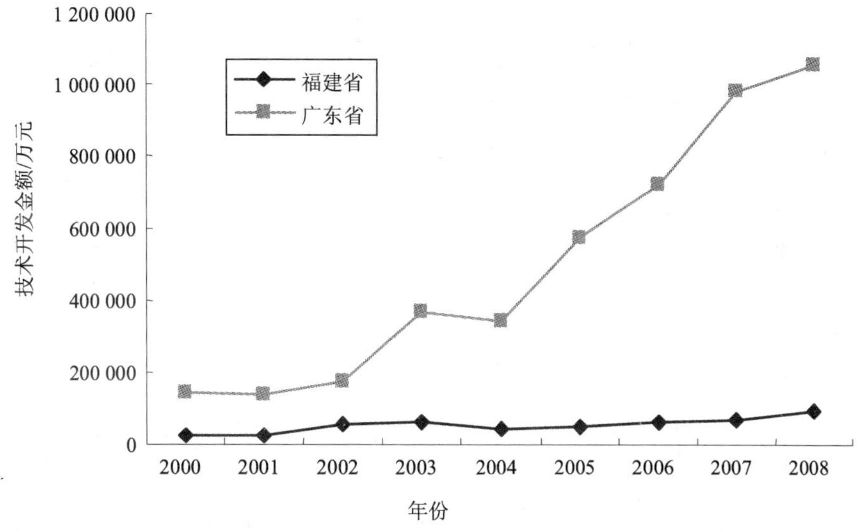

图 4-12　福建省与广东省技术开发合同金额

4.2.3 应用研究和基础研究的联系

基础研究和应用研究是互动的，没有基础理论研究，就没有原始创新；而重大理论成果都是在基于对重大实际问题的解释中产生的。从表 4-6 和图 4-13 中可以看出，2000—2008 年福建省 R&D 经费内部支出逐年增加，2008 年达 101.16 亿元，比 2007 年增长 24.79%。在研究类型上，大量研发经费投向企业的试验发展，其次是应用研究，基础研究偏低。2008 年福建省 R&D 经费内部支出中试验发展达 91.88 亿元，占 R&D 经费内部支出的 90.82%；应用研究支出达 7.06 亿元，占 R&D 经费内部支出的 6.98%；基础研究支出仅 2.22 亿元，占 R&D 经费内部支出的 2.19%。最后，基础研究经费主要依赖于政府的投入，但近十年来，福建省基础研究比例却从 2000 年的 3.24%降到 2008 年的 2.19%。

表 4-6　2000—2008 年福建省 R&D 经费内部支出情况

年份	基础研究/亿元	应用研究/亿元	试验发展/亿元	R&D 经费内部支出/亿元
2000	0.66	1.41	18.3	20.37
2001	0.72	1.12	20.41	22.25
2002	0.88	1.71	21.24	23.83
2003	0.69	3.59	32.23	36.51
2004	1.03	7.93	36.34	45.30
2005	1.17	5.13	46.82	53.12
2006	1.49	7.13	58.07	66.69
2007	1.74	7.11	72.22	81.07
2008	2.22	7.06	91.88	101.16

数据来源：《福建科技年鉴 2009》。

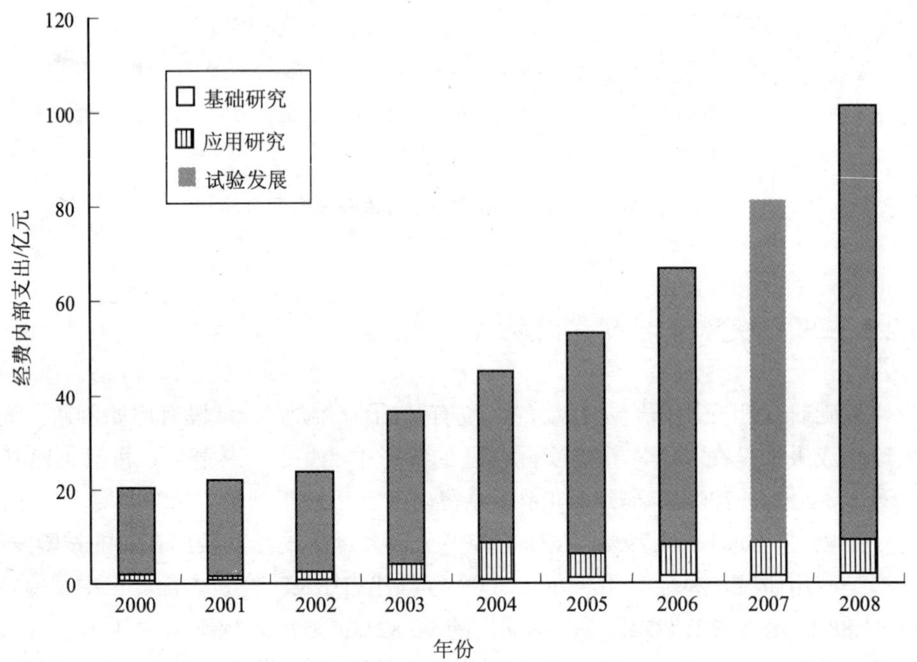

图 4-13　福建省 R&D 经费内部支出构成

4.2.4 低碳产品与研究活动的直接联系

根据低碳技术创新的链环—回路模型，低碳产品与研究活动的直接联系包括获取链上所有环节的信息用以支持科学研究及仪器、工具、技术流程等对研究活动的帮助这两条路径。由于仪器、工具、技术流程等对研究活动的帮助涉及微观的创新主体内部的技术管理制度和流程等，而企业在这方面的文档管理规范制度往往不够完善，导致分析所需的资料稀缺，因此本节不对仪器、工具、技术流程等对研究活动的帮助这条路径进行分析。获取链上所有环节的信息用以支持科学研究这一路径不可避免的涉及信息获取、信息交流、信息共享、信息产生和信息物化五个环节，即低碳技术创新系统的信息能力。国外的学者也从不同视角实证了信息获取、信息交流、信息共享、信息产生等信息活动对技术创新的积极影响。如 Song M（2001）认为包括信息共享在内的跨职能组合能促进新产品开发的成功。为了提高福建省整体的信息能力，近年来福建省政府也出台了相关政策和规划。2004 年，为了推进企业信息化、促进产业结构调整和产品优化升级，为进一步加强企业信息化的协调和推进工作，福建省决定建立省企业信息化工作联席会议制度。之后制定了《福建省企业信息化“十一五”规划》、《福建省制造业信息化科技示范工程“十一五”规划》和《福建省电子商务“十一五”发展规划》等一系列文件，在规划、政策、资金等方面为全省推进企业信息化提供了有力的支持。

同时，福建省的企业信息化公共服务平台建设项目也取得了一定的成果。截至 2007 年年底，全省使用商务领航的中小企业 6 万多家，占全省 20 多万家中小企业的 30%，在平台上运行的有一定规模的信息化应用产品已有 30 多种；福州大学自动化公司协同上游 300 多家工控行业制造商为全国 2 万多家企业提供全方位的工业自动化、电子商务和管理信息化服务；福建医药电子商务平台也为 287 家医疗机构和 242 家药品配送企业的信息系统实现了对接，完成网上药品采购额 58 亿元；福建省塑料管道行业信息化公共服务平台、福建省陶瓷产业集群信息化服务平台、厦门德茂信息技术公司承担的制造业信息化公共服务平台等项目也取得明显效果（福建省企业信息化工作联席会议办公室，2008）。

总的看来，福建低碳技术创新系统的信息能力已有长足的发展，但问题和困难仍然不少。一方面是低碳技术创新系统的信息能力总体仍然偏低，不同类型企业之间的信息能力水平差距比较明显。广大中小企业受限于认识、资金和人才“瓶颈”，信息能力依然偏低；另一方面是不同创新主体，如政府主管部门、行业协会、科研院校和企业等的信息化网络应进一步融合。

4.2.5 结论与分析

前文从低碳技术创新系统的链环—回路模型的五条主要路径，分析了福建低碳技术创新系统的现状。并选取浙江、广东等科技比较发达的省份进行比较，以发现福建低碳技术创新系统的薄弱环节。结合前文的分析结果，我们知道福建低碳科技创新系统在低碳技术研究开发能力、企业内部技术知识存量、企业自主创新能力、外部知识存量、企业技术引进、委托外单位研发和基础研究等环节存在不足。这些不足可以归结为三个方面：第一，企业研发和创新能力薄弱；第二，科技总体投入不足，导致企业外部知识存量不足；第三，产学研合作不紧密。

4.2.5.1 企业研发和创新能力薄弱

福建省企业研发和创新能力薄弱，主要表现为福建省企业从事科技活动的人员和拥有的科技机构数相对还比较少；企业的科技活动投入偏低，导致企业内部技术知识存量低；同时，企业拥有的技术专利偏少，拥有的自主知识产权偏低，自主创新能力较弱。

在市场经济条件下，企业更贴近市场、了解市场需求，具备将技术优势转化为产品优势、将创新成果转化为商品、通过市场得到回报的要素组合和运行机制。同时，在市场竞争压力下，企业家较之科学家，对通过自主创新提升竞争力与创造效益、谋求企业的发展壮大更为迫切。正是企业所具有的这些内在需求和属性，决定了企业在技术创新系统中的主体地位。因此，企业的技术创新能力既是企业自身发展壮大的根本动力，也是提升区域竞争力乃至国家竞争力的重要因素。所以，增强企业创新能力，确立企业在技术创新中的主体地位，是构建福建低碳技术创新机制一项重要而紧迫的任务。

4.2.5.2 外部知识存量不足

福建省科技投入总体不足导致福建省企业的外部知识存量不足。如前文所述，福建省拥有的科研机构和高等院校与其他发达省份相比较少，科研机构和高等院校的科技活动经费投入也大大低于广东等发达省份。而科研机构和高等院校作为企业外部知识存量库的主体，由于投入不足，导致福建省企业的外部知识存量大大低于其他发达省份，也为引进技术创新成果和委托外单位进行研究开发环节带来了障碍。而且，高校和科研机构是福建省技术重要的供应源泉。高校院校具有较强的研究开发能力，特别是在基础研究方面。政府通过财政科技投入支持高等学校和科研院所的研究开发活动，是为了获得经济社会发展和全社会创新活动所需要的公共品。而这些公共知识占外部知识存量的大多数，这些知识的不足将削弱整个创新系统的创新能力。

4.2.5.3 产学研合作不紧密

福建省的技术转让的合同数和合同金额呈逐年下降的趋势，技术市场的技术开发合同数和合同金额在增长速度上远远低于广东省，这说明福建省的高校和科研机构并未较好地成为企业技术、知识的重要外溢来源和技术创新的供应源，无法给企业提供充足数量和较高质量的生产技术。导致福建省产学研合作不紧密的原因主要有两个：第一，技术供给矛盾；第二，目前在福建省的科技体制改革中，部门、科研机构和企业间条块分割，官、产、学、研缺乏内部合作动力，区域内各创新主体缺乏统一协调，未能形成相互依存的协同关系。

本章小结

本章首先基于链环—回路模型，通过对科技创新链中价值的链接，把低碳技术和产品的创新链、发明设计、研究活动以及反馈的各个环节有效整合，构建低碳技术创新的链环—回路模型。其中包含低碳技术创新链、低碳技术创新的反馈环路、低碳技术创新链与研究活动的联系、实践中的发明与技术改进活动与低碳技术创新科研活动的联系、低碳产品与研究活动的直接联系五条主要的路径。

然后，根据低碳技术创新的链环—回路模型，从低碳技术创新链和反馈环路、低碳技术创新链与研究活动的联系、应用研究和基础研究的联系及低碳技术创新系统的信息能力四个方面，运用定量和定性结合的方法，分析福建低碳技术创新系统的现状，并选取浙江、广东等科技比较发达的省份进行比较。

最后，结合前文的分析结果，我们知道福建低碳科技创新系统在低碳技术研究开发能力、企业内部技术知识存量、企业自主创新能力、外部知识存量、企业技术引进、委托外单位研发和基础研究等环节存在不足。这些不足可以归结为三个方面：第一，企业研发和创新能力薄弱；第二，科技总体投入不足，导致企业外部知识存量不足；第三，产学研合作不紧密。

第5章　福建低碳技术创新行为的要素识别

要构建低碳技术创新机制，就必须先识别低碳技术创新机制的相关要素。现有的技术创新机制的理论模型倾向于把越来越多的要素纳入机制中，但这些相关要素是否都对福建低碳技术创新起到重要的作用，是否都是福建低碳技术创新机制的关键相关要素呢？如果不解决这个问题，对技术创新机制的分析在很大程度上将会处于“什么都强调等于什么都没有强调”的尴尬境地。基于以上考虑，本章第一节基于以往的研究成果，对影响企业低碳技术创新与应用行为的潜在因素进行探索性分析。第二节选取福建省的上市公司，运用多元回归进行实证研究，得出福建低碳技术创新的关键影响因素。第三节基于利益相关者理论，从政府、公众和消费者等方面综述和分析低碳技术创新的潜在要素，并运用层次分析法进行实证研究，得到低碳技术创新的关键动力要素。最后，本章得出福建低碳技术创新机制构建的相关要素，为下文相关机制的构建提供理论支持。

5.1 影响企业低碳技术创新与应用的潜在因素分析

本节在现有文献的研究成果和上市公司数据收集的基础上，对影响企业低碳技术创新与应用行为的潜在因素进行探索性分析。

5.1.1 法律政策环境

一个国家或地区的社会制度和宏观经济政策对企业低碳技术创新与应用的影响是深远的。这些影响主要是指与企业和科研相关的一些法律法规和其他经济制度。如税收政策、金融政策、排污收费、排污交易许可证、专利保护制度、政府采购等方面。

B. 恩格特（B.Nugent）（2002）对韩国近 25 年来中小企业的发展情况进行了分析，建议在中小企业中提高政府采购比例；波尔 • 赫比格（1995）认为专利法律为发明者提供了保护并给它以垄断其发明的权利而刺激了创新。诸多学者，如 Jeffrey A Drezner（1999）、Mansfield（1986）、Berger（1993）、安沃 • 沙赫（2000）、Dagenaisetal（1997）、Bronwyn H.Hall 和 John Van Reenen（2000）、Dirk Czarnitzki 等（2004）、Gordon（1998）、Gentry 和 Hubbard（2000）等的研究均表明税收优惠对企业 R&D 投资有正面的刺激作用。

众多学者研究结果显示，环境管制对企业技术创新和低碳技术创新有一定的激励作用，Grimaud（1999）、Bovenberg（1995）、Smulders（1995）和 R. Hart（2004）先后分别对企业效用函数引入环境污染、政府环境管制、知识积累、环境友好技术研发等因素，结果显示厂商在政府实施环境管制下更倾向于开发或利用环境友好技术。

而环境管制的约束性对企业参与环境管理的决策有着非常重要的影响，是企业参与环境管理的一项重要的驱动因素。Harford（1978）研究得出，企业实际排污水平取决于企业污染减少的边际成本是否小于企业污染的单位税收；Malik（1990）指出，企业对排污交易许可制度的服从水平较高，该制度的实施推动了企业的环境绩效；Henriques and Sadorsky（1996）在 1998 年对加拿大 331 家企业的研究表明，规则因素明显的影响企业决策过程；Beause 等（1995）研究指出能源税在 CO_2 减排过程中起着关键的作用；Decanio S（1993）针对能源产品外部性较强的特征，指出信息不充分、资金制约以及未来的不确定性等原因是私人部门自主进行节能行为的障碍；Magat 等（1990）、 Lplante（1996）、Nadeau（1997）研究表明，政府环保部门执行环境检查使企业污染排放量下降，或者减少了企业违反污染标准的时间。而企业减轻环境污染的主要途径是进行低碳技术创新或应用低碳技术。因此，法律政策环境可以直接和间接地影响企业进行低碳技术研发或购买低碳技术，以实现污染减排。

基于以上分析，本章初步拟定从税收优惠、排污费、环境检查、政府采购、排污许可权交易、能源税、专利保护制度等方面分析法律政策因素对企业低碳技术创新及应用行为决策的影响。但是，通过上市公司年度报告数据的预收集，发现排污许可权交易、能源税、专利保护制度、环境检查等指标无法收集，因此，保留税收优惠额度、排污费、政府采购 3 个指标。

5.1.2 市场因素

市场需求是技术创新活动的基本起点，也是技术创新活动的重要动力源泉和成功保证。市场需求随着经济和社会发展不断地变化，当变化达到一定程度，形成一定规模时，将直接影响企业产品的销售和收入水平，同时它也为企业提供了新的市场机会和构思思路，并引导企业以此为导向开展技术创新活动，从而形成对企业技术创新活动的拉动和激励（何德文和陈浩波，1999）。同样，对于低碳技术创新而言，随着社会公众的地位不断提高，公民的低碳意识与低碳需求的提高，可能形成强大的舆论和道德力量，监督企业的行为，刺激企业进行低碳技术创新或应用低碳技术。马奎斯和迈尔斯（1988）、安立仁和张建申（1995）、叶子青和钟书华（2002）等学者的研究成果验证了以上理论成果。而消费者、社会公众和社会团体可以影响企业经营者或管理层的环境管理行为决策，进而间接地影响企业的低碳技术创新投入或应用低碳技术投入。因此，以下对消费者、社会公众和社会团体对企业环境管理行为决策的影响研究进行综述。如 Henriques and Sardorsky（1999）研究结果表明，来自客户（消费者）、社区和社会团体的压力对企业的环境计划影响决策是积极的；Afsah 等人的研究表明，政府不是对企业施加环境压力的唯一主体，当地社区和市场组织也在扮演环境监管的重要角色，尤其是社会公众是企业环境绩效的重要影响因素之一；Stafford（2006）研究发现，在美国危险废物管理产业中，不服从环境标准的企业至少在短期内降低了公众的消费需求；Harrison and Antweiler（2002）采用加拿大国家污染排放记录数据考察了企业减少污染排放的动机，结果发现企业减少污染排放是受到环境管制、管制威胁和公众压力等各方面影响产生的结果。

基于以上分析，本章初步拟定从消费者（客户）、社会公众和社会团体等方面分析市场因素对企业低碳技术创新及应用行为决策的影响。通过上市公司年度报告数据的预收集，无法明确把握社会公众和社会团体对上市公司环境行为的影响，因此，仅保留消费者因素。但是，社会公众和社会团体的作用可以通过公司地理位置间接地体现出来。

5.1.3 金融安排

资金是中小企业技术创新和持续发展的源泉和动力，缺少了资金支持，企业的发展难以获得保证，更不要提企业的技术创新了。作为中小企业，企业发展的资金来源大多是资本市场的融资，其中融资渠道包括银行贷款、风险投资、债券融资、政府补助等。希克斯（1996）指出，产业革命的发生最重要的条件并不是技术，而是使得这些技术能够在较大的范围内广泛实施的投资，而这种投资需要恰当的金融安排才能实现。因此，希克斯提出了“产业革命发生之前有必要发生金融革命”的论断；史密斯（1995）利用了一个世代交叠模型进行了理论上的论证，认为金融市场的效率会直接影响到技术的选择。

我国已有学者对金融发展与技术进步的相关关系进行研究，如刘凤朝、沈能（2007）采用 Geweke 分解检验和协整分析法，结果表明：金融发展与技术进步在长期中存在均衡关系，且两者间具有双向因果关系；叶耀明、王胜（2007）以长三角城市群为研究对象，实证分析了金融中介对技术创新的促进作用；韩廷春和龙源（2007）的实证研究表明，技术创新融资是从融资结构和对投资的匹配度两个方面影响技术创新投资，进而影响技术创新能力。

风险投资是企业进行技术创新的另一重要来源之一。国内外学者的研究得出了相似的结论：风险投资对企业的技术创新有正面的促进作用，增加了新技术、新产品的研究成果，还减少了新技术、新产品推向市场的时间。如 Hellmann T and M Puri.（2000）、Romain and Potterie（2004）、Hasan and Wang（2006）、Kortum 和 Lerner（2000）、Masahiko Aoki（2000）、Tykvova T（2000）、Peneder（2007）、王雷和党兴华（2008）、程昆、刘仁和和刘英（2006）、王益和许小川（2000）等学者的研究成果均得出了以上结论。Koaum S.和 Lerner J.（2000）的研究得出非常有价值的研究结论，即在美国经济中风险投资对技术创新有相当大的实质性影响，而且对于技术创新来说风险投资的投入远比公司 R&D 投入的投资效率要高得多。

政府资金扶持也是企业进行技术创新的重要来源之一，同时也是激励企业进行技术创新的重要手段之一。尤其是低碳技术创新和低碳技术创新运用具有较强的正外部性，能产生较好的生态环境效应和社会效应，各级政府经常采用项目扶持的方式对企业低碳技术创新和运用项目进行资金补助。

基于以上分析，本章初步拟定从金融支持度、风险投资金额、债券融资金额、政府补助等方面分析金融安排对企业低碳技术创新及应用行为决策的影响。通过数据预收集发现风险投资金额无法收集，因此，保留金融支持、债券融资、政府补助 3 个指标。

5.1.4 企业特征

学者在研究企业特征对技术创新与应用行为或环境管理行为的影响时，主要包括地理位置、规模、公司治理结构以及管理者态度等方面。

在企业规模对企业低碳技术创新的影响研究方面，不同学者得出了不同的研究结论，主要包括五种结论：一是呈正相关，如 Hamberg（1964）、Grabowski（1968）、Subrahmanian（1971a）、Subrahmanian（1971b）、Lail（1983）、Kumar 和 Saqib（1996）

的研究得到这一结论；二是呈负相关，Mfieller（1967）、Grabowski（1968）的研究支持这一结论；三是呈 U 形关系，如 Siddharthan（1988）、Pavitt 等（1987）、Acs 和 Audretsch、Boluld 等（1984）的研究得到这一结论；四是呈倒 U 形关系，如 Woorley（1961）、Scherer（1965）、Kumar 和 Saqib（1996）、Nahm（2001）、Pradhan（2003）的研究得到这一结论。

企业管理制度是指维持企业正常运营的各项规章制度和约定。如财务管理制度、员工考核制度、人事管理制度等。Andrew 和 Emmanuelle（1999）对欧美四国的企业研究发现，公司治理结构对企业技术创新的影响很大，对技术创新有着高度的决定作用；Isabel 和 Andrew（2003）指出，若股东与经理之间的利益目标不一致，则会导致经理人员的短视行为，会对企业技术创新产生不利的影响；Baysinger，Kosnik 和 Turk（1991）实证研究发现，内部董事和机构投资者对企业技术创新投入有促进作用；Liddle（1997）认为，私有企业比国有企业有更高的创新动力和创新效率；Hosono、Tomiyama 和 Miyagawa（2004）的实证研究表明，一定的股权集中度，即大股东对企业的控制权对企业技术创新行为有正面的影响；Gary（1998）通过研究发现，经营者的工作能力、态度对技术创新都会产生重要的影响；Zahra 等学者（2000）结果表明，对经营者采取一定的股权激励机制，对企业技术创新有着明显的促进作用，董事会规模与企业技术创新之间呈现倒 U 形的曲线关系。

同时企业内部特征也将直接影响着企业低碳技术创新或采纳低碳技术的投资决策。Kassinis 和 Vafeas（2006）采用多层线性模型（HLM）分析利益相关者的内部异质性和企业环境绩效的相关关系，研究结论显示：对于县级社区的利益相关者，收入的异质性同污染水平是负相关的，比较富裕的地区，其污染水平较低；而州级利益相关者在环保偏好方面存在异质性，这种异质性同样影响着环保绩效，即环保偏好越强烈，环保人士越多，环境污染水平越低。winn（1995）认为管理者的态度对企业自愿参与环境管理有很重要的影响，而 Jorge Revera，Peter de Lcon（2005）针对哥斯达黎加 302 家酒店的研究表明决策者的个人特质（教育程度及专业知识等）在很大程度上影响酒店业参与环境管理的行为。Florida 通过研究发现，组织资源（特别是企业规模、企业领导者的承诺等）、环境资源（如环境员工的数量、任期和经验）、企业对环境绩效监测体系与处理的利用，以及在制造工厂里先进制造方法的采用等，都对企业环境绩效的提高有着突出作用。

基于以上分析，本章初步拟定从地理位置、行业污染属性、公司规模、所有制形式、股权集中度、董事会规模、董事会独立性、管理层态度、管理层受教育水平、管理层的知识结构、资产利润率、主营业务收入增长率、资产负债率等方面分析企业特征对企业低碳技术创新及应用行为决策的影响。通过预收集发现，管理层的知识结构、管理层态度无法通过年度报告和社会责任报告进行数据收集。

5.2 低碳技术创新与应用行为的要素识别

本节的重点是辨识关键的影响因素，即通过对样本企业的数据收集与整理，利用相应计量经济学知识，辨别出影响企业低碳技术创新与应用行为的关键影响因素。

5.2.1 企业低碳技术创新与应用行为变量的测量

企业低碳技术创新与应用行为作为本章研究的重要变量，如何进行准确的测量是一个重要问题，其测量方法即过程的合理性，将会直接关系到影响因素计量分析结果的准确性与科学性。目前，有关企业低碳技术创新与应用行为的研究文献不多，未查阅到关于企业低碳技术创新与应用行为测度的文献。本节首先根据企业技术创新影响因素的研究文献，设想将企业低碳技术投资额作为低碳技术创新与应用行为变量的测度方式，并着手进行数据预收集。但是，通过查阅福建省 10 家上市公司 2009 年年度报告披露的财务数据，没有发现直接关于企业低碳技术投资的财务数据，甚至没有相关数据。因此，放弃将企业低碳技术投资额作为低碳技术创新与应用行为变量的测量变量的初步设想。之后，笔者继续查阅相关文献，发现企业环境管理行为决策或环境管理绩效方面的研究相对较多，如秦颖的《企业环境管理的驱动力研究》、陈浩（2006）的《企业环境管理的理论与实证研究》、曹景山（2007）的《自愿协议式环境管理模式研究》、杨东宁和周长辉（2005）的《企业自愿采用标准化环境管理体系的驱动力：理论框架及实证分析》等，而这类文献均采用企业环境管理行为频数作为企业环境管理行为的测量变量，即通过设计问卷，调查企业实施环境管理的行为个数，最后进行汇总，得到企业环境管理行为频数。因此，本书借鉴以上学者的研究方法，并根据对上市公司年度报告、社会责任报告等数据资料中披露的企业绿色技术投资的相关内容，设计了企业低碳技术创新与应用行为实践表（表 5-1），并依此测度企业低碳技术投资的强度。计算方法为：根据上市公司 2009 年年度报告和社会会责任报告中披露的低碳技术创新与应用行为的相关内容，对下面各种管理行为进行选择，每一种行为分子为 1。有实施的话得一分，最终计算累计得分，即为企业低碳技术创新与应用行为频数。

表 5-1 企业低碳技术创新与应用行为实践

实践	有	否
是否有成文的低碳管理章程、规则等系统措施来指导低碳管理工作		
是否有成文的低碳技术创新与应用计划		
是否按当地环保部门下达的要求开展低碳管理工作		
是否设置专门的环境管理职能部门		
是否定期对企业内部低碳投资项目或管理项目进行审查		
是否进行清洁生产工艺投资		
是否有专门用于生产技术改造的费用		
是否有专门用于环保技术研发或购买低碳技术的费用		
是否进行循环经济生产方式投资		
是否进行低碳产品研发与生产		

5.2.2 变量解释与数据收集

5.2.2.1 变量解释

根据 5.1 节的分析结果，本节选取了税收优惠、排污费等 18 个变量。为了方便数据收集，保证指标数据的统一性，本节对部分指标进行定义，具体如下：

① 税收优惠：主要是指当年企业的增值税退税金额、所得税优惠金额、纳税大户奖励金额、出口退税金额等税收优惠项目。用税收优惠总金额的对数替代。

② 排污费：主要是指企业当年因排污向政府上缴的排污费。

③ 政府采购：主要反映企业是否在政府采购的企业名录中，当然某些企业由于业务特性，无法进入政府采购名录，如房地产企业、水泥制造企业等。其中，是政府采购对象的企业得 1，不是政府采购对象的企业得 0。

④ 消费者低碳关注度：由企业业务特性或产品属性决定，有些企业的业务或产品直接接触消费者，会对消费者的人身健康产生直接影响，这时消费者就会更加关注企业生产流程或产品的低碳属性，经营这类业务企业的 1；反之，得 0。

⑤ 金融支持：这一指标主要反映企业得到的银行贷款情况，收集的数据是年末短期贷款余额和年末长期贷款余额之和，可以反映企业的资金易得性。用短期贷款余额和年末长期贷款余额之和的对数替代。

⑥ 政府补助：主要反映政府对企业进行低碳技术投资及其效益的补贴和奖

励，收集的数据包括低碳技术研发补助或奖励金、低碳技术运用补贴金额、治污技术或生产设备技术改造补贴、清洁生产工艺项目补贴等。用政府补助总金额的对数替代。

⑦ 债券融资：用债券融资总额的对数表示，债券融资金额主要包括企业发行短期融资债、短期债券、长期债券等。

⑧ 地理位置：一般认为，人口集中的地区，政府环保部门、社会团体和社区等对企业环境管制或监督力度更大，企业也更加积极地进行低碳技术投资，以减轻对周围环境大的影响。其中，制造基地在人口密集区（如市区、城关、镇政府所在地、村政府所在地）的企业得 1；在非人口密集区（如市郊、城郊、镇郊、村郊）得 0。

⑨ 行业污染属性：不同污染程度的企业，承受的来自环保部门、社会公众和社会团体等主体的压力不同，低碳技术创新与应用行为决策也不同。本书界定：属于重污染行业取 3，中度污染企业取 2，轻污染行业取 1。

⑩ 所有制形式：作为政府直接或间接控股的企业，为建立榜样或鼓励私营企业进行低碳技术投资，会更早地执行国家的环境方面的法律法规，同时也更容易享受到国家的各项优惠政策，因此，在低碳技术投资方面，其实施时间可能比私营企业更早、强度可能更大。其中，国有控股上市公司取 1，非国有控股上市公司取 0。

⑪ 股权集中度：用第一大股东的持股比例来表示。

⑫ 董事会规模：用董事会的董事人数表示。

⑬ 董事会独立性：用独立董事占董事人数的比例表示。

⑭ 管理层受教育水平：用董事、监事及高级管理人员的平均受教育年限表示。

⑮ 资产利润率：主要反映企业的经营业绩，是净利润总额与总资产比值。

⑯ 主营业务收入增长率：主要反映企业的发展能力，即 2009 年主营业务收入增长率。

⑰ 资产负债率：主要反映企业的财务健康度，是负债总额与总资产比值。

⑱ 企业规模：用公司年末总资产的对数替代。

5.2.2.2 数据收集与整理

根据以上确定的 18 个潜在影响因素变量及其解释，本节开始着手进行数据收集，主要包括样本选择、数据来源等。首先，本节的样本主要选取在沪深两市的 55 家福建省上市公司，涉及的行业包括钢铁行业、工程建筑、机械制造、医药、有色金属、造纸、纺织服装、供电供气、家电、环保行业等。其次，数据来源。

数据主要来自这55家上市公司2009年披露的年度报告、社会责任报告、临时公告、网站资料等。

① 剔除指标。根据收集的样本公司数据，笔者对数据进行整理，得到各个样本公司在以上18个潜在影响因素的取值。通过整理发现，仅有南纺股份、七匹狼、青山纸业有披露上缴的排污费用；只有国脉科技、厦门国贸、三维丝、厦门钨业、厦门厦工、厦门信达、紫金矿业7家公司通过发行债券等方式进行银行贷款外融资；而有的样本企业没有披露董事、监事及高层管理人员的学历。将这3个指标放进回归模型，会影响回归模型的准确性，因此，剔除排污费、债券融资和管理层受教育水平3个指标。

② 剔除样本。根据所有样本公司披露的年报，所有的样本均享受着国家或地方给予的税收优惠。但是，只有永安林业、中福实业、安妮股份、福晶科技、福日电子、福建冠福、鸿博印刷、龙净环保、南纺股份、青山纸业、惠泉啤酒、福建实达、新大陆、新华都、众和股份、福耀玻璃、神州学人、创兴置业、法拉电子、厦门港务、厦门国贸、合兴包装、三五互联、厦工机械、阳光城、紫金矿业、厦门建发、科华恒盛28家上市公司有税收优惠金额、税收返还金额或增值税退税金额等。因此，最终确定这28家上市公司为本节的研究样本。

5.2.3 多元线性回归分析

通过收集数据，得到因变量和自变量指标的样本数据后，本节以28家福建省上市公司的低碳技术创新与应用行为频数为因变量，以税收优惠、政府采购、消费者低碳关注度、金融支持、政府补助、地理位置、行业污染属性、所有制形式、股权集中度、董事会规模、董事会独立性、资产利润率、主营业务收入增长率、资产负债率、公司规模15个指标为自变量。具体步骤为：首先，将全部影响因素强行进入回归模型，发现回归效果不理想；其次，在人为剔除政府采购、地理位置、所有制形式、董事会规模、主营业务收入增长率、资产负债率、公司规模7个指标后，得到最优的模型检验结果。具体结果如表5-2、表5-3和表5-4所示。

表5-2显示了回归模型的复相关系数（R）、确定系数值（R^2）、调整后的确定系数值以及回归的标准误差。由表5-2可知，回归模型的拟合度R=0.799[a]，拟合优度R^2=0.638，说明回归分析中因变量“低碳技术创新与应用行为频数”变异性的63.8%可以由该回归方程的“税收优惠、消费者低碳关注度、金融支持、政府补助、行业污染属性、股权集中度、董事会独立性、资产利润率”等自变量来解释，表明回归模型的拟合优度较好，质量较高；模型的DW统计值为2.182，较

为接近 2，表明了残差之间基本上相互独立，序列负相关不明显。

表 5-2　模型总体参数[b]（Model Summary[b]）

Model	*R*	*R* Square	Adjusted *R* Square	Std. Error of the Estimate	Durbin-Watson
1	0.799[a]	0.638	0.486	1.61382	2.182

注：a. 自变量：常数项，资产利润率、股权集中度、董事会独立性、金融支持、税收优惠、政府补助、行业污染属性、消费者低碳关注度。

b. 因变量：低碳技术创新与应用行为频数。

表 5-3 显示了回归模型的已解释变差、残差平方和、总变差、回归模型的 *F* 检验值及其显著性。由表 5-3 可知，*F* 值为 5.185，*p* 值=0.005[a]，说明至少有部分变量具有很强的解释力，如税收优惠、消费者低碳关注度、金融支持、政府补助、行业污染属性、董事会独立性等因素。

表 5-3　回归的方差分析（ANOVA[b]）

Model		Sum of Squares	df	Mean Square	*F*	Sig.
1	Regression	87.195	8	10.899	4.185	0.005[a]
	Residual	49.484	19	2.604		
	Total	136.679	27			

注：a. 自变量：常数项，资产利润率、股权集中度、董事会独立性、金融支持、税收优惠、政府补助、行业污染属性、消费者低碳关注度。

b. 因变量：低碳技术创新与应用行为频数。

表 5-4 显示了回归参数值及其 *t* 检验值。由表 5-4 可知，自变量的 *VIF* 检验值在 1～3.6，没有超过一般认为的临界值 10，因此认为多重共线性在可接受范围之内。

5.2.4 回归结果分析

由表 5-4 可知，回归模型中常数项的非标准化回归系数为 7.201，*t* 值在 0.10 水平上显著，说明常数项系数显著异于 0，可以进入回归方程。

表 5-4 回归系数及显著性检验（Coefficients[a]）

Model		Unstandardized Coefficients		Standardized Coefficients	t	Sig.	Collinearity Statistics	
		B	Std. Error	Beta			Tolerance	*VIF*
1	（Constant）	7.201	3.701		1.946	0.067		
	资产利润率	11.043	7.243	0.394	1.525	0.144	0.285	3.511
	股权集中度	0.039	0.031	0.249	1.270	0.219	0.496	2.015
	董事会独立性	−0.178	0.075	−0.445	−2.378	0.028	0.543	1.840
	金融支持度	0.117	0.056	0.405	2.090	0.050	0.508	1.970
	税收优惠	0.333	0.200	0.305	−1.761	0.094	0.564	1.773
	政府补助	0.106	0.055	0.339	1.945	0.067	0.628	1.592
	行业污染属性	1.827	0.539	0.563	3.387	0.003	0.690	1.449
	消费者低碳关注度	1.764	1.009	0.373	1.748	0.097	0.419	2.389

注：a. 因变量：低碳技术创新与应用行为频数。

资产利润率指标的非标准化回归系数为 11.043，t 值在 0.10 水平下不显著，说明资产利润率指标项系数不显著异于 0，不能进入回归方程。回归分析显示资产利润率指标对企业低碳技术创新与应用行为没有影响。同时，企业的董事会规模、主营业务收入增长率、资产负债率、公司规模也对企业低碳技术创新与应用行为没有影响。这说明企业在规模扩大、盈利能力增强、财务健康度好转、发展能力增强的时候，不会追加在低碳技术方面的投资。这一结果出现的原因可能是：在当前激烈的市场竞争环境下，企业的经营者为了保证股东利益最大化，更加注重对与经营业务有关的资产或项目的投资，而对低碳技术等环境管理方面的投资，只要能保证符合政府的法律法规规定、符合污染排放规定，就不会再追加投资。所以，虽然企业规模扩大、盈利能力增强、财务健康度好转、发展能力增强，但是企业在低碳技术投资达到一定水平之后，就不会再继续追加低碳技术投资。

股权集中度的非标准化回归系数为 0.039，t 值在 0.10 水平上不显著，说明股权集中度指标项系数不显著异于 0，不能进入回归方程。回归分析显示股权集中度指标对企业低碳技术创新与应用行为没有影响。这一结果出现的可能原因：一是当前上市公司的控股股东以获取投资收益为主，较少关注环境保护等社会责任的履行；二是若企业污染排放在法律法规、排放标准等的范围内，控股股东为了保证经济利益，不会再增加低碳技术投资。

董事会独立性指标的非标准化系数为－0.178，t 值在 0.10 水平上显著，说明董事会独立性指标项系数显著异于 0，可进入回归方程。回归分析显示董事会独立性对企业低碳技术创新与应用行为有强解释能力，由于系数为负，说明董事会独立性与企业低碳技术创新与应用行为之间存在显著的负相关关系。这与证监会要求上市公司设立独立董事席位的初衷有些偏差，其经济意义有待进一步研究。

金融支持度指标的非标准化系数为 0.117，t 值在 0.10 水平上显著，说明金融支持度指标项系数显著异于 0，可进入回归方程。回归分析显示金融支持度对企业低碳技术创新与应用行为有强解释能力，由于系数为正，说明金融支持度与企业低碳技术创新与应用行为之间存在显著的正相关关系。

税收优惠指标的非标准化系数为 0.333，t 值在 0.10 水平上显著，说明税收优惠指标项系数显著异于 0，可进入回归方程。回归分析显示税收优惠对企业低碳技术创新与应用行为有较强解释能力，由于系数为正，说明税收优惠与企业低碳技术创新与应用行为之间存在正相关关系。

政府补助指标的非标准化系数为 0.106，t 值在 0.10 水平上显著，说明政府补助指标项系数显著异于 0，可进入回归方程。回归分析显示政府补助对企业低碳技术创新与应用行为有强解释能力，由于系数为正，说明政府补助与企业低碳技术创新与应用行为之间存在正相关关系。

行业污染属性指标的非标准化系数为 1.827，t 值在 0.10 水平上极显著，说明行业污染属性指标项系数显著异于 0，可进入回归方程。回归分析显示行业污染属性对企业低碳技术创新与应用行为有强解释能力，由于系数为正，说明行业污染属性与企业低碳技术创新与应用行为之间存在正相关关系。这可能是因为对行业污染属性越高的企业，越会受到政府的重视，因此政府的检查、监督和惩罚力度就越强，对企业形成的环境管理压力也更大，就直接或间接地影响企业更加积极地进行低碳技术投资。

消费者低碳关注度指标的非标准化系数为 1.764，t 值在 0.10 水平上显著，说明消费者低碳关注度指标项系数显著异于 0，可进入回归方程。回归分析显示消费者低碳关注度指标对企业低碳技术创新与应用行为有较强解释能力，由于系数为正，说明消费者低碳关注度指标与企业低碳技术创新与应用行为之间存在正相关关系。

由回归分析结果可知，企业的所有制形式对企业低碳技术创新与应用行为没有影响，这说明国有（控股）企业和私营企业在低碳技术投资方面没事实质性的差别，这可能由两个极端情况引起的：一是国有（控股）企业和私营企业对低碳技术投资都很好，即两类企业的低碳技术投资强度均使其污染排放达到法律法规、排放标准等的要求；二是国有（控股）企业和私营企业对低碳技术投资都很差，即两类企业都是以盈利为主要目的，很少关注环境保护等社会责任的履行，使得其低碳技术投资强度未能使其污染排放达到法律法规、排放标准等的要求。

由回归分析结果可知，企业的地理位置对企业低碳技术创新与应用行为没有影响。而根据定义，企业的地理位置会在一定程度上体现出社会公众、社区和社会团体对企业环境管理行为的监督情况。因此，这一回归结果，从另一侧面体现出了当前社会公众在企业环境管理行为中的监督作用没有很好地发挥出来。原因可能是：一是社会公众的维权意识还处在较低水平；二是政府不重视社会公众等的监督作用，造成当前社会公众、社区和社会团体的上访或上诉渠道不顺畅等。

5.3 基于 AHP 的低碳技术创新的动力要素识别

对福建省上市公司低碳技术创新的多元线性回归的样本企业仅局限于能获得相关数据的上市公司，而上市公司在资产、治理结构等方面与普通的企业难免存在差距，且这些样本企业在低碳经济上走得相对较远，因此用这些样本去推断福建省企业的总体难免存在偏差，因此，本节通过对专家进行调查，并运用层次分析法识别福建低碳技术创新的动力要素，以弥补对福建省上市公司低碳技术创新与应用影响因素的多元线性回归结论的局限性。

5.3.1 层次分析法简介

层次分析法（AHP）是由美国运筹学家 T.L.Satty 于 20 世纪 70 年代正式提出。它是一种定性和定量相结合、系统化、层次化的多目标决策分析方法。其主要思想是通过把复杂问题分解成各个组成因素，又将这些因素按支配关系分组形成递阶层次结构。通过两两比较的方式确定各个因素的相对重要性，然后综合决策者的判断，确定决策方案相对重要性的总排序。层次分析法自问世以来，由于它在处理复杂决策问题上的实用性和有效性，很快在世界范围得到重视。本节将应用层次分析法对福建低碳技术创新的关键动力要素进行识别。

运用层次分析法进行系统分析、决策时，主要有以下四个步骤：

① 分析系统中各因素之间的关系，建立系统的递阶层次结构。

② 对同一层次的各元素关于上一层中某一准则的重要性进行两两比较，构造两两比较的判断矩阵。

③ 由判断矩阵计算被比较元素对于该准则的相对权重。

④ 计算各层元素对系统目标的合成权重，并进行排序。

5.3.2 递阶层次结构的建立——基于利益相关者理论

从 20 世纪 70 年代开始，利益相关者理论就被西方学术界和企业界所接受，并被应用于企业的战略管理之中。利益相关者理论发展至今已有多年，学者们从不同角度对利益相关者进行定义，但至今仍未有一个定义得到普遍的认同。如克拉克森（Clarkson）认为："利益相关者是在企业中投入了一些实物资本、人力资本、财务资本或一些有价值的东西，并由此而承担了某些形式的风险或者说他们因企业活动而承受风险。"而弗里曼（Freeman，1984）认为："利益相关者是那些能够影响企业目标实现的过程的任何个人和群体。"本节即借用弗里曼对利益相关者的定义，认为福建低碳技术创新的主体的利益相关者是指可以对福建低碳技术创新产生影响的个人或组织。Hoffman（2001）指出最有可能影响企业层面环境行为的利益相关者，包括政府和监管机构、消费者、供应商、员工、股东、金融机构、当地社区、社会团体、非政府组织、竞争者，媒体。陈宏辉和贾生华（2008）根据利益相关者的定义，利用专家评分法对我国企业的利益相关者进行界定，将股东、管理人员、员工、消费者、债权人、政府、供应商、分销商、特殊利益团体和社区这 10 个群体作为我国企业的利益相关者。在这 10 个利益相关者群体和 Hoffman 研究的基础上，根据企业低碳技术创新的实际情况，本节将股东、员工（包括管理人员和普通员工）、消费者、政府、公众这 5 个群体作为福建低碳技术创新的主体要素进行研究。并借鉴以往文献的研究成果和第 5.1 节得出的结论，把福建低碳技术创新机制问题条理化、层次化，构造出一个递阶层次结构。如图 5-1 所示。其中两个要素——股东性质和股东资本的含义解释如下。

股东对企业低碳技术创新的影响主要体现在股东的资本和股东的性质。企业的资产绝大多数都来源于股东资本。股东资本的多寡在一定程度上可以代表企业的规模。在中国，不同规模企业对低碳技术创新的反应不尽相同。大企业对环境问题、低碳经济较敏感，因为大企业的品牌形象直接影响到企业的盈利。相比较而言，中小企业的品牌价值较低，因此大多数中小企业对环境污染问题并没有予以足够的重视。

根据股东性质可将企业分为私人企业、国有企业和外资企业三种。国有企业的公益性和行政性决定了国有企业必须实行低碳经济，以示对政府可持续发展战略的支持。跨国公司的下属企业则需要照顾到企业的全球形象，在环境管理方面步步为营，唯恐稍有不慎会引发全球媒体和资本市场的连锁反应。相比较而言，私人企业的低碳技术创新动机较弱。

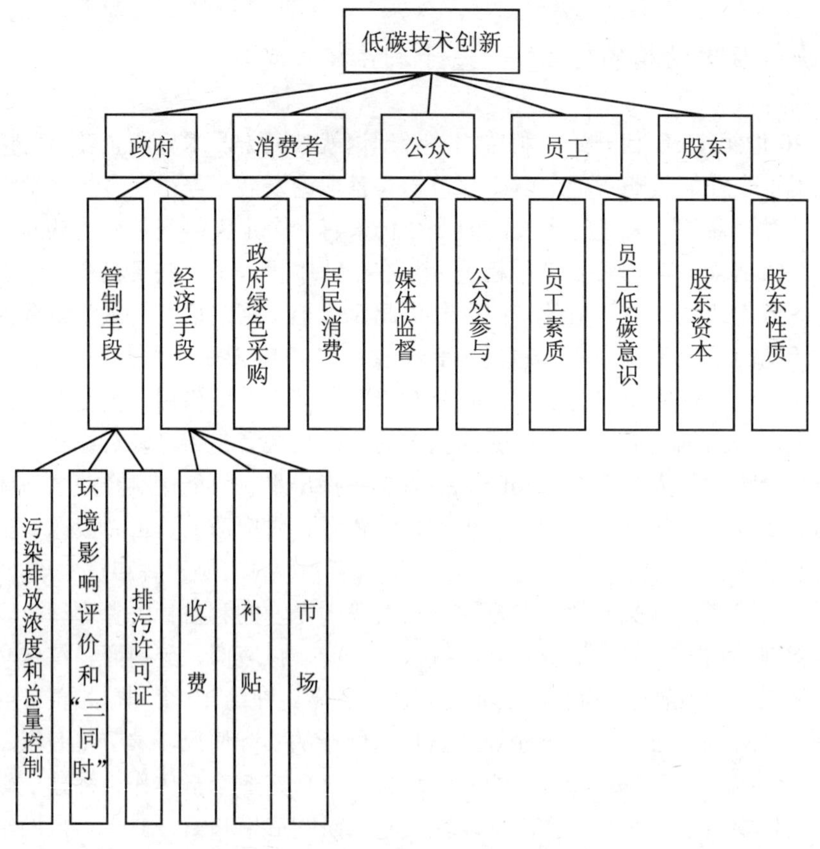

图 5-1 低碳技术创新的递阶层次结构

5.3.3 基于层次分析法的影响权重分析

5.3.3.1 构造判断矩阵及计算层次单排序权重

通过邀请相关专家（企业高管、研究者和政府部门相关负责人）对企业低碳技术创新的影响因素进行两两比较，并对结果进行平均加权，得到判断矩阵。然后，把判断矩阵的每一元素除以其相应列的总和，得到标准判断矩阵。接着计算标准判断矩阵的每一行的平均值，这些平均值 W_i 就是层次单排序的权重，构成特征向量。如表 5-5～表 5-12 所示（判断矩阵采用 $e^{0/5}$～$e^{8/5}$ 标度，但为便于表格表示，用 1 表示 $e^{0/5}$，2 表示 $e^{1/5}$…）。

表 5-5　判断矩阵（低碳技术创新）

低碳技术创新	政府	消费者	公众	员工	股东	W_i
政府	1	5	9	9	5	0.567 5
消费者	0.2	1	5	5	1	0.170 8
公众	0.111 1	0.2	1	0.333 3	0.166 7	0.032 4
员工	0.111 1	0.2	3	1	0.2	0.052 2
股东	0.2	1	6	5	1	0.177 1

表 5-6　判断矩阵（政府）

政府	管制手段	经济手段	W_i
管制手段	1	3	0.75
经济手段	0.333 3	1	0.25

表 5-7　判断矩阵（消费者）

消费者	居民消费	绿色采购	W_i
居民消费	1	0.2	0.166 7
绿色采购	5	1	0.833 3

表 5-8　判断矩阵（公众）

公众	公众参与	媒体监督	W_i
公众参与	1	0.25	0.2
媒体监督	4	1	0.8

表 5-9　判断矩阵（员工）

员工	员工素质	员工低碳意识	W_i
员工素质	1	3	0.750 0
员工低碳意识	0.333 3	1	0.250 0

表 5-10　判断矩阵（股东）

股东	股东资本	股东性质	W_i
股东资本	1	0.200 0	0.166 7
股东性质	5	1	0.833 3

表 5-11 判断矩阵（管制手段）

管制手段	环境影响评价	排污许可证	污染排放的浓度和总量控制	W_i
环境影响评价	1	1	0.2	0.142 9
排污许可证	1	1	0.2	0.142 9
污染排放的浓度和总量控制	5	5	1	0.714 3

表 5-12 判断矩阵（经济手段）

经济手段	收费	市场	补贴	W_i
收费	1	3	2	0.549 9
市场	0.333 3	1	1	0.209 8
补贴	0.500 0	1	1	0.240 2

5.3.3.2 一致性检验

低碳技术创新的判断矩阵的随机一致性比率 C.R.= 0.009 9＜0.1，即减排决策判断矩阵满足一致性要求。管制手段判断矩阵的随机一致性比率 C.R.=0.006 2＜0.1，即管制手段判断矩阵满足一致性要求。经济手段判断矩阵的随机一致性比率 C.R.=0.000 7＜0.1，即经济手段判断矩阵满足一致性要求。政府判断矩阵、消费者判断矩阵、员工判断矩阵等其余的判断矩阵的随机一致性比率均为 C.R.=0＜0.1，即政府判断矩阵、消费者判断矩阵、员工判断矩阵等其余的判断矩阵满足一致性要求。

5.3.3.3 层次总排序计算

同一层次所有因素对于最高层相对重要性的排序权值称为层次总排序。这一过程只需要把上一层指标得到的权重分别与本层次所属的指标权重相乘即可得到层次总排序。最后便得企业低碳技术创新与应用影响因素的权重。

5.3.4 结论与分析

根据层次分析法的分析结果，见表 5-13，可以得出如下结论：

第一，政府对企业低碳技术创新与运用的影响最大，权重为 0.416 6。加上绿色采购，政府对企业低碳技术创新与运用的影响的权重达 0.494 6。在政府、消费者、公众、员工和股东 5 个企业的利益相关者中，政府对企业的低碳技术创新与运用具有决定性的作用。第二，管制手段比经济手段对企业低碳技术创新与运用的影响显著。第三，在政府为促进企业低碳技术创新与运用所采取的措施中，浓度和总量控制和排污许可证影响最显著，占政府对低碳技术创新与运用总影响的权重超过一半。第四，消费者和股东对企业低碳技术创新与运用的影响相当，仅次于政府。其中绿色采购和股东性质对企业低碳技术创新与运用的影响分别是消费者和股东两种利益相关者对减排行为影响的主要组成部分。第五，公众和员工对企业低碳技术创新与运用的影响很小。

表 5-13 企业低碳技术创新的动力要素及其权重

<table>
<tr><td rowspan="6">政府 0.416 6</td><td rowspan="3">管制手段 0.287 5</td><td>环境影响评价 0.085 9</td></tr>
<tr><td>排污许可证 0.100 8</td></tr>
<tr><td>浓度和总量控制 0.100 8</td></tr>
<tr><td rowspan="3">经济手段 0.129 2</td><td>收费 0.063 8</td></tr>
<tr><td>市场 0.037 4</td></tr>
<tr><td>补贴 0.027 9</td></tr>
<tr><td rowspan="2">消费者 0.113 1</td><td>居民消费 0.035 1</td><td></td></tr>
<tr><td>绿色采购 0.078 0</td><td></td></tr>
<tr><td rowspan="2">公众 0.110 4</td><td>公众参与 0.041 7</td><td></td></tr>
<tr><td>媒体监督 0.085 8</td><td></td></tr>
<tr><td rowspan="2">员工 0.110 4</td><td>员工素质 0.074 3</td><td></td></tr>
<tr><td>员工低碳意识 0.036 1</td><td></td></tr>
<tr><td rowspan="2">股东 0.232 3</td><td>股东资本 0.086 6</td><td></td></tr>
<tr><td>股东性质 0.145 7</td><td></td></tr>
</table>

本章小结

本章 5.1 节基于以往的研究成果，从法律政策环境、市场因素、金融安排和企业特征 5 个方面分析福建低碳技术创新的潜在影响因素，并在上市公司数据收集的基础上，选取了税收优惠、排污费、政府采购、金融支持等 18 个潜在因素，为下文运用多元线性回归识别关键的影响因素奠定基础。

5.2 节运用多元线性回归对福建省 28 家上市公司进行分析。结果显示，董事会独立性与企业低碳技术创新与应用行为之间存在显著的负相关关系；金融支持度、税收优惠、政府补助、行业污染属性和消费者低碳关注度 5 个指标与企业低碳技术创新与应用行为之间存在显著的正相关关系；政府采购、地理位置、所有制形式、股权集中度、董事会规模、资产利润率、主营业务收入增长率、资产负债率和公司规模 9 个指标对企业低碳技术创新与应用行为决策没有影响。因此，在构建福建低碳技术创新机制时，要注重金融支持度、税收优惠、政府补助、行业污染属性和消费者低碳关注度 5 大因素的作用，以更好地发挥这 5 大因素在促进企业进行低碳技术投资中的重要作用。

5.3 节运用层次分析法对多元线性回归的结果进行补充，其结果表明管制手段、经济手段、绿色采购、媒体监督、员工素质、股东资本和股东性质是企业低碳技术创新和应用的主要动力要素，其中政府对企业低碳技术创新与运用的影响最大。结合两种分析方法的结论可知，福建低碳技术创新的主要动力要素有：政府层面的金融支持度、税收优惠、政府补助、绿色采购等经济手段和排污许可证、总量控制等管制手段，企业层面的股东资本、股东性质、员工素质和行业污染属性，社会层面的消费者低碳关注度和媒体宣传监督。

第 6 章　福建低碳技术创新的动力机制

完善的技术创新动力机制，是推动技术创新持续不断进行下去的重要制度保证。理论界对技术创新动力机制进行过许多卓有成效的研究，并形成了一些模式。在现有理论模式的基础上，考虑到福建省的实际情况和低碳经济的要求，要解决福建低碳技术创新的动力问题，还必须对低碳技术创新的动力要素进行更为深入和更为客观的分析。本章 6.1 节简要回顾了技术创新动力机制的 5 种主要模式，并对其进行评述。6.2 节将第 5 章得到的 10 个关键影响要素和动力要素（金融支持度、税收优惠、政府补助、绿色采购、环境管制、股东资本、股东性质、员工素质、消费者关注度和媒体宣传监督）分成政府、企业和社会三大层面，并分别探讨其作用机制。6.3 节在前文分析的基础上，运用解释结构模型构建了福建低碳技术创新动力机制的结构模型，并运用福建低碳技术创新动力机制的结构模型对福建省莆田市华隆石材机械有限公司的低碳技术创新的发展历程进行案例分析。6.4 节根据福建低碳技术创新动力机制的结构模型图，认为福建低碳技术创新的动力机制应包括牵引机制、推动机制和支撑机制三大机制，其由政府激励机制、外部融资机制、风险投资机制、市场机制与人才开发机制五大机制构成。

6.1 技术创新动力机制的反思与回顾

技术创新的关键是创新动力。只有解决了创新动力问题，才有可能解决低碳技术创新过程中出现的一系列障碍和问题，才可能有的放矢地促进低碳技术创新的进步。因此，研究和建立适合福建低碳技术创新的动力机制至关重要。所谓的创新动力机制是创新的动力来源和作用方式，是能够推动创新实现优质、高效运行并为达到预定目标提供激励的一种机制（刘兴倍，2004）。创新的动力机制作为一个开放性的系统，具有以下两个特点：①整体性。即动力机制是由若干动力要素组成的具有一定新功能的有机整体。动力机制作为系统整体，具有各个独立的动力要素所不具有的性质和功能，从而表现出整体的性质和功能不等于各个要素的性质和功能的简单加和；②相关性。即创新机制的动力要素之间是相互联系和作用的，各个要素处于有机的复杂的联系之中。正是每个动力要素之间相互影响、相互制约的关系组成了创新的动力机制，从而推动创新的持续进行。

技术创新的动力机制按照动力要素在其中所处的地位和发挥的作用不同可分为不同的模式。国内外学者对此进行了许多研究，形成了一些不同类型的创新动力机制的理论模式。现有的创新动力机制模式主要有一元论、二元论、多元论和系统动力论四种类型。最早出现的是一元动力论，其包括技术推动模式和市场需求拉动模式。虽然一元动力论在一定程度上解释了技术创新的动力问题，但其主要的两个具体模式都有片面之嫌。因此随后出现了折中的二元动力论，其强调科技推动和需求拉动的交互作用。二元动力论之后又出现了多元动力论，比如加入政府作用的三元动力论，再加上企业家精神的四元动力论等。多元动力论把可能存在的内外部的动力要素都归纳进去，但缺乏对各要素之间相互影响和相互作用的有效分析。随后出现的系统动力论以整体论和系统观来探究各动力要素间的关系，将纳入技术创新动力系统的诸多要素有机联系起来。下面对几种主要的技术创新动力机制的模式进行简要地阐述。

6.1.1 技术推动模式

技术推动模式盛行于20世纪60年代之前，是根据熊彼特对企业技术创新动力的研究成果提出的，也是最早出现的技术创新动力机制的模式。该理论模式把技术创新看作是一个线性的过程。如图6-1所示，该过程起始于科学发现，然后通过开发产生技术创新，并经过生产和销售最终将新技术产品引入市场。从这一过程可知，技术推动模式认为科学技术史上的重大突破是技术创新的原动力。技术创新是由基础研究和科学发现所推动的。同时，技术推动模型认为，市场只是技术创新成果的被动接受者，技术创新的需求并不是由市场产生的，而是由创新的主体根据科学发现的适用性进行创新，从而间接地满足市场上存在的某种需求或者在市场上创造新需求。

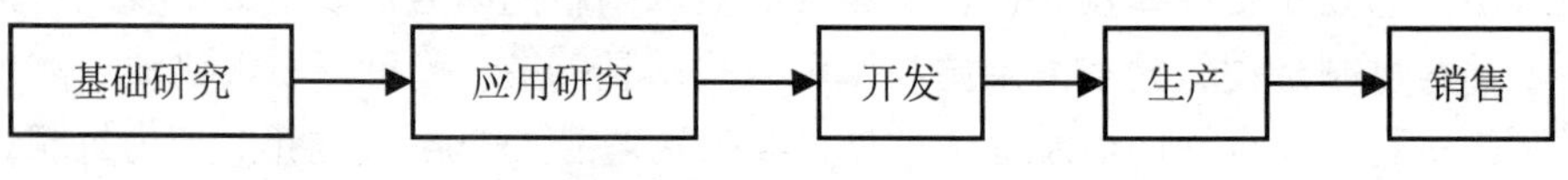

图6-1 技术推动模型

6.1.2 市场需求拉动模式

美国经济学家 Schmookler（1962）在对 1840—1950 年美国的铁路、石油冶炼、农业机械和造纸业及部分消费品工业部门的专利权数与投资额进行统计分析后，发现投资额和专利权数的时间序列表现出高度的相关性，而且大多数情况下投资额的趋势往往领先于专利权数，相反的可能性则较少，因此他提出了与技术推动模型完全对立的市场拉动模型。如图 6-2 所示，市场需求拉动模式与技术推动模式的不同之处在于，市场需求拉动模式强调市场需求是技术创新的出发点而不是科学发现，也就是技术创新的主要动力是市场需求。具体表现为：市场的需求对产品和技术提出了明确的要求，从而促使企业通过技术创新制造出适销的产品以满足市场的需求。

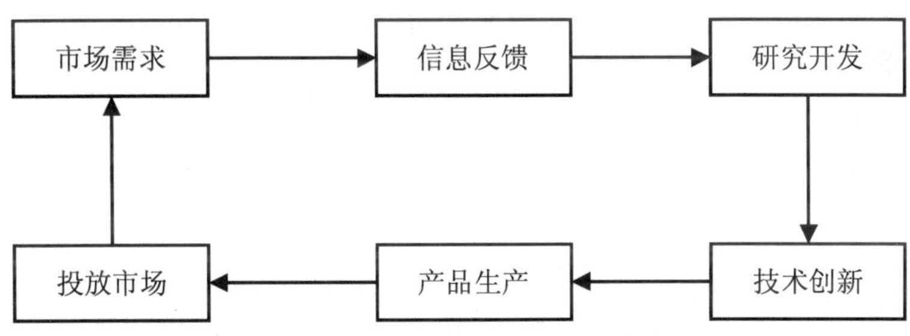

图 6-2　市场需求拉动模式

6.1.3 技术与市场综合作用模式

在市场需求拉动模式出现后，学术界对市场需求拉动模式和技术推动模式展开了长达十多年的争论。于是学者先后组织了数十个有关的研究项目，但是有的研究结论支持技术推动模式，有的研究结论支持需求拉动模式。正是两者的争论驱使人们对技术创新的动力机制展开了更为深入地研究。在 20 世纪 70 年代和 80 年代初期，人们将技术推动模式和市场需求拉动模式有机地结合起来，认为技术创新由技术推动和市场需求共同决定的，即技术与市场综合作用动力模式。技术与市场综合作用动力模式认为技术创新是技术和市场两种动力要素交互作用共同引发的，它强调技术创新过程中市场需求与技术发展两大动力要素的有机结合。而技术推动模式和市场需求拉动模式只是技术和市场交互综合作用模型的特例，它们在创新过程的不同阶段起到不同的作用。如图 6-3 所示，市场需求和技术推动两大动力要素共同推动新产品的生产和销售，新产品的生产和销售反过来刺激了市场的潜在需求和促进了技术的发展。

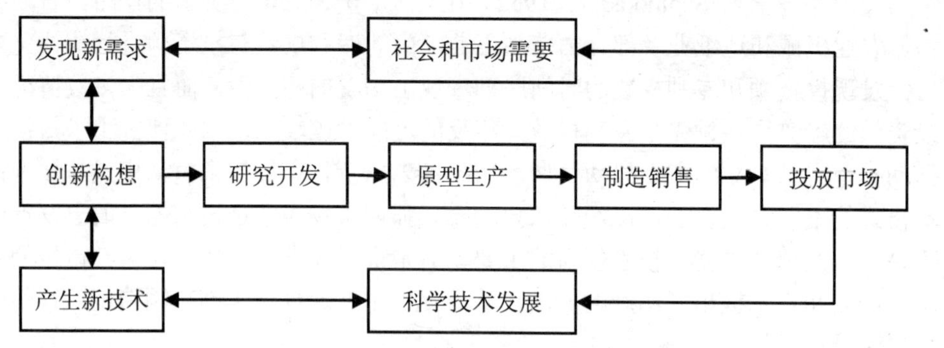

图 6-3 技术与市场综合作用模式

6.1.4 多元动力模式

多元动力模式是对三元动力模式、四元动力模式、五元动力模式等的统称。多元动力模式认为技术创新的动力因素除了技术推动和市场需求拉动外，还存在其他的动力要素。下面简要介绍主要的三种多元动力模式。

技术创新的三元动力模式认为，除了技术推动和市场需求拉动外，政府行为也是重要的动力要素。这里的政府行为是指政府通过行政手段和经济手段对技术创新的过程进行干预和影响。此外，该模式还认为技术推动和需求拉动这两种动力要素通常都需要政府行为的推动和诱导。而那些最为成功的技术创新，往往是三种动力要素共同作用的结果。三元动力模式和前面介绍的三种动力模式的最大区别在于，三元动力模式认为政府行为是技术创新的重要和特殊的动力来源。

技术创新的四元动力模式认为，除了技术推动、市场需求拉动和政府行为外，企业家的创新偏好也是重要的动力要素。因为企业家的创新偏好会自发地产生企业家的创新行为，而企业家的创新行为对企业的技术创新有着特殊的作用。如拉链、圆珠笔等创新都是由企业家的创新行为引发的。四元动力模式和前面介绍的四种动力模式的最大区别在于，四元动力模式认为创新的主体是企业家，企业家的创新偏好是技术创新的重要的动力来源。

国内研究者一般强调从内因外因两个方面探讨创新的动力问题，其观点基本上都可以归入多元动力模式。如魏江（1998）认为企业技术创新行为的产生是内生动力和外在动力共同作用的结果，只有当外在动力与内在要求结合时，才能使企业真正产生创新行为。他认为，推进力、企业形象、技术发展的推动力构成企业创新行为的内生动力；市场竞争的压力、政府推动构成主要的外部动力。由于内生动力的存在，促使企业主动地积累自身的技术能力，从而产生创新行为；而外部推动力，则是由于它们的存在迫使企业产生创新行为，否则该企业就难以在环境中得以生存。

6.1.5 其他动力模式

除了上面所介绍的理论模式外，还存在一些其他自成体系的理论模式。但这些模式同样可以将之归纳到一元动力论、二元动力论或多元动力论。如日本学者斋腾优教授提出的 N-R 关系模型认为，技术创新的动因在于社会需求（Need）和社会资源（Resource）间的“瓶颈”，即当市场存在某种技术或者产品需求，而现有的社会资源又不能完全满足这种需求时就产生了社会需求与社会资源之间的“瓶颈”现象。当“瓶颈”现象存在时，技术创新主体就会从“瓶颈”中发现技术创新需求，然后通过技术创新满足社会需求所要求的技术或者产品，以解决 N-R“瓶颈”。因此，社会需求和社会资源的缺口形成的“瓶颈”将极大地促进和推动技术创新的进行。N-R 关系模型也只是从技术的产生和市场与资源约束两方面深入地拓展了一元论模式，从本质上并没有突破原来的框架体系（林留芳，接民等，2007）。美国心理学家弗鲁姆（v. H. Vroom）提出的技术创新期望理论模型也同样可以归入一元动力论。他指出技术创新动力=技术创新产生的效益×成功的概率，即技术创新的动力取决于企业对技术创新带来的盈利的预期值和企业对技术创新成功概率的预期。企业对技术创新预期的目标价值越大，估计技术创新实现的可能性越高，其技术创新的动力也就越大。

综述所示，上述的技术创新动力机制的理论模型给我们两大启示：第一，上述的技术创新动力机制的理论模式逐渐将各种内外部潜在的动力因素都纳入考虑范围。第二，上述的技术创新动力机制的理论模式逐渐将企业、科研机构、教育部门、中介服务机构、供应商和客户等视作创新主体，逐步放松了隐含着企业是技术创新唯一主体的假设。但考虑到福建的实际情况和低碳经济的要求，在现有理论模式的基础上，要解决福建低碳技术创新的动力问题，还必须深入分析符合低碳技术创新要求的潜在动力要素，并深入研究技术创新动力要素间的复杂关系和互动机制，构建一种新的、适合福建实际情况的、能满足低碳技术新要求的创新动力机制。

6.2 动力要素在动力机制中的作用及相互关系

根据前文研究结论，福建低碳技术创新的十大关键要素是——金融支持度、税收优惠、政府补助、绿色采购、环境管制、股东资本、股东性质、员工素质、消费者关注度和媒体宣传监督。我们将其分为政府、企业和社会三大层面，并对其是如何相互作用并如何作用于创新主体和保证创新行为这一问题进行分析。

6.2.1 政府层面动力要素的作用机制

政府部门虽然很少直接参与企业的低碳技术创新活动，但是从上文的研究结论可以看出，政府对低碳技术创新的促进作用是不言而喻的。可以说，政府公布的每一个有利于低碳技术创新的规划，制定的每一项有利于低碳技术创新的相关法律法规，以及所采取的每一次有利于低碳技术创新的政府行为，都十分有效地激发了企业低碳技术创新的动机，极其有力地推动了企业的低碳技术创新活动。政府的相关政策作为影响最大的动力要素，与其他动力要素有着密切的联系。

第一，政府为推动低碳技术创新而进行的绿色采购可以有效地增加市场对低碳产品和技术的需求，从而对市场需求产生了较强的拉动作用。

第二，政府的金融支持度可以为低碳技术创新提供资金和分担风险。现代技术创新具有高投入、高风险和高收益的特点。技术创新需要大量的资金投入，同时还存在技术开发和市场开发双重风险。特别是中小企业与大企业相比，中小企业很难从金融机构获得信贷资金，从而影响技术创新。而一个健全的金融市场可以为技术创新的每一阶段提供相应的资金。如在技术研发阶段，企业对资金的需求很大，这个阶段的技术创新的风险也很大，而风险投资可以为这个阶段的技术创新提供资金和分散风险。而在技术的成熟阶段，企业有待于扩大技术的应用范围，资金需求量很大，这时银行信贷的作用尤为关键。

第三，政府的税收优惠可以减轻企业的技术创新成本和创新风险，促进企业的技术创新行为。具体做法主要有直接的税收减免政策，即对进行技术创新的企业进行税收减免；费用扣除政策，即允许企业将用于技术创新过程中研究、开发与试验发展的相关费用在税前部分或全部列支；加速折旧政策，即让企业将原本应上缴的税金作为自己的资金使用，相当于从政府手中获得一笔无息贷款；风险投资抵免政策，即允许企业从应纳税所得额中扣除用于技术研究投资的一部分资本支出。前三种举措可以减轻企业的税收负担，增加税后所得，以此调动企业进行技术创新热情，第四种政策作为一种间接优惠的税收政策，对于风险投资机构进行技术创新投资时具有较大的帮助。

第四，政府的补助政策可以减小技术创新的外部性，是激励企业技术创新的重要方式。技术创新具有外部性，特别是低碳技术创新更具有正外部性，加上技术创新产出的非独占性，创新主体不能完全获取技术创新的全部收益，从而基于边际私人收益等于边际成本决定的私人最优创新水平必然小于社会最优创新水平。而政府对创新主体的补助可以有效地弥补这种创新外溢损失，促使技术创新的边际私人收益率逼近边际社会收益率，从而激励企业进行低碳技术创新。

第五，政府的管制手段是在原有的技术创新目标之外附加了新的目标约束，从而改变技术创新的资源配置，并通过这种改变影响技术创新的速度、方向和规模。如在政府实施有关管制手段之前，纸浆造纸工业和其他传统产业一样，技术创新的目标是通过降低成本，提高利润率，提升企业的产能和效益。但是由于政府的环境管制手段，纸浆造纸工业的技术创新目标在提升企业的产能和效益这个目标上增加了以低能耗、低污染、低二氧化碳排放为特征的“低碳生产”的约束条件，从而不可避免地迫使制浆造纸工业将技术创新的重点放在研究开发综合能耗低、环境影响小的废弃物资源化利用、生物技术等低碳技术上。实际上，低能耗、低污染、低二氧化碳排放的目标是附加在效益这一目标之上的额外约束。

6.2.2 企业层面动力要素的作用机制

企业是技术创新的主体，企业层面的股东资本、股东性质和员工素质作为内部动力要素对企业进行低碳技术创新起最直接的作用。按股东资本划分，可大致地将企业分为大企业和中小企业两大类。按股东性质，可将企业大致分为私人企业、国有企业和外企三类。股东资本和股东性质对企业进行技术创新的影响主要体现在不同规模的股东资本和不同类型的股东性质对低碳技术创新的需求和进行技术创新的能力不同。人力资本作为技术创新的源泉，对企业技术创新产出有重大影响。企业层面动力要素的作用机制具体分析如下：

第一，股东的资本，即企业的规模在资金、科研能力和承担风险的能力等方面影响企业进行低碳技术创新。大型企业进行低碳技术创新的资金比较充足，而中小企业受其自身规模的制约，自筹资金较少，也比较难获得银行贷款，因此受到技术创新资金来源少的制约。大型企业一般来说科研能力较强，技术人员的储备也相对充足，而中小企业的技术、人才、信息都较为缺乏，自我开发能力较低，技术创新风险大，知识产权保护面临难题，鼓励企业创新的政策得不到落实。与中小企业相比，大企业进行技术创新面临的风险较小。因为大企业可以通过从事多种途径的替代研究，以相互补充，降低风险，而中小企业却很难做到；而且当市场的风险和不确定性较大时，中小企业还很难承担大企业无法承担的风险。同时，大企业可以用专利来保护其发明创造，而中小企业难以承担申请专利所需的较多成本，以及更担心技术秘密的泄露等。另一方面是中小企业也难以承担知识产权纠纷所需的巨额诉讼费用。

第二，不同类型的企业对企业低碳技术创新的影响主要体现在企业的企业家精神上。因为不同类型的企业在管理制度、企业规模等方面的差异，可以通过模仿、学习、发展趋同一致，但一个企业的企业家精神和企业文化是独特的，是无法被模仿。可以说，企业家精神是低碳技术创新动力机制在运行中不可或缺的要素，它对企业的内部管理、企业的创新能力等都有影响。首先，它能整合其他动力要素，使这些动力要素能够相互协调，促进低碳技术创新持续顺利地进行。其次，通过高效的内部管理，在企业内部培养起促进低碳技术创新的文化，建立起有效的内部激励机制和有助于技术创新顺利开展和高效运转的组织结构等。最后，企业家精神对企业的创新能力也有一定的影响。

第三，企业员工在技术创新过程中表现出各种创造能力、沟通能力和解决问题的能力，都直接推动了低碳技术的进步。现有的很多研究支持这个观点，如古利平等（2006）利用柯布·道格拉斯生产函数对技术创新的投入产出进行了分析，得出了我国科学家和工程师对专利这一创新产出的弹性高达 1.201 的结论，即增加 1%的研发人员，专利产出增加 1.201%。鲁志国（2005）在研究广义资本投入与技术创新能力的相关性时，得出以下的结论：中国技术创新能力与作为广义资本重要组成部分的人力资本投入相关系数为 0.989，两者之间高度相关。

6.2.3 社会层面动力要素的作用机制

除了政府和企业层面的动力要素外，消费者的低碳关注度和媒体的宣传监督也对低碳技术创新产生推动作用。消费者的关注度即消费者的低碳偏好创造低碳产品和低碳技术的市场需求。在美国经济学家施莫克勒提出市场需求拉动模式后，市场需求就一直作为一个重要的动力要素出现在绝大多数相关理论模型中。而与市场需求直接对企业产生技术创新驱动的作用方式不同，媒体的宣传监督往往是通过影响其他动力要素，从而间接地推动低碳技术创新。具体作用机制分析如下：

首先，由消费者关注度创造的低碳产品和技术的市场需求会对企业低碳技术创新产生利益驱动。企业的利益来自于市场需求，企业的技术创新产品和服务必须经由市场的实现，才能获利，才能完成价值的增值。而且市场对企业的低碳产品和服务的需求越旺盛，企业获得的利益就越大，从而企业所受到的利益驱动就越强烈。因此企业更关注于市场的需求，挖掘市场需求，同时随时跟随这种市场需求的改变而调整其生产服务行为，尤其是在技术研发的时候会更多地受到市场需求的影响。

其次，媒体对低碳经济和低碳技术的宣传监督对低碳技术创新的作用主要有两点：第一，媒体在宣传报道中向社会公众宣传普及低碳经济的相关知识和发展理念，引导社会公众积极树立低碳的生活理念，从而加速低碳技术产品和服务市场需求的形成和壮大。第二，媒体另外一个重要作用就是对国家有关的低碳经济的政策进行解读，如通过减免购置税，鼓励引导消费者购买小排量汽车，通过财政补贴方式推广节能灯、高效节能空调等，以帮助有关部门、行业和公众理解和执行相关政策，使这些政策在媒体的监督下更好地执行。

6.3 基于 ISM 模型的福建低碳技术创新动力模型的构建

由 6.2 节的分析可知，福建低碳技术创新动力机制的各个要素在机制中充当着不同的角色，相互之间存在着错综复杂的关系。本节就是在上节对低碳技术创新动力机制各个要素的作用机制定性分析的基础上，运用解释结构模型梳理出更具体和更明确的作用机制，以构建福建低碳技术创新的动力模型。

6.3.1 解释结构模型简介

解释结构模型（ISM）是现代系统工程中广泛应用的一种分析方法，是结构模型化技术的一种。它是美国 J. N. 沃菲尔德教授于 1973 年作为分析复杂的社会经济系统结构问题的一种方法而开发的。其基本思想是将复杂的系统分解为若干子系统要素，利用人们的实践经验和有向图、矩阵等数学工具以及计算机的帮助，将系统要素之间已知但凌乱的关系最终构成一个多级递阶的结构模型，以定性表示系统构成要素以及它们之间存在着的相互联系、相互制约的关系。ISM 模型可以把模糊不清的思想、看法转化为直观的具有良好结构关系的模型，特别适用于变量众多、关系复杂而结构不清晰的系统分析中，也可用于方案的排序等。它的应用面十分广泛，从能源问题等国际性问题到地区经济开发、企事业甚至个人范围的问题等（汪应洛，2002）。因此本文将用解释结构模型来对福建低碳技术创新的动力机制的结构进行分析。

6.3.2 模型的应用

ISM 的工作程序主要包括以下五个步骤：①选择构成系统的关键构成要素；②提取构成要素确定二元关系；③根据各要素的二元关系，建立邻接矩阵和可达矩阵；④进行区域划分和级间划分；⑤绘制要素间多级递阶有向图，建立解释结构模型。

6.3.2.1 福建低碳技术创新动力机制的构成要素分析

根据上文的研究结果，本书认为福建低碳技术创新的动力机制的关键构成要素，即动力要素主要有金融支持度、税收优惠、政府补助、绿色采购、环境管制、企业规模、企业家精神、科技人才、市场需求和媒体宣传监督。如表 6-1 所示。

表 6-1 福建低碳技术创新动力机制的构成要素

序号	符号	构成要素	序号	符号	构成要素
1	S_1	金融支持度	6	S_6	企业规模
2	S_2	税收优惠	7	S_7	企业家精神
3	S_3	政府补助	8	S_8	科技人才
4	S_4	绿色采购	9	S_9	市场需求
5	S_5	环境管制	10	S_{10}	媒体宣传监督

6.3.2.2 构成要素的二元关系

根据上文对各个动力要素相互关系的分析和专家的反复讨论和修正，最终确定上述要素之间的直接关系，如表 6-2 所示。其中，V 表示方格图中行要素直接影响到列要素，A 表示列要素对行要素有直接影响，X 表示行列两要素相互影响。

表 6-2 要素间的二元关系

A		V	V	V					1 金融支持度
A		V	V	V				2 税收优惠	
A		V	V	V			3 政府补助		
A	V				X	4 绿色采购			
A	V			V	5 环境管制				
	V			6 企业规模					
	V		7 企业家精神						
		8 科技人才							
A	9 市场需求								
10 媒体宣传监督									

6.3.2.3 建立邻接矩阵和可达矩阵

邻接矩阵 $A=(a_{ij})_{10\times10}$，邻接矩阵元素 a_{ij} 定义如下：

$$a_{ij}=\begin{cases}0 & \mathrm{S}_i\text{与}\mathrm{S}_j\text{无关}\\ 1 & \mathrm{S}_i\text{与}\mathrm{S}_j\text{有关}\end{cases}$$

根据表 6-2，构建邻接矩阵 A 如下：

$$A=\begin{bmatrix}1&0&0&0&0&1&1&1&0&0\\0&1&0&0&0&1&1&1&0&0\\0&0&1&0&0&1&1&1&0&0\\0&0&0&1&0&0&0&0&1&0\\0&0&0&0&1&1&0&0&1&0\\0&0&0&0&0&1&0&1&0&0\\0&0&0&0&0&1&1&1&0&0\\0&0&0&0&0&0&0&1&0&0\\0&0&0&0&0&0&0&0&1&0\\1&1&1&1&1&0&0&0&1&1\end{bmatrix}$$

求可达矩阵 R：

$R=A_r=A_{r-1}\neq A_{r-2}\neq\ldots\neq A_1$，$r=1,2,\cdots$ 经过计算可得 R：

$$R=\begin{bmatrix}1&0&0&0&0&1&1&1&0&0\\0&1&0&0&0&1&1&1&0&0\\0&0&1&0&0&1&1&1&0&0\\0&0&0&1&0&0&0&0&1&0\\0&0&0&0&1&1&0&1&1&0\\0&0&0&0&0&1&0&1&0&0\\0&0&0&0&0&1&1&1&0&0\\0&0&0&0&0&0&0&1&0&0\\0&0&0&0&0&0&0&0&1&0\\1&1&1&1&1&1&1&1&1&1\end{bmatrix}$$

6.3.2.4 进行区域划分和级间划分

首先，区域划分。根据可达矩阵，列出各系统要素 S_i 的可行集 R（S_i）、先行集 A（S_i）和共同集 R（S_i）$\cap A$（S_i），并据此写出系统要素的起始集 B（S_i），如

表 6-3 所示。

表 6-3 可达集合与先行集合关系

(S_i)	R(S_i)	A(S_i)	R(S_i)$\cap A$(S_i)	B(S_i)
S_1	1，6，7，8	1，10	1	
S_2	2，6，7，8	2，10	2	
S_3	3，6，7，8	3，10	3	
S_4	4，9	4，10	4	
S_5	5，6，8，9	5，10	5	
S_6	6，8	1，2，3，5，6，7，10	6	
S_7	6，7，8	1，2，3，7，10	7	
S_8	8	1，2，3，5，6，7，8，10	8	8
S_9	9	4，5，9，10	9	9
S_{10}	1，2，3，4，5，6，7，8，9，10	10	10	

其次，级间划分。根据解释结构模型的原理，当 R（S_i）= R（S_i）∩ A（S_i）时，对应的元素（S_i）为连通域的最高级要素。由表 6-3 可知，L_1={S_8，S_9}。找出整个系统要素集合的最高级要素后，可将它们去掉，再求剩余要素集合的最高级要素，依次类推，直到确定出最低一级要素集合。根据上述原理对福建低碳技术创新的动力机制系统进行级间划分的结果为：L_1={S_8，S_9}；L_2={S_4，S_6}；L_3={S_5，S_7}；L_4={S_1，S_2，S_3}；L_5={S_{10}}。经过级间划分后的可达矩阵变为区域块三角矩阵，记为 M，如表 6-4 所示。

表 6-4 按级间顺序排列的可达矩阵 M

	S_8	S_9	S_4	S_6	S_5	S_7	S_1	S_2	S_3	S_{10}
S_8	1	0	0	0	0	0	0	0	0	0
S_9	0	1	0	0	0	0	0	0	0	0
S_4	0	1	1	0	0	0	0	0	0	0
S_6	1	0	0	1	0	0	0	0	0	0
S_5	0	1	0	1	1	0	0	0	0	0
S_7	1	0	0	1	0	1	0	0	0	0
S_1	1	0	0	1	0	1	1	0	0	0
S_2	1	0	0	1	0	1	0	1	0	0
S_3	1	0	0	1	0	1	0	0	1	0
S_{10}	0	1	1	0	1	0	1	1	1	1

6.3.2.5 提取骨架矩阵

骨架矩阵是通过可达矩阵 M 的缩约和检出，建立起 M（L）的最小实现矩阵，即骨架矩阵 A。首先，检查 M 矩阵各层级的强连通要素，建立可达矩阵的缩减矩阵 M'，由可达矩阵知，第一层次是 S_8 和 S_9 不连通的；其余各层次也不存在连通问题。即缩减矩阵 $M'=M$ 矩阵。其次，去掉缩减矩阵 M' 中已具有邻接二元关系的要素间的越级二元关系，得到进一步简化后的新矩阵 M''。再次，进一步去掉矩阵 M'' 中自身到达的二元关系，即减去单位矩阵，将 M'' 主对角线上的 1 全变为 0，得到经简化后具有最少二元关系个数的骨架矩阵 A。

根据上述原理，对能源合作系统的分析，其骨架矩阵 A 为表 6-5 所示。

表 6-5　骨架矩阵 A

	S_8	S_9	S_4	S_6	S_5	S_7	S_1	S_2	S_3	S_{10}
S_8	0	0	0	0	0	0	0	0	0	0
S_9	0	0	0	0	0	0	0	0	0	0
S_4	0	1	0	0	0	0	0	0	0	0
S_6	1	0	0	0	0	0	0	0	0	0
S_5	0	1	0	1	0	0	0	0	0	0
S_7	0	0	0	1	0	0	0	0	0	0
S_1	0	0	0	0	0	1	0	0	0	0
S_2	0	0	0	0	0	1	0	0	0	0
S_3	0	0	0	0	0	1	0	0	0	0
S_{10}	0	0	1	0	1	0	1	1	1	0

6.3.2.6 建立解释结构模型

然后根据骨架矩阵 A 绘制多级递阶有向图。首先，分区域从上到下逐级排列福建低碳技术创新动力机制系统的构成要素。其次，同级加入被删掉的与某要素有强连接关系的要素，及表现它们相互关系的有向弧。本例中不存在被删除的强连接要素。最后，按照骨架矩阵 A 所示的邻接二元关系，用级间有向弧连接成有向图。据此，建立起多级递阶有向图，如图 6-4 所示。

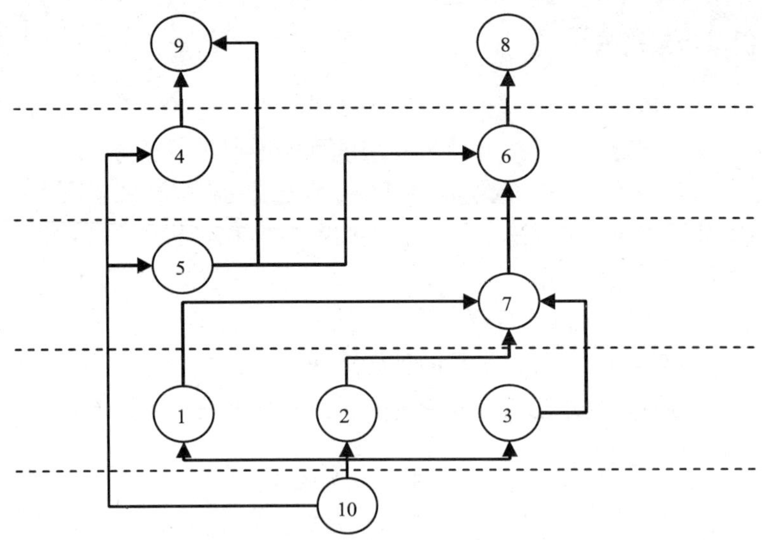

图 6-4 福建低碳创新系统的多级递阶有向图

根据以上的多级递阶有向图得到的福建低碳技术创新动力系统的结构模型如图 6-5 所示。

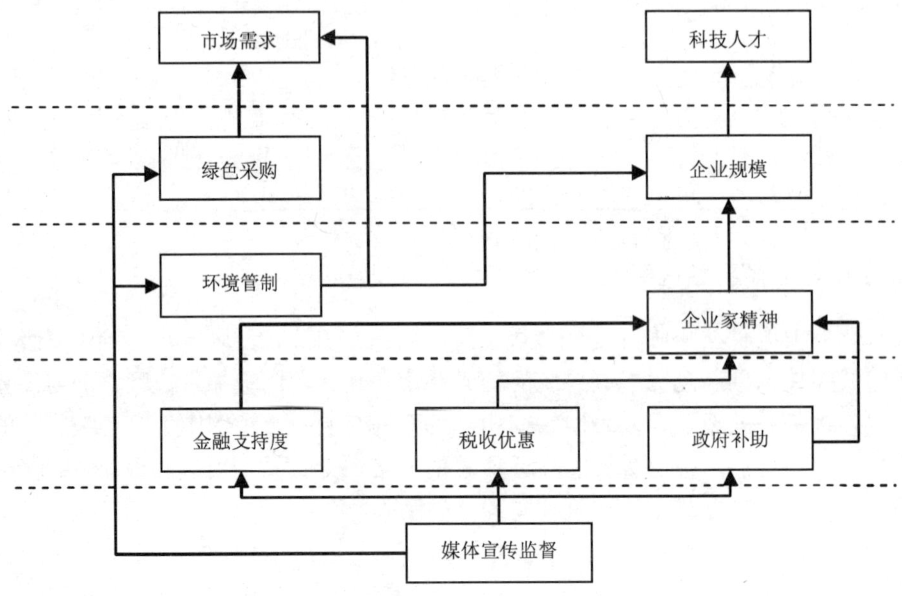

图 6-5 福建低碳技术创新动力系统的结构模型

6.3.3 福建低碳技术创新动力系统的 ISM 结果分析

根据 ISM 得到的福建低碳技术创新动力系统的结构模型图可以看出，福建低碳技术创新动力系统的主要动力要素可分为 5 级。其中第一级要素是市场需求和科技人才是拉动和推动福建低碳技术创新的最直接的动力要素。第二级要素是政府的绿色采购和企业规模。政府的绿色采购为低碳生产创造了强有力的市场需求，通过影响市场需求动力要素间接推动福建低碳技术创新。企业规模动力要素也是通过影响科技人才动力要素间接推动福建低碳技术创新。第三级要素是政府的环境管制和企业家精神。政府的环境管制既可以通过提高碳排放标准等手段增加企业的生产成本，限制企业的生产，从而影响企业规模；又可以限制高污染、高碳排放消费品的使用，从而影响市场需求要素，如政府限制使用不可分解的塑料包装物。就目前福建甚至全国的企业发展现状来说，企业家是企业的核心，企业家的素质往往决定一个企业的成败。从 ISM 得到的结构模型图也可以看出，企业家精神要素直接影响企业规模要素。第四级要素是政府的金融支持、税收优惠和政府补助。这三种政府行为都是从经济上鼓励和激励企业家进行低碳技术创新，调动企业家进行低碳技术创新的积极性。第五级要素是媒体的宣传和监督。正如前文所分析的，媒体的宣传和监督可以通过引导消费者树立低碳生活的理念，从而间接影响低碳技术产品和技术的市场需求，同时也宣传和监督了政府的环境管制、税收优惠等和低碳相关的政策行为，以帮助有关部门、行业和公众理解和执行相关政策。这五级因素相互关联、相互促进，构成了福建低碳技术创新的动力机制。

6.3.4 案例分析：福建省华隆石材机械有限公司

6.3.4.1 市场需求的拉动

根据国家统计局的统计，2009 年我国规模以上的 3 044 家石材企业工业增加值为 565 亿元，销售收入 1 689 亿元，利润 110 亿元，我国石材业工业的发展速度远快于国民经济增长速度（新浪河南，2010）。其中，福建是全国最大的石材生产和出口基地，石材工业产值、产量居全国第一。但石材行业普遍存在资源浪费、生态破坏、环境污染等一系列问题。特别是在石材开采过程中，主要是使用火焰切割和水平爆破的工艺进行生产，有些小矿山甚至采用打眼放炮这种落后的方法来生产石材荒料，这些工艺不仅使石材资源严重浪费，石材矿体遭到严重破坏，生产出来的荒料尺寸不统一，成材率低，而且矿山工人劳动强度大，安全性差，污染严重，生产效率低，矿山经济效益差。因此石材行业的快速发展创造了大量的石材机械市场需求，而石材行业存在的系列问题更是石材机械制造行业研发低碳生产技术和设备的直接动力。

6.3.4.2 环境管制压力

为保护环境和资源，2006 年中国政府取消了对一般石材产品的出口退税。为了保护矿山生态环境，2009 年福建省政府也出台了《关于加强建筑饰面石材行业综合整治的意见》，意见中要求“矿山开采企业必须严格落实水土保持、生态恢复措施。对造成水土流失的采矿点，由当地政府责令矿山业主限期整治、恢复生态”；“现有废弃石料、石渣堆放场应于 2009 年年底前完成覆土和植被绿化。不属于建筑饰面石材加工集中区配套建设的石材堆渣场，于 2010 年年底前封场并完成覆土绿化”。可见，在当今倡导节能减排和低碳经济的大背景下，福建省乃至中国的石材业面临可持续发展的压力。石材产业的发展和面临的环境压力，却为石材机械制造企业的技术创新和发展带来了机遇。

6.3.4.3 企业家精神

石材行业面临的压力和石材机械的市场需求，引起了华隆公司总经理林天华的兴趣。从 20 世纪 90 年代末以来，他就一直摸索、尝试开发新的石材开采设备，希望能够破解矿山石材开采劳动强度大，荒料块体小、规则性差等难题。2003—2006 年，他先后获得了石材荒料开采设备、采石机锯片可轴向调节装置、立柱式纵横移动采石机、纵横移动采石机等 7 项实用新型专利和桥切机机头 1 项外观设计专利。有了专利技术，林天华总想着把它们转化为生产力。但没有理论基础做指导，也没有科学的实验方法和设备，林天华在专利转化道路上步履维艰，花费了大量的人力、物力、时间，可做出来的设备还是不行。

6.3.4.4 科技人才

2006 年，林天华在莆田市荔城区发改局工作人员的建议下，带着急切的求才之心报名参加第四届“6·18”。而这次“6·18”之行也没有让他失望，在有关人员的牵线搭桥下，他结识了华侨大学方千山教授，双方相谈甚欢，有了初步的合作意向。之后，双方经过进一步的了解，决定建立长期的产学研合作关系，并联手建立华大机电·华隆机械创新设计中心。2006 年 8 月，中心正式建立。方千山教授开始带领几位同事和学生深入华隆公司，并详细研究林天华的几个专利技术，着手对这些专利技术的产业化进行理论分析和实验。经过初步分析，设计中心决定将林天华的四个专利（石材荒料开采设备、采石机、采石机锯片可轴向调节装置、矿山采石机变速传动机构）的构思进行科学的设计和优化，开发出新产品。就这样，在设计中心的配合下，第一批融合了林天华四个专利技术的矿山荒料采石机很快投入了生产，该系列机械采石机改变传统粗放式的矿山荒料开采为精准切割开采方式，提高了石材的整体质量，减少了加工废料，有效防止了噪声及灰尘污染，产品性能明显优于市场上同类产品，当年就实现销售收入 3 651 万元，利润 348 万元（苏文土，2009）。

6.3.4.5 金融支持、税收优惠和政府补助

同时，相关政策的支持也促进了华隆石材机械有限公司的技术创新和不断成长。2007 年 9 月，莆田市华隆石材机械有限公司经福建省科技厅评为福建省高新技术企业。按照规定，认定（复审）合格的高新技术企业，自认定（复审）批准的有效期当年开始，可申请享受企业所得税优惠。优惠将有助于降低企业税负，提高经营业绩。2008 年，石材矿山开采圆盘式锯切机获得福建省优秀新产品奖三等奖。据《福建省优秀新产品奖评审奖励办法》规定：对获得福建省优秀新产品奖三等奖的企业及其主要研发人员给予 3 万元的资金奖励。2008 年荣获“福建省著名商标”及“福建省名牌产品”称号，据《福建省著名商标认定、管理和保护办法》规定：县级以上人民政府对福建省著名商标权利人可以在财政、金融、产业政策等方面给予扶持、鼓励。据《福建省名牌产品管理办法》规定：各地市、各部门按省政府的有关规定扶植名牌产品的发展，帮助名牌产品上规模、拓展市场，解决生产经营中的难点。2008 年 12 月，认定华隆石材机械有限公司自主研发生产的《石材矿山开采圆盘式锯切机》为福建省首批自主创新产品。据《福建省自主创新产品认定管理办法（试行）》规定：各级政府行政机关、事业单位和社会团体用财政性资金进行政府采购时，应优先购买列入自主创新产品目录的产品。2008 年 8 月，莆田市经济贸易委员会、莆田市科技局、莆田市财政局认定莆田市华隆石材机械有限公司为莆田市市级企业技术中心。据《莆田市市级企业技术中心管理暂行规定》规定：经认定的市级企业技术中心，市政府将按有关规定给予资金扶持，企业所在同级财政应给予配套扶持；企业技术中心承担的新产品、新技术、新工艺、新材料的开发和应用及中间试验项目给予优先扶持。2008 年 4 月份承担“矿山圆盘式石材荒料锯切机”行业标准的起草和制定任务，2008 年 5 月向国家标准委申报全国矿山机械标准化技术委员会石材矿山开采机械工作组，为行业的规范化生产奠定基础。目前，已获得国家实用新型专利 15 项，并承担了矿

山圆盘式石材荒料锯切机行业标准的起草和制定任务。

6.3.4.6 案例总结

从上述分析可以看出，石材业工业快速发展为石材机械和相关技术创新创造了庞大的市场需求，这些市场需求是福建莆田华隆石材机械有限公司进行自主创新最初的动力来源。国家取消对一般石材产品的出口退税和政府为了保护矿山生态环境采取的环境管制措施使石材业增加生产成本，限制企业的生产。这些压力促使有能力的企业考虑采用更环保、更高效的低碳技术和低碳设备，从而带来更大的低碳技术的市场需求。石材业的低碳技术和低碳设备市场需求为石材机械制造企业带来了机遇，但即使是规模、技术、资金等相似的企业也并不是每个都能把握住这次机遇。而有些企业却在企业家的创新精神的支配和作用下，不断开展创新活动，开辟新的市场，提供新的产品或服务。正如华隆石材机械有限公司在总经理林天华创新精神的引领下，自主研发了多项专利。同时为了弥补企业科技人才的不足，华隆石材机械有限公司在政府搭建的“6·18”平台上，通过校企合作，充分利用了与华大机电的科技人才资源，将专利技术成功的推入市场，并实现产业化。最后，在政府的绿色采购、税收优惠、补助等政策的综合作用下，华隆石材机械有限公司进行了更深入的技术创新，使公司在市场上占据更加有力的竞争地位。

6.4 福建低碳技术创新的动力机制构建

根据福建低碳技术创新动力机制的结构模型图可知：促进福建低碳技术创新最直接的动力要素是市场需求和科技人才；企业是福建低碳技术创新的主体，其他动力要素通过企业内部的动力要素起作用；政府是推动和构建福建低碳技术创新动力机制的最重要的主体。以上分析也为政府在推动建立福建低碳技术创新的动力机制提供了决策依据，即政府需要建设较为宽松的法律政策环境、科技环境、金融环境、市场环境、社会环境等，为企业进行低碳技术提供良好的政策保障与扶持、科学技术支撑、资金支持，才能实现低碳技术创新外部效益的内部化，实现低碳技术创新的经济效益，以诱导和促进企业进行低碳技术创新。因此，福建低碳技术创新的动力机制应包括市场机制、政策激励机制、外部融资机制、风险投资机制和人才开发机制五大机制。这五大机制可归结为福建低碳技术创新的牵引力、推动力和支撑力。其中市场机制属于福建低碳技术创新的牵引机制，政策激励机制属于福建低碳技术创新的推动机制，外部融资机制、风险投资机制和人才开发机制属于福建低碳技术创新的支撑机制。

6.4.1 推动机制——政策激励

根据福建低碳技术创新动力系统的结构模型图，税收优惠和政府补助是企业进行低碳技术创新的重要动力。企业获得的税收优惠和政府补助越多，进行低碳技术创新的投资力度就越大。因此，政府应发挥好经济手段，以求对企业进行低碳技术创新的激励作用最大化。

对环保企业而言，政府可委托其进行低碳技术研发，给予课题经费补助、财政直补，还可通过税收优惠、科技扶持贷款等优惠政策鼓励支持其开展低碳技术研发、试验及产业化推广。税收优惠项目如科学仪器和实验器材等设备购置税和增值税进项税额优惠、所得税优惠等，这些税收优惠可以直接地增加企业的利润或减轻企业亏损，可以间接地促进环保企业购买科学设备并进行环保技术创新；而科技扶持贷款、贷款贴息等金融扶持政策可以为环保企业进行技术创新提供良好的外部资金支持，同时也可以间接地促使环保企业根据技术市场需求进行技术研发与产业化，增加主营业务收入，以维持并提高自身的信用度。通过对产业技术成果转化项目、企业技术创新专项补助项目、技术成果转化与扩散项目、工业发展专项、节能环保技术改造项目等财政补助项目，激励环保企业进行低碳技术研发与推广。

对生产型企业而言，要加强现有环境法律法规的执法力度，加强对污染排放企业的惩罚力度，加强环境检查、监督力度，使企业为了保持与政府部门的良好关系、达到政府规定的污染排放标准、降低污染排放成本等目的，从而加大低碳技术的研发投入与应用投入；鼓励企业根据自身碰到的技术难题申报自选科研项目，以获得课题经费补助或财政补助；通过税收优惠、科技扶持贷款、低碳技术创新成果奖励、“三废”治理项目补助、企业技术改造补助、清洁生产工艺开发补助、实施循环经济奖励、节能技术改造项目奖励等优惠政策和财政补助项目，鼓励与支持企业开展低碳技术研发、试验及应用。

对产品低碳性受消费者关注的企业，这类企业为了满足消费者需求，会较为积极地进行低碳产品和服务的创新，如研发或使用节能型环保材料、提高产品的节能性、降低化学物质添加比重、减轻产品使用过程中产生的有毒有害物质等。政府可通过科技成果奖励、低碳产品产业化研究经费补助、低碳产品开发专项基金、信用保险保费补贴及融资贴息、低碳产品生产设备技术改造项目补助、购买生产设备的增值税优惠等税收优惠，鼓励与支持生产型企业中产品低碳性受消费者关注的企业开展低碳产品的研发、试验及产业化开发。

6.4.2 牵引机制——市场拉动

根据福建低碳技术创新动力系统的结构模型图，市场需求是企业技术创新最重要的动力要素之一，消费者的低碳关注度是企业进行低碳技术创新的重要动力。这一结论表明，作为社会公众的核心主体——消费者，对其购买的商品或服务越低碳，商品或服务的提供者（企业）进行低碳技术投资的力度就越大，越有可能进行低碳产品等技术研发与应用活动。因此，政府应通过营销、宣传等手段，将关注企业产品低碳化或生产过程低碳化的主体从消费者扩散至广大社会公众。而消费者低碳关注度对产品低碳性受终端消费者关注的生产型企业来讲影响最为直接。首先，加大政府绿色采购的比重。政府绿色采购具有示范性和引领性的作用，应制定完善的政府绿色采购法律法规、标准、清单等文件以保证绿色采购的有效实施。其次，加大低碳消费意识的宣传力度。根据中华环保联合会与搜狐绿色联合开展的绿色消费意识问卷调查结果显示，公众认为加大媒体宣传力度、加强绿色消费知识的教育是提高绿色消费意识的最有效方法（中华环保联合会，2009）。因此，政府可通过电视、报纸、书刊、互联网、包装材料等媒体，这些载体包括家庭、单位、社区、学校、宾馆、医院、公交、商场、超市等地方，向消费者等社会公众宣传低碳生活对自己、对社会的好处，同时积极引导社会公众，改变传统的消费模式，改善消费行为，努力实现消费内容和消费过程的双重低碳化。再次，打击伪劣低碳产品，规范低碳产品市场秩序，创造良好的低碳消费环境。政府应充分行使行政管理职能，加强对低碳产品的检查和监督，要完善低碳法规管理体系，严厉打击各种假冒伪劣低碳产品，维护低碳产品消费者的合法权益；建立和强化低碳标志制度，使消费者能够辨别真伪，使消费者更放心地选择低碳产品。通过政府绿色采购的引导、低碳消费意识宣传与教育、低碳消费市场法律法规建设等措施，不断提升广大社会公众的低碳消费意识，壮大低碳消费群体，提升消费者的低碳关注度，将对企业保持并增加低碳技术创新与应用投资产生巨大的激励作用。

6.4.3 支撑机制——金融支持和科技人才

6.4.3.1 外部融资机制

根据福建低碳技术创新动力系统的结构模型图，金融扶持是企业进行低碳技术创新的重要动力。这一结论表明，企业获得的银行贷款越多，进行低碳技术投资的力度就越大，越有可能进行低碳技术研发与应用。同时，根据福建省经贸委对造纸企业技术辅导与诊断结果，缺乏资金和高昂技术获得费用是许多企业在应用节能减排等低碳技术过程中遇到的主要困难。因此，政府应重点加强对企业的银行贷款扶持，如通过贷款贴息、科技扶持贷款、技术创新贷款担保扶持等政策，使企业更容易获得银行贷款，或降低银行贷款的成本，同时，鼓励符合条件的企业争取风险投资和私募股权投资、发行债券融资、实施资产证券化等方式进行融资，拓宽融资渠道。

对环保企业和产品低碳性受终端消费者关注的企业，这两类企业在资源、环境约束下进行技术创新可以提升主营业务的发展能力，其创新成果可以在市场上进行交易并获得营业收入，能够降低银行的坏账风险。而且企业为了保持并提高自己的银行贷款信用额度，会更加积极地推进技术创新成果的商品化，以获得营业收入，实现经济效益。因此，这两类企业的技术创新活动的融资渠道主要以商业银行贷款为主，政府应鼓励商业银行对这两类企业开展无形资产抵押贷款、科研项目未来收益抵押贷款、应收账账款质押贷款、专业担保公司担保贷款、贴息贷款等贷款项目；鼓励商业银行针对这两类企业扩大技术创新项目开发贷款的范围与幅度；政府可设立专门的贷款担保公司为这两类企业的低碳技术创新项目提供贷款担保，或设立技术创新贷款担保扶持资金对专业担保贷款公司进行风险补偿和担保奖励，鼓励专业担保贷款公司为企业进行低碳技术等创新项目提供贷款担保业务。

而对于生产型企业，进行节能技术创新、清洁生产工艺创新、末端治理技术创新等低碳技术创新活动，技术创新成果无法直接产生经济效益。因此，商业银行一般不会对此类技术创新项目进行贷款，企业只能用获得的生产经营贷款资金进行低碳技术创新投资。对这类企业，由于其进行节能减排等低碳技术创新与应用具有很强的正外部性，能产生良好的生态环境效益和社会效益。因此，为避免低碳技术创新过度占用该类企业的日常生产经营资金，政府应通过科技扶持贷款、政策性银行贷款、贴息贷款等方式为该类企业争取银行贷款资金；同时通过设立银行贷款增长风险补偿奖励资金分担商业银行科技项目贷款风险，鼓励银行对企业的低碳技术创新项目提供资金支持。

6.4.3.2 风险投资机制

风险投资是一种融资方式，因其特殊性和重要性，特地单独建议应构建低碳技术创新的风险投资机制。国内外学者的研究均表明，风险投资增加了企业新技术、新产品的研究成果，且缩短了新技术、新产品推向市场的时间。但福建省的科技风险投资事业发展起步较晚，大多数风险投资公司成立于1999—2000年，截至2007年年底，福建省共成立风险投资企业41家，注册资本为18.6亿元（福建省科学技术厅，2009），风险投资行业整体发展仍处于较低水平。政府可设立科技风险专项资金，并通过财政专项资金、税收优惠、融资担保等政策，加快风险投资中介服务机构的发展，引导、带动社会资金源源不断地投入低碳技术领域，建立多渠道的风险投资融资机制，成为财政补助和贷款扶持的有力补充，解决中小型环保企业融资难的问题，促进低碳技术成果转化和产业化发展。风险投资机构一般投资高技术、高风险、高收益等高新技术企业或中小型科技企业，环保企业较为符合风险投资机构的选择标准。因此，鼓励环保高新企业根据自身情况，通过股权融资、债券融资、项目融资等方式吸收风险投资资金和私募基金，为其进行低碳技术创新拓宽融资渠道，增加技术创新投入力度，提升低碳技术创新与推广产业化能力。

6.4.3.3 人才开发机制

根据福建低碳技术创新动力系统的结构模型图，科技人才是企业进行低碳技术创新的最重要和最直接的动力要素之一。技术人员的欠缺，直接影响了企业在低碳技术创新能力、科技成果的应用能力，影响了企业节能降耗、污染减排、低碳产品创新工作的进行。因此，必须建立完善的人才开发机制，以满足企业对低碳技术人才的需求。首先，依托高校教学资源优势，加强与节能减排、资源循环利用、新材料等低碳技术相关专业学生的教育强度，尤其是进行节能减排等低碳技术试验研究的理工科学生，为低碳技术创新培养高素质的科研人才和科技管理人才。高等院校应加强资源环境相关专业的硕士、博士研究培养强度，强化研究生的研发、试验等操作能力，为环保产业的发展培养高端技术人才，使研究生成为低碳技术创新的主体力量。其次，建立产学研合作的人才培养培训机制。早在1938年，美国著名教育家杜威就已经提出“所有真正的教育来自经验”的论断。学校成为创新人才培养基地，这是无可厚非的，但是学校培养的人才要与市场、与企业或科研机构所需的人才相吻合，这样才能真正发挥高校等教育机构的人才培养职能，才能缓解福建低碳科技人才供给不足的局面。福建应建立起人才产学对接机制，打破高校、科研机构和企业之间在科技人才交流上的界限，将有利于低碳技术人才的培养。如企业和高校、科研单位双向定期租用、借调、互换技术人员，也可联合组成攻关组就某一项目或课题合作研制。这种有计划、有目的的人才交流，要比科研人员自己下海或被企业挖走更有利于知识产权的保护和人才的长期培养使用（李长真，贾钢涛，2009）。再次，企业应加大低碳技术人才培训的投入力度，可根据自身所需的人才类型，组织内部培训，从企业内部培养所需人才，或让员工参与低碳技术研发、应用及管理等各方面的培训；政府也可通过技术诊断与辅导等方式了解企业的共性技术人才需求，然后为企业提供免费的技术人才培训服务。通过内部培训和外部培训相结合的方式，为企业进行低碳技术创新奠定良好的人才基础。

本章小结

首先，回顾了现有的创新动力机制模式，主要有一元论、二元论、多元论和系统动力论四种类型。从回顾中可以发现，现有的技术创新动力机制的理论模式逐渐将各种内外部的动力因素都纳入进来，但缺乏对各要素之间相互影响和相互作用的有效分析，技术创新动力要素间的复杂关系和互动机制仍有待于深入研究。

其次，在第 4 章的研究基础上，从政府、企业和社会三大层面，对福建低碳技术创新的动力要素是如何相互作用并如何作用于创新主体和保证创新行为这一问题进行分析。

再次，运用 ISM 模型对福建低碳技术创新的动力机制的结构进行分析。根据 ISM 模型得到的福建低碳技术创新动力机制的结构模型图，我们可以看出，福建低碳技术创新动力系统的主要动力要素可分为 5 级，第一级是市场需求和科技人才，第二级是政府绿色采购和企业规模，第三级是政府环境管制和企业家精神，第四级是政府金融支持、税收优惠和政府补助，第五级是媒体宣传和监督。随后选取福建省莆田市华隆石材机械有限公司，运用该理论模型进行案例分析。

最后，在福建低碳技术创新动力机制的结构模型的指导下，本书将企业划分为三种类型：环保企业、生产型企业、产品的低碳性受消费者关注的企业，并提出福建低碳技术创新的动力机制应包括牵引机制、推动机制和支撑机制三大机制，由市场机制、政府激励机制、外部融资机制、风险投资机制与人才开发机制构成。

第 7 章　福建企业低碳技术协同创新机制

7.1 构建福建企业低碳技术协同创新机制的必要性

福建企业低碳技术协同创新机制是基于协同创新网络理论而构建的，协同创新网络就是企业同政府、研究组织和中介机构等主体所建立起的资源得到整合、创新效率得到提高、创新效果得到共享以及创新具有持续性的一种特殊类型的社会关系网络（具体模型详见本书第 2 章 2.3 节提到的企业协同创新网络构架图）。通过建立以企业为主体，并同其他企业、政府、中介机构和研究组织等主体形成协同关系，能使企业更好地协调和整合各种知识和资源，获取更多的技术创新资源，从而使技术创新系统真正运转起来，成为一个充满联系的有机体，因而构建福建企业协同网络机制具有重要意义。

7.1.1 构建协同创新机制是福建“调结构，促转变”的需要

根据 2010 年福建统计年鉴数据显示，“十一五”期间，福建三次产业结构由 2005 年的 12.8∶48.7∶38.5 调整为 2009 年的 9.7∶49.1∶41.2。2009 年福建省第二产业生产总值达到了 22 110.23 亿元，较 2008 年增长了 13.1%。第二产业又以传统的工业为主，在第二产业累计增加值 6 005.3 亿元中，制造业占到了 4 180.8 亿元，占比 70%，其中制造业中的农副食品加工业、纺织业、皮革制造业、非金属矿物制造业、交通运输、电器机械制造业、塑料制品业以及通信设备制造业合计 2 172.09 亿元（福建统计局，2010），占比达到了 52%，而电子信息、光电、石化、装备制造、生物、医药、现代农业、物流业等代表低碳经济、绿色经济的行业尚未形成规模，仅占很小的份额。

从行业的数据来看，福建产业层次总体偏低，产业结构提升有待加速（严正，2010）。福建省主要产业多为传统的劳动密集型产业，有风向标作用、有带动能力的龙头企业不多；多数企业规模偏小，科技含量不高；新产品、新工艺研发投入力度不大，技术创新能力不强；许多企业存在着高物耗、高能耗、高污染等问题，节能减排的任务非常繁重。福建现阶段的产业结构对生态环境产生了较大的负面影响，主要表现在以能源、冶金、重化工为主导的工业结构引起的高排放、高污染，这也在一定程度上削弱了福建经济的可持续发展能力。此外，在能源生产和消耗方面，福建省的形势不容乐观。福建省是无油、无气、少煤的能源十分短缺的省份，巨大的能源需求量、能量来源的不稳定性等，都大大加剧能源供应的严峻形势，因而也凸显了节能和减排的艰巨任务。近年来能源消费强度反弹，经济结构调整缓慢，增长方式依然是粗放型，对节能减排的许多措施还不到位，随着经济社会发展，若处理不好，能源与环境将成为发展的制约因素（严正，2010）。

从以上数据可以看出，“十一五”期间，三次产业结构调整效果显著，传统工业比重仍占据较大比例，但代表低碳经济、绿色经济的行业所占比例却很小，这与国家“十一五”规划提出的要调整产业经济结构，促进企业要节能减排，提升企业创新能力仍有很大差距。此外，由于能源生产和消耗巨大，福建必须加快产业结构调整步伐，提高技术含量和附加值，必须加快电子信息、光电、石化、装备制造、生物、医药、现代农业、物流业和新兴产业的发展，必须加大技术创新经费投入，加大研发力度，加大力度促进企业节能减排和低碳技术创新。福建企业低碳技术协同创新机制的构建，将有助于福建产业结构提升，促进代表低碳经济的新兴行业发展。

7.1.2 构建协同创新机制是低碳技术创新特性的要求

企业通过低碳技术创新，不仅符合了“十二五”福建经济发展规划中，必须从节能降耗减排着手，注意发展低碳经济的要求；而且促使企业拥有了未来发展竞争的主动权，同时也惠及与企业相关的利益者。

低碳技术创新特性包括外部效应和锁定效应。根据本书第 3 章得出的结论，可知福建技术市场环境发展还不够成熟，企业低碳技术创新意识比较薄弱，进行低碳技术创新会面临很多问题。

首先，低碳技术创新伴随着高昂的成本支出和强溢出效应。低碳技术创新具有较强的外部性，企业进行低碳技术创新需要投入大量的资金、人才和时间等，但他们创造的收益无法完全内部化，特别是对环境保护和资源节约所作贡献很可能由社会大众分享成果，但却由企业承担成本。而且在知识产权不清晰的情况下，率先进行低碳技术创新的企业面临着被其他企业“搭便车”的风险，从而导致创新成果的外溢。即企业低碳技术创新具有正外部效应和强外溢性。由于企业是以利润最大化为目标，其最希望的是创新引致的知识的溢出越少越好，越慢越好，这样其创新领域的领先地位能够得到长时间保持，也就可以带来效益的最大化，从而满足了企业的目标。然而由于低碳技术创新具有强外溢性，这种溢出会使企业的创新收益无法保证，企业的低碳技术创新积极性将受到极大的打击，就不利于整个社会低碳技术创新水平的提高。如果有一个协同创新网络把企业内部同外部紧密结合起来，内外部之间的资源和技术等相互分享和转移，那么无疑可以有效地降低企业成本支出以及减弱强溢出效应。其次，企业低碳技术创新还会面临技术锁定问题，并产生锁定效应（佚名，2010）。锁定效应是指企业低碳技术可能受到小概率事件和报酬递增两个因素的共同影响而导致某段时间次优技术占据主导地位，最优技术失去在市场上主导位置，从而产生某种锁定效应。而技术和制度是相互联系、互相依存地存在于低碳技术创新系统之中的。即现代技术系统深深嵌入在制度结构之中，导致技术锁定与制度锁定的因素相互作用，进一步加剧了技术锁定。技术锁定和制度锁定最终会导致碳锁定。这是因为目前工业化国家以碳为基础的能源和运输系统形成了锁定的技术——制度复合体，相应地也就形成碳锁定（佚名，2010）。

单单依靠一个或多个企业来解决企业低碳技术创新所面临问题，是很难实现的。因为仅仅依靠企业现有技术是无法解决所有低碳技术创新遇到的问题，它需要众多的利益相关者，需要一个协同网络来推进解决，这个协同网络可以在技术上给予更大的提供和支持，并在成本上大幅降低。此协同网络突出企业的主体地位，从焦点企业的视角出发，有选择地与其他企业或机构，包括其他企业、政府、中介机构、研究组织等，结成持久的稳定关系，并通过这些主体的知识和技术反馈支持来实现企业低碳技术创新。在这些主体中，政府是低碳技术创新的推动者，在促进低碳技术创新方面具有不可替代的作用，同时要加强企业、研究组织、中介机构等主体之间的组织和协调，充分发挥和调动企业创新主体的积极性。

7.1.3 构建协同创新机制是福建企业提升低碳技术创新能力的要求

正如第 4 章所述，福建低碳技术创新系统遇到了“瓶颈”。这些“瓶颈”包括福建省技术转让的合同数和合同金额呈逐年下降的趋势；福建省大量研发经费主要投向企业的试验发展，其次是应用研究，基础研究偏低，近十年，福建省基础研究比例从 2000 年的 3.24%降到 2008 年的 2.19%；此外，低碳技术创新系统的信息能力总体仍然偏低，不同类型企业之间的信息能力水平差距比较明显。这些进一步凸显福建产学研合作环境不稳定，部门、科研机构和企业间条块分割，产、学、研缺乏内部合作动力，区域内各创新主体缺乏统一协调，未能形成相互依存的协同关系。这些严重制约着福建低碳技术创新能力的施展。

在这样严峻的形势下，不仅要求福建企业要进行环保，共同促进节能减排，而且要求企业要高效的实行低碳技术创新，这对于单个独立的企业来说是一项巨大的挑战。福建企业的视野亟须从之前的单个企业内部转向企业与企业外部环境的联系和互动，亟须和企业外部更多的各种组织建立联系，进一步加强不同创新主体，如政府主管部门、行业协会、科研院校和企业等的信息化网络的融合，从而形成协同创新网络，即从“线性范式”向“网络范式”转变。

综上所述，从福建企业产业结构现状来看，企业自主创新能力不强，创新环境有待改善，资源环境承载压力较大，节能减排形势依然严峻，因此企业进行低碳技术创新显得不仅必要而且重要。从企业低碳技术创新的外部效应和锁定效应来看，企业单独进行低碳技术创新活动的成本非常高，而且还面临着技术锁定，因此单纯依靠企业自身的实力来进行低碳技术创新显得不切实际。再者，从福建低碳技术创新系统遇到的“瓶颈”来看，更是需要协同创新网络的建立。协同创新网络的建立，使企业在低碳大背景下的创新效用得到最大的发挥，进一步加强了资产、信息、人才、技术等方面的流动性，有助于福建企业降低市场的不确定性和创新风险，增强信息的交换；有助于福建企业实现低碳技术创新，并最终帮助企业提升低碳技术创新能力。因此，构建企业协同创新网络势在必行，刻不容缓。

7.2 基于协同创新网络的福建企业低碳技术创新机制构建

协同创新网络的建立需要选取合适的利益相关群体。这些利益相关者是能够影响一个组织目标的实现，或者受到一个组织实现其目标过程影响的所有个体和群体，也就是主要强调利益相关者与企业的关系，不仅将影响企业目标的个人和群体视为利益相关者，同时还将受企业目标实现过程中所采取的行动影响的个人和群体看作利益相关者，股东、政府、债权人、雇员、供应商甚至社区、环境、媒体等对企业活动有影响的实体都是企业利益相关者。但是还必须考虑到这些利益相关者要与企业低碳技术创新活动紧密联系，通过参考众多国内外文献，总结确定最终与企业建立协同创新网络来进行低碳技术创新的利益相关者包括：政府、其他企业（销售企业、供应商、竞争企业）、研究机构（科研机构、高校）、中介机构（人力资源服务机构、技术转移机构、金融资本服务机构、融资中介、管理咨询机构、风险投资组织、行业协会）。

因此，协同创新网络就是由企业和客户、供应商、政府、研究组织、中介机构等通过形成垂直或水平的关联节点所构成（Hadjimanolis，1999）。通过建立以企业为主体的协同创新网络，使企业能更好地协调和整合各种知识和资源，获取更多的低碳技术创新资源，并同其他企业、政府、中介机构和研究组织等主体形成协同原则，从而使技术创新系统真正运转起来，成为一个充满联系的有机体而非独立分离的个体，协同创新网络能有效地解决企业进行低碳技术创新所遇到的外部效应和锁定效应问题。

企业低碳技术创新机制是由一系列子机制构成的复杂系统，每个子机制都具有各自不同的功能。这些子机制相互作用、相互制约，每个子机制都通过发挥自身的作用，共同促进企业低碳技术创新活动的开展。企业低碳技术创新机制是企业技术创新的前提和基础，是实现企业创新目的、增强持续创新能力的保证。结合本书第 5 章分析的福建低碳技术创新可能的主体要素，并基于协同创新网络模型，分析得出企业低碳技术创新机制构建包括企业自身构建以及与外部企业、与政府、与中介机构、与研究组织五部分。

7.2.1 企业内部协同机制

从本书第 4 章可以看出福建低碳技术创新系统在低碳技术研究开发能力、企业内部技术知识存量等环节存在不足。归纳起来就是企业研发和创新能力过于薄弱，这在很大程度上受到企业相关管理人员的创新意识、观念以及决策行为的影响。第 5 章中也分析得出员工素质是企业低碳技术创新和应用的主要动力要素之一。因此，从企业内部角度来看，企业的决策行为、激励措施和制度以及企业文化会直接影响企业是否进行低碳技术创新，以及是否具备自主研发能力和条件。由此可以看出，企业低碳技术创新内部机制应当包括决策机制、激励机制和文化机制（图 7-1）。

7.2.1.1 企业要建立低碳技术创新的决策机制

决策正确是保证企业技术创新成功的首要条件。企业在低碳技术创新的每一个阶段，都要根据创新进展情况的变化，进行仔细评估，慎重、果断、适时地做出暂停、中止、继续和加速进行的决策，不断摸索前进。尤其是目前中国二氧化碳减排压力逐年增大，国家“十二五”规划明确提出要重视发展低碳经济，这使得福建企业在做出决策方面上不得不考虑节能减排这个指标，并且还要在创新体系上做出正确的决策。福建目前仍有很多企业低碳创新决策机制很不健全，特别是民营企业，决策不但不科学而且没有良好的机制去促使做出重大决策。此外，市场信息也是企业家能做出正确决策的关键，也就是说低碳创新决策必须要以市场需求为出发点和落脚点，低碳创新决策具有市场导向性。因此对于福建企业来说，需要获取大量的政府信息，因为政府的信息在某种程度上是政策和措施制定的代名词；也要获取更多的市场信息，如原材料和产品的交易价格、潜在的市场需求、供给能力、竞争对手的情况、市场结构等，这对企业同供应商、竞争企业等建立合作有重要的帮助；还要对信息进行控制和反馈，从而可以保证各创新决策者快速获得有效信息，同时也促进企业做出正确的决策。

7.2.1.2 企业要建立低碳技术创新的激励机制

所谓激励机制就是通过一套理性化的制度来反映激励主体与激励客体相互作用的方式。

从企业层面来看，激励机制最重要的应该是对企业发展本身的激励，也就是通过一些优惠的政策、倾向性的措施去鼓励企业实施低碳技术创新。政府可以在考虑企业能力资金等因素的前提下，对企业制定相应的节能减排指标，制定节能目标责任和评价考核制度；实行有利于节能减排的税收激励政策；鼓励企业低碳消费、采购，开拓低碳产品市场；设立碳基金，激励低碳技术的研究和开发等一系列激励政策。

从企业内部自身来看，要提高福建企业的低碳技术创新能力，人才的引进和留住是最重要的。人才是科学技术的载体，是技术进步中最积极活跃的因素。只有通过激励才可以营造一个良好的竞争环境，保证企业内部的员工各尽所长，使企业留住优秀人才、吸引优秀人才。福建企业可以通过制定一系列人才创新激励制度和措施来对企业家和相关技术人员在低碳技术创新方面上进行激励。对企业家的激励主要激励企业家精神，以及改进提高企业经营绩效的强烈事业心。而对相关技术人员的激励主要是用各种奖酬资源来调动其创新积极性，或者给予相关人员一些公司的股票，而且要充分考虑员工的个体差异，实行差别激励的原则。激励过程中，要实行物质激励和精神激励相结合的原则。

7.2.1.3 企业要建立低碳技术创新的文化机制

除上述的决策机制和激励机制构建外，还需要建立企业文化机制。营造有利于低碳技术创新的文化氛围显得非常重要，但是低碳技术创新的文化建设是一个庞大的系统工程，它包括企业的思想、理念、行为、习惯、价值观、处事方式及由这个群体整体意识所辐射出来的一切活动。福建企业可以从物质文化建设层面考虑，如按绿色产品的标准制定产品；也可以从企业制度文化建设层面考虑，如企业要制定以低碳经济理念为依托的绿色发展规划和实施方案，要制定绿色产品开发规划，建立低碳技术人才的培养机制；还可以从企业精神文明建设层面考虑，如注重提高员工的绿色意识、能源意识、环境意识，要把绿色、节能、环保理念融入企业目标和企业精神，塑造良好的绿色形象，把企业对整个社会环境保护的责任纳入企业精神理念层中（王晓慧，金起文，2010）。但是福建企业光靠自身来建设企业文化来构建文化机制是远远不够的，需要整个社会的努力，通过建设低碳创新文化，弘扬低碳创新精神，增强低碳创新意识，激励低碳创新行为，从根本上增强企业的低碳技术创新能力。

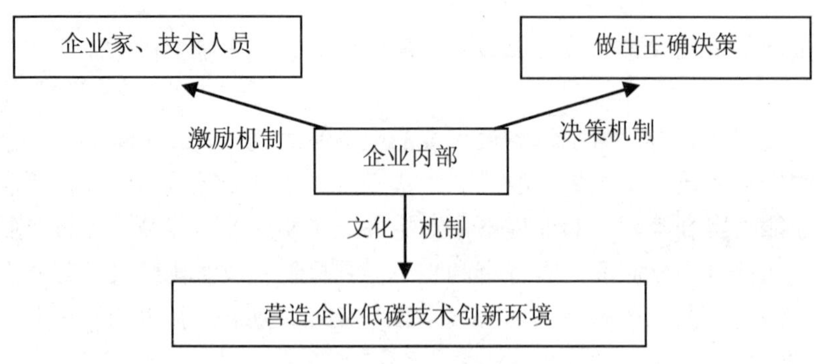

图 7-1 企业内部机制构架

7.2.2 企业与企业协同机制

从本书第 4 章可以看出不仅企业内部存在不足，企业间也存在明显不足。如外部知识存量、企业技术引进、委托外单位研发和基础研究。简言之就是科技总体投入不足，导致企业外部知识存量不足。因此对于企业间低碳技术创新机制构建主要包括扩散机制和市场机制（图 7-2）。

7.2.2.1 企业要建立低碳技术创新的扩散机制

狭义的扩散机制是指企业技术创新扩散过程中涉及的各主要要素间的联系方式、相互作用方式以及它们之间遵循的特定规则的总和。这里主要指企业间的扩散效应。之所以企业间形成协同创新网络，是为了信息的更好沟通。从目前看，不论是生产流程再造系统（BPR）还是计算机集成制造系统（CIMS）都为企业的低碳技术创新起到了重要作用。企业的“扩散效应”集群会使技术和信息的传播速度加快，从而强化集群对系统内其他主体的影响。比如可以对福建企业建立一个信息网络平台，使得各企业，包括竞争企业、供应企业、采购企业、销售企业等技术信息、技术需求、市场供需等信息得以传达，并提供相关数据，提高纵向一体化程度，从体制上提高服务水平，从而有利于低碳技术创新的扩散。通过建立企业扩散机制，可以延长企业的产品生命周期，可以有效降低经营风险，增强企业实力。通过全面考量和处理低碳创新的各个要素，使企业间形成低碳技术创新系统，才能有效推动低碳技术创新。

7.2.2.2 企业要建立低碳技术创新的市场机制

市场机制的构建能进一步提升企业间的竞争力。市场机制是一个有机的整体，它的构成要素主要有市场价格机制、供求机制、竞争机制和风险机制等。参与市场经济活动的生产者、经营者、消费者正是在商品经济的一系列客观规律作用所体现的原则或功能的制约和牵动下，通过供求、价格、竞争的变化，在经济利益的诱导下，自动采取不同的市场经济行为，或者进行自我扩张，增大生产或经营规模，或者进行自我收缩，减少生产或经营规模，有的还会自行中断其市场经济行为。福建企业可以和同行业或竞争企业合作。由竞争转为合作，共同建立创新联盟，围绕某项技术或产品而开展合作攻关。由于企业间的资源和能力有所不同，因此合作后可以使资源得到互补，信息得到共享和沟通，从而减少低碳技术创新成本，缩短创新研发时间，降低创新风险，加快创新速度，提高创新效率，从而达到双赢或共赢。

企业还可以同供应商结成联盟。供应商能够为企业提供低成本的设备和原材料，获取不易得的技术创新信息和产品技术知识。同样的供应商可以从企业里获得长期的合作项目，让其明确创新需求，并以各种方式参与创新所带来的预期利益。这样可以缩短技术创新周期，减少成本，提高创新成功率。此外，企业同供应商也可以相互派遣技术人员提供技术咨询或技术培训，通过组建联合研究所进行合作创新、建立供应商协会等组织形式进行协同创新。而且从本章的第 7.1 节可以看出福建企业本身创新能力明显不足，一旦实行低碳技术创新，不仅成本高，失败风险也陡然上升，因此企业如果与供应商、竞争者企业进行创新联盟的话，能够促使福建企业及时获取产品需求信息和市场信息，可以更有目的了解用户需求而进行创新，将有利于降低低碳技术创新的市场风险。

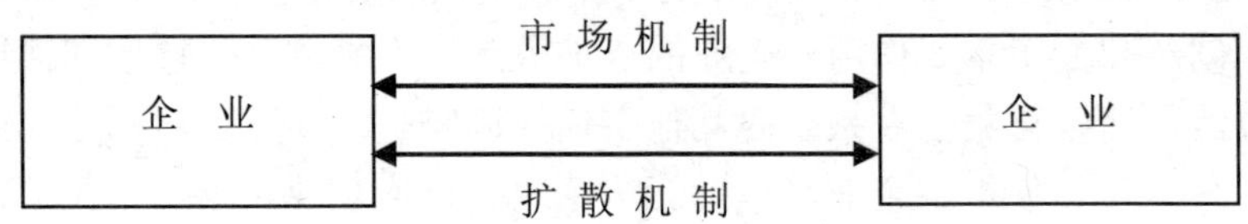

图 7-2 企业间机制构架

总之，对于福建企业来说，属于鼓励类产业的，要尽可能扶持它们扩大生产规模，加快发展，与其他企业建立战略联盟；属于允许类企业的，要引导他们提高科技含量，适当使用机器替代人工，提高组织和管理一体化。要鼓励以企业为主体的自主创新，包括低碳技术创新、产品创新、品牌创新、管理创新、体制创新、营销创新。随着经济发展，工资提高是不可逆转的趋势，低技术含量的高劳动密集型企业丧失竞争优势是不可避免的，特别是对于沿海来说，劳动密集型企业发展潜力不大，应重点发展一些高新技术产业。

7.2.3 企业与政府协同机制

从本书第 5 章分析得出政府扶持、税收政策、金融支持度这三个指标与企业绿色技术创新与应用行为之间存在显著的正相关关系。因此在构建福建低碳技术创新机制过程中，重点考虑政府补助、税收优惠、金融支持度。归纳起来，企业与政府的机制构建主要包括促进机制和保障机制（图 7-3）。而促进和保障机制主要体现在政府政策资金、法规制度对企业的促进和保障等。低碳技术创新具有高投入、高风险和明显的外部特征，单纯依靠市场调节难以调动广大企业进行技术创新的积极性，这就决定了政府在整个技术创新机制构建中发挥着重要的作用。政府的政策资金供给和相关创新政策需求的制定与实施（如税收政策、金融政策、产业政策、专项计划、专利保护制度、政府采购等）对企业低碳技术创新会产生重要的影响。

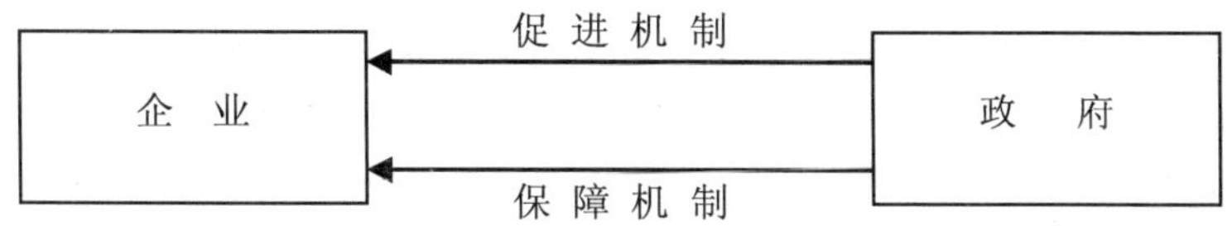

图 7-3　企业与政府间机制构架

7.2.3.1 企业要建立低碳技术创新的促进机制

企业低碳技术创新的促进机制主要包括政府资金扶持和税收优惠或减免。

政府资金扶持是福建企业进行低碳技术创新的重要来源之一，同时也是激励企业进行低碳技术创新的重要手段之一。尤其是低碳技术创新具有较强的正外部性，能产生较好的生态环境效应和社会效应。各级政府经常采用项目扶持的方式对企业进行低碳技术创新和对运用项目进行资金补助。当然，不同的企业资金扶持的多少以及方式也不太一样。《中共中央国务院关于实施科技规划纲要增强自主创新能力的决定》从金融、政府采购等方面制定相应配套政策来进行扶持，包括①加大财政科技投入力度，确保财政科技投入增幅明显高于财政经常性收入增幅；②实施扶持自主创新的政府采购政策，建立财政性资金采购自主创新产品制度；③制定将国家重大建设项目纳入政府采购主体范围的办法，对具有自主知识产权的重要高新技术装备与产品实施政府首购政策和订购制度；④改善对高新技术企业的信贷服务和融资环境，加大对高新技术产业化的金融支持，发展支持高新技术产业的创业投资和资本市场。此外，福建省还通过了《自主创新产品认定管理办法和采购实施办法》，规定被认定为国家和省级自主创新产品的，在公开招标评审时采取加分或价格扣除，给予投标价格最低 5%～10%的价格扣除，给予综合评分 4%～8%的加分（新华社，2006）。福建省经济贸易委员会通过设立企业技术创新公共服务平台建设专项，对行业、区域中小企业提供了有效技术创新服务平台，以及为具有示范性的省级企业技术中心实施的完善基础设施或共性关键性技术开发项目按 50 万元左右标准安排专项资金补助。

在税收政策方面，《中共中央国务院关于实施科技规划纲要增强自主创新能力的决定》强调了推进增值税转型改革，统一各类企业税收制度，加大对企业研究开发投入的税收激励。这一点民营企业受益颇多，因为民营高新企业赋税重，会严重影响自主创新，实行增值税转型改革，有利于民营企业减轻税负，进行技术创新并健康成长发展。此外，福建省政府应当根据企业自身特点进行税收鼓励、优惠或减免。如环保型的高新企业，政府可委托其进行低碳技术研发，给予课题经费补助、财政直补，还可通过税收优惠、科技扶持贷款等优惠政策鼓励与支持其开展低碳技术研发、试验及产业化推广，在其购买设备或者研发试验等方面进行税收优惠或减免。对于生产型的企业，应鼓励企业根据自身碰到的技术难题申报自选科研项目，以获得课题经费补助或财政补助，通过税收优惠、科技扶持贷款、低碳技术创新成果奖励，鼓励与支持企业开展低碳技术研发、试验及应用。而对于产品绿色性受消费者关注的企业，这类企业为了满足消费者需求，会较为积极地进行绿色产品创新，政府可通过科技成果奖励、绿色产品产业化研究经费补助、绿色产品开发专项基金、信用保险保费补贴及融资贴息、绿色产品生产设备技术改造项目补助、购买生产设备的增值税优惠等税收优惠，鼓励与支持生产型企业中产品绿色性受消费者关注的企业开展绿色产品的研发、试验及产业化开发。

7.2.3.2 企业要建立低碳技术创新的保障机制

政府制定和实施相关的创新政策和法规是政府保障企业进行低碳技术创新的有力工具。这些创新政策和法规包括节能减排激励政策、鼓励企业进行低碳技术创新政策、税收政策、金融政策、产业政策、专项计划、专利保护制度、政府采购等。例如，《中共中央国务院关于实施科技规划纲要增强自主创新能力的决定》规定了实施扶持自主创新的政府采购政策。政府还可以为某些关键产业（制造业）的研究与发展制定基调，并根据经济环境的不断变化调整相关创新政策，支持企业研发最先进的技术并通过制定法律保障其专利或产权不被侵犯。同时政府在基础设施方面的必要投资为企业创新提供有力的外部条件，保障技术创新资源得到合理配置和有效利用（张波，2010）。如制定金融支持政策，鼓励企业向银行贷款，建立健全的企业融资信用担保体系，积极发展企业信用担保机构，解决福建民营企业融资难的问题；帮助企业引进人才政策，通过引导和推动研究机构向企业的知识和技术转移，增加福建高校向本省企业的技术创新人才输出；制定人才激励政策，结合国家重大科技工程和重点任务的实施，大胆起用青年人才，培养高水平的创新人才等。

7.2.4 企业与中介服务机构协同机制

企业与中介服务机构主要是通过沟通联结机制来进行。沟通联结机制主要是指企业和中介服务机构间进行的一些知识交互、信息流动以及技术转移等全方位的咨询服务，充分利用中介服务机构强大的知识整合、鉴定评估、孵化和商业化等在企业技术创新中的功能，来达到企业和中介服务机构的沟通和联结作用，使企业等主体与市场之间的知识流动和技术转移方面更具效率并获得成功。

中介服务机构包括的范围很广，主要有人力资源服务机构、技术转移服务机构、金融资本服务机构、融资中介、管理咨询机构、风险投资组织、行业协会等。中介服务机构作为福建企业低碳技术创新行为主体之间联结的中间环节，其是否完善健全，直接关系着各类创新主体与市场之间的知识流动和技术转移方面的效率和成败。中介服务机构应当起到能够联结各个创新行为主体，并为各个创新行为主体提供包括知识交互、信息流动以及技术转移等全方位的服务，从而推动福建企业低碳技术机制的构建。

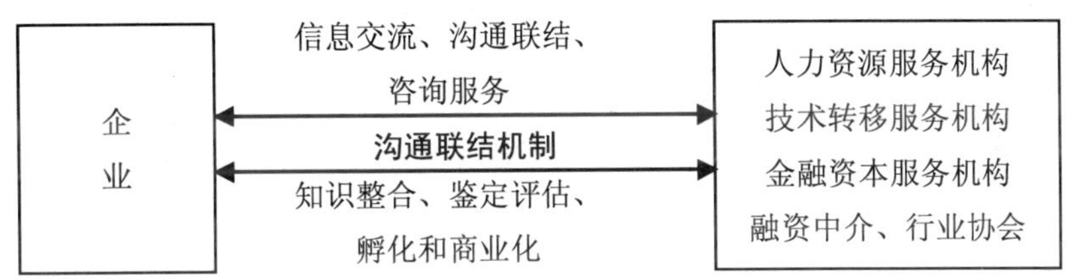

图 7-4　企业与中介服务机构间机制构架

在大多数情况下，企业其他行为主体之间的知识交互、信息流动以及技术转移并不是直接产生的，它是中介服务机构通过沟通联结机制进行技术和知识的整合并进行鉴定评估等来促进这种关系的形成（图 7-4）。为了促进福建企业低碳技术创新机制的构建，主要通过中介服务机构，包括人力资源服务机构、技术转移服务机构、金融资本服务机构、融资中介和行业协会等来与企业进行联系。

福建企业可以通过人力资源服务机构选拔优秀创新人才并对人才进行上岗或进一步教育培训，从而有助于选拔的人才在低碳技术方面上做出创新。福建企业也可以通过与大学及科研机构联系，将低碳技术成果成功地与合适的企业对接，同时把社会、产业界的创新需求信息反馈到学校和科研机构，推动福建高校和科研机构与企业在低碳技术创新方面上的合作。企业设立金融资本服务机构，目的在于加强与金融机构的沟通与合作，努力与金融机构建立战略性伙伴关系，培育和挖掘多种融资渠道，通过与福建各类金融部门建立多元化的投融资体系，逐步建立自身的信用和与金融机构间的联系，创造银行企业互助、双向互动的环境和氛围，有助于企业更好地开展低碳技术创新活动。福建企业可以通过融资中介获得丰富的技术市场信息服务，并帮助企业做出诸如银行贷款决策等，同时通过融资中介还可以为企业低碳技术创新提供信息、技术咨询、指导和培训，拓宽企业的融资渠道，努力为企业低碳技术创新提供服务供给。此外，企业还可以与行业协会建立联系，行业协会能起到在低碳技术方面的管理和推广组织，在企业之间、企业与政府之间起到了协调的作用。

通过中介机构为福建企业提供低碳技术创新信息，一方面，加强了各主体之间的协调合作，资源共享，形成了产业集群协同创新支持的合力。不同的行为主体通过中介服务机构建立密切的协同联系，能够更好地支持和促进低碳技术创新企业的健康快速发展；另一方面，创造了企业与企业相互交流的机会，通过建立或加强企业与其他节点的联系，有效降低低碳技术创新成本、化解低碳技术创新风险，提高整体创新功效，达到协同创新的目的，推动了福建企业低碳技术创新机制的构建与形成。

7.2.5 企业与研究组织协同机制

如本书第 4 章所述，产学研合作不密切是福建低碳技术创新的“瓶颈”之一。高校和科研机构是企业低碳技术的重要供应源，福建企业与相关研究组织的协同合作关系有待加强。这主要是因为目前在福建省的科技体制改革中，部门、科研机构和企业间条块分割，官、产、学、研缺乏内部合作动力，区域内各创新主体缺乏统一协调，未能形成相互依存的协同关系。因此企业与研究组织之间主要是构建一个产学研的联结机制来促进企业进行低碳技术创新，以及在企业和研究组织之间构建一个学习机制，使它们能进行行为互动和资源共享，另外在研究组织和福建企业之间通过创新机制促进建立多个创新育成中心。企业通过与研究组织之间建立长期的学习机制，能够凸显企业低碳技术的竞争优势，而低碳技术又受益于学习效应，一旦形成规模，成本会大幅缩减，绩效会得到改进，低碳技术价值将不断涌现。

研究组织包括大学、研究机构、学院/技校等，是知识创造、技术产生和人才培养的重要载体，是企业协同创新网络中最重要的创新源（Drejer I, Jorgensen B H, 2005）。

研究组织（高校、科研机构等）因其知识、技术、人才的高度密集特征，其在地理上的空间分布已经成为指示创新型集群分布的坐标。研究组织（高校、科研机构等）提供低碳技术创新成果或低碳技术服务，通过外部市场的交易行为将成果或服务出售给企业，反过来企业把社会目前的创新需求信息传递给研究组织，以提高创新的针对性。在此期间，低碳技术成果的质量、成果信息的可获得性、成果开发与交易的成本，以及创新需求的前沿性和可获利性就成为了影响企业与大学/科研机构等主体之间合作性能的重要因素。

7.2.5.1 企业要建立低碳技术创新的产学研联结机制

为了促进福建本省大学/科研机构与本省企业加强彼此间交流与合作，促进福建企业和大学/科研机构的双赢，有必要建立一个能将各主体之间的信息、技术和知识等资源高度整合和互享的网络。产学研协同创新网络（图 7-5）就是这样的一个网络，它使企业（创新资源投入和技术开发的主力军，技术产业化的实践者）、高校和科研机构（创新的原动力，知识和技术的重要提供者）这三个网络结点有机地协同起来，形成行为互动、资源共享、相对稳定的三角合作关系，再加上政府制定政策和提供资金引导企业正确的创新方向以及必要时对矛盾的协调处理、中介机构发挥提供服务和及时传递重要信息等网络结点的作用，使整个产学研协同创新网络联结创新效应达到最大化。

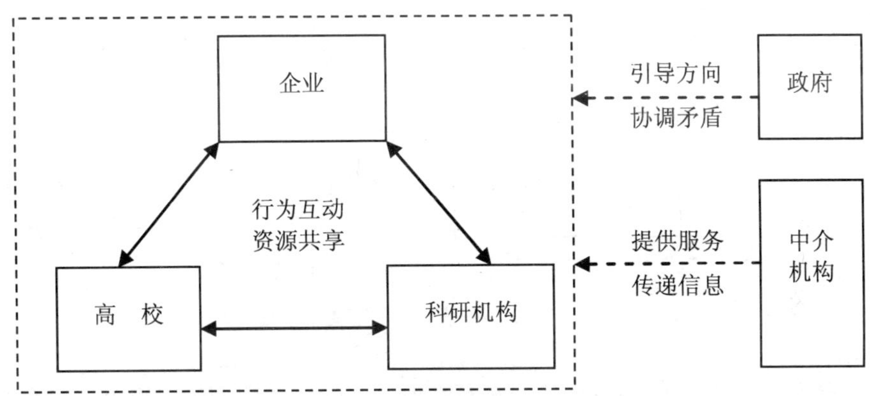

图 7-5　产学研协同创新网络的联结机制

通过建立产学研协同创新网络，逐步形成以国内外市场需求为导向，以福建企业为主体，以福建政府、高校和科研机构为纽带的新型创新网络，推动企业、高校和科研机构的创新协作，实现低碳技术创新要素的优化组合、资源共享及行为互动，从而实现各结点的利益共享、风险均摊，实现创新效应的最大化，推动产学研低碳创新能力的提高（蔡文娟，陈莉平，2007）。

7.2.5.2 企业要建立低碳技术创新的保障机制

此外，企业与研究组织除建立如图 7-5 所示的联结机制外，还要建立相互学习机制和创新机制。如福建高校、科研机构有必要与福建企业相结合建立多个企业创新育成中心（图 7-6）。典型的例子就是 2010 年 5 月成立的福建农林大学海峡创业创新育成中心，其充分整合了福建农林大学各类科技资源，与社会（企业）需求紧密联系，充分利用和发挥学校科技、人才、平台及校友等优势，为学校技术人员服务企业、技术成果转化、产学研合作等提供媒介和管理平台，为进驻企业提供孵化营运空间租用，产品、技术商业化咨询，从而促进技术成果的商品化和产业化，降低创业初期的风险，提高技术创新的成功率。

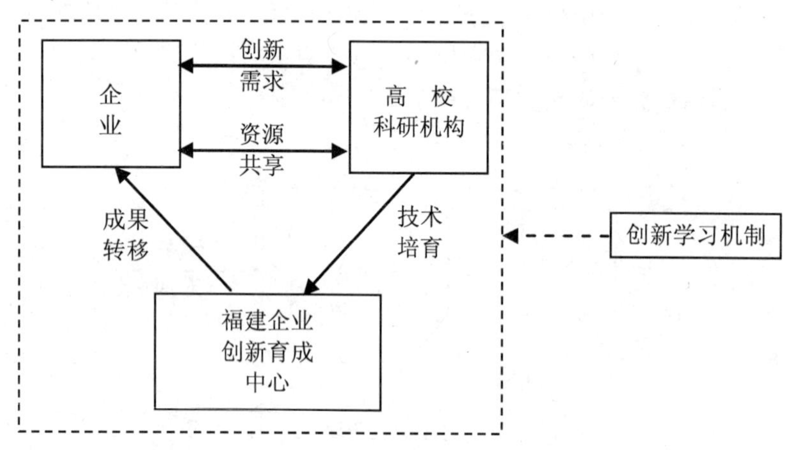

图 7-6 企业与研究组织间的机制构建

总的来说，在福建企业协同创新网络中，产学研协同创新网络为福建企业搭建了广泛的平台，不仅让自身与福建众多高校和科研机构形成协同创新网络联结机制，更让政府和中介服务机构等主体参与产学研网络中来，有效地使技术、知识和人才三方面资源得到互动、传递和支持，从而从根本上促进了福建本省企业低碳技术创新能力和水平的提高。

本章小结

本章从两方面阐述了福建企业协同创新网络机制构建的必要性。首先运用福建省和国家相关年份的统计年鉴中关于低碳技术创新的数据，来分析福建低碳技术创新的现状；其次分析了低碳技术创新的外部效应和锁定效应。从中发现福建企业有必要构建一个协同创新网络来帮助企业更有效地开展低碳技术创新活动。之后构建了一个协同创新网络，并基于这个协同创新网络探究了福建企业低碳技术创新机制，这些机制的主体包括企业内部、企业与企业、企业与政府、企业与中介服务机构、企业与研究组织五部分。从微观角度来看，每一部分的构建都是相互独立的，所用的构建机制都是不同的；但是从宏观角度来看，这是一个大的整体，各个部分是相互联系的，任何一部分做不好就有可能导致企业低碳技术创新进展举步维艰，更有可能降低企业低碳技术创新能力和水平。因此确实做好每一部分的机制构建工作就显得至关重要，只有这样做，才能形成企业整体协同协调，从而使企业低碳技术创新系统真正运转起来，最终实现提高福建企业低碳技术创新能力的目的。

第 8 章 福建低碳技术创新保障机制

8.1 低碳技术创新保障机制构建的意义

8.1.1 低碳技术创新保障机制构建的理论意义

低碳技术创新是一种顺应可持续发展理念，追求社会经济又好又快发展的新发展模式，是福建建设绿色海西的必然选择。但是对于一种新的技术创新模式而言，保障机制的建设尤为重要，只有构建运行良好的保障机制，才能克服低碳技术创新过程中遇到的障碍和问题，保障低碳技术创新过程的顺利进行。国外低碳技术创新的成功经验也表明，构建有效的保障机制是低碳技术发展的必要选择。

国内外学者对技术创新机制的探讨历史由来已久。纳尔逊和温特的双因素理论认为创新不是孤立存在的，突出了其与创新主体的知识状况以及与环境的密切关系，并考虑到了制度因素在技术创新中的地位（王雪苓，2005）。许多学者在双因素论的基础上加上了政府行为等影响因素进行讨论。19 世纪德国著名经济学家弗里德里希·李斯特，英国学者克里斯托弗·弗里曼，伦德瓦尔（Lundvall）等都提出了“国家创新体系”的概念。他们认为在技术创新过程中应该考虑政府、研究开发、教育和培训、独特的产业结构等的重要作用。此外，还论证了技术创新与组织创新和社会创新结合起来的必要性（克里斯托弗·弗里曼，1992）。从发展实际看，当前世界各国在低碳技术创新发展的探索过程中也逐渐形成了各种保障低碳技术创新有序运行的机制，而且各国保障机制的完善程度也已经成为了评价一个国家低碳技术创新水平的标志之一。

从各国低碳技术创新的政策保障构建基础来看，市场失灵理论是各国政府对低碳技术创新进行政策干预的共同理论基础。西方经济学家认为，所有市场经济都是“混合的”，国家必须保证一种适当制度框架的存在。萨缪尔森也指出，为了对付“看不见的手”的机制缺陷，现代经济必须由政府税收、支出和调节这只“看得见的手”来发挥作用。政府的干预手段可以弥补市场机制失灵带来的混乱与不足，因此，有效的低碳技术创新政策保障体系是低碳技术创新的重要外部推动力。除了市场失灵理论外，不同的国家和地区还采用了不同的理论作为构建低碳技术创新保障机制的指导。如日本政府贯彻了国家优先权理论，即根据国家宪法赋予政府的责任和权力，政府一般有权调动、分配国内各种资源。在经济方面，政府关心的主要是用宏观经济政策影响各个层次的经济活动。技术创新的开展对不同的社会集团的权力与利益有着不同程度的影响，而政府能以不同利益中间人和社会公众整体利益代表身份进行调节和干预，以达到各社会集团之间权力与利益的平衡。而欧盟政府则运用经济活动优化理论，即政府需要根据优化全社会经济活动的时机、规模和范围进行干预。

8.1.2 低碳技术创新保障机制构建的现实意义

发展低碳技术创新，实质上是要切实转变过度消耗资源、破坏生态环境的技术实现方式，加强对生产经济活动过程中资源消耗与环境质量的控制，强调防止、治理环境污染，维护生态平衡，建立一种和谐、健康的人与自然的新型关系。但是，当前仍存在诸多限制低碳技术创新发展的障碍。

首先，低碳技术创新具有较强的外部性，企业进行低碳技术创新需要投入大量的资金、人才和时间等，但他们所创造的收益无法完全内部化，特别是对环境保护和资源节约所作的贡献很可能由社会大众分享成果，但成本却是由企业承担。而且在知识产权不清晰的情况下，率先进行低碳技术创新的企业面临着被其他企业“搭便车”的风险，从而导致创新成果的外溢。作为以利润最大化为目标的企业，它们希望创新引致的知识溢出越少越好，越慢越好，使其在创新领域的领先地位得到长时间保持，也可带来效益的最大化。而一旦这种溢出使企业的创新收益无法达到保证，企业的低碳技术创新积极性将受到极大的打击，资金的限制成为低碳科技研究成果难以投入使用和运行的主要障碍，阻碍了整个社会低碳技术创新水平的提高。

其次，低碳技术创新的支撑体系并不完善。从微观方面来讲，作为低碳技术创新主体的企业，普遍存在技术创新能力不足、管理薄弱的问题，先进管理的理念没有渗透到企业的生产经营中去（董炳艳，2005）。而从宏观角度看，低碳技术创新的开展需要大量从事基础研究的科研机构，市场运行效果也直接体现在公众的日常生活中，并决定着整个人类未来的命运。这种具有战略意义但投资大、收效慢的技术领域是私人投资无力兴办的，只能依靠政府对创新活动进行干预，以确保这项关系到人类未来命运的“全球工程”能顺利进行。

再者，现行法律法规的不健全也影响到低碳技术的创新、推广。第 3 章中对低碳技术创新的法律政策分析结果显示，虽然国家已经在环境保护和资源利用方面对低碳技术创新作出了一些规定，福建也已经提出《福建省科学技术进步条例》等相关法律法规，但目前涉及低碳技术创新的政策和法规还是主要体现在环保内容上，在国家主流宏观经济调控政策中，还没有把发展低碳经济作为基本内容，这也是各项政策缺乏协调的原因之一，从整体上看，国家在低碳技术创新方面的立法与执法上仍处于初级阶段。

因此，福建低碳技术创新的发展不可避免存在重重障碍，但当前的社会、经济发展状况不允许在低水平的发展阶段逗留过长的时间。近年来，福建的人口增长、经济发展和人民消费水平不断提高，生态需求大大增加，本来就已经短缺的资源和脆弱的环境面临着越来越大的压力，生态赤字趋势不断加强。而国内外越来越重视环保与低碳技术的发展，新的工业技术、管理思想以及产业政策层出不穷，福建只有以政府为主导，构建保障技术创新、节能减排、新能源使用等活动持续发展的政策机制，才能全面开展低碳技术创新，紧跟低碳经济发展的潮流，引领和助推低碳经济发展，实现节能减排，提高经济增长的质量，促进福建经济的快速持续增长。

8.2 福建低碳技术创新保障机制的构建

低碳技术创新涉及的行业多，回报周期长，投资和技术创新的风险都比较大，低碳技术创新的外部性与外溢效应也较强，往往会导致创新主体的边际收益下降，进而抑制其创新的积极性。低碳技术创新保障机制的目的是为维护低碳技术创新主体的创新利益和创新权益，为低碳技术创新的稳定运行提供完善的体系以及资金、政策和人才等方面的支持，降低创新主体的风险和压力，进一步促进低碳技术创新的发展。因此，制定完善的保障机制对于低碳技术创新系统的稳定运行是极为必要的。低碳技术创新保障机制是指通过制度创新、机制创新等的作用来发挥其对低碳技术创新系统运行的保障功能。结合前文对法律政策环境、科技环境、经济环境、市场环境、产学研合作环境、人文社会环境、资源环境约束等低碳技术创新环境子系统定量评价分析的结论，本章将从低碳技术创新体系、政策保障机制、组织保障机制、资金保障机制、人才保障机制等对低碳技术创新保障机制进行构建。

8.2.1 建立低碳技术创新体系

随着国家创新体系的广泛应用，任何技术创新都有其支持系统，从不同方面保障技术创新的顺利进行，而一个高效运行的低碳技术创新体系正是低碳技术创新发展的重要保障。在前文对低碳技术创新机制构建相关要素分析中也显示，政府对低碳技术创新的运行和发展影响最大，促进和保障低碳技术创新与动用的效果最为显著。目前，许多发达国家和地区政府已经根据可持续发展的思想理论成果和低碳技术创新实践经验，逐步建立较为完善的低碳技术创新体系，并运用各种手段使之更具约束力，更为稳定。研究各地区低碳技术创新体系对于福建低碳技术创新体系的构建具有重要的借鉴意义。

8.2.1.1 国内外低碳技术创新体系的构建

美国模式的主要特点是政府通过制定一系列战略规划引导科研组织进行低碳技术创新，并出台各种法令法规监督研发活动和培育市场。美国政府以市场失效理论为其对低碳技术创新进行政策干预的理论基础。为了对付“看不见的手”的机制缺陷，政府“看得见的手”指挥着绿色市场，牵引着低碳技术创新（叶子青，钟书华，2002）。这是一种政府全程驱动型模式，形成了：政府规定—市场需要—销售信息反馈—技术创新—生产—投入市场的有机循环态势，为创新主体创造了风险较小、成本较低的创新环境，极大地提高了创新主体的生产效率和竞争地位。政府的战略计划通过市场牵引低碳技术创新；环境法规强制驱动低碳技术创新；公众的绿色意识为低碳技术创新创造了良好的社会氛围（叶子青，钟书华，2002）。但政府主导的全程驱动模式也存在弊端，其中最主要的是创新主体缺乏长期的研发计划（叶子青，钟书华，2002）。

日本确立了低碳技术创新主体系统，政府积极调控民间企业筹资，出台循环型社会法规及投资、补贴政策刺激企业自主进行低碳技术创新，形成低碳科技循环系统，并通过国际合作寻求绿色科技的创新。日本擅长“在技术引进、改良的基础上进行创新”，即所谓模仿创新，但随着日本实行的“技术立国”战略，以及日本企业本身极强的创新精神，逐步强调低碳技术突破的内生性，即自主创新所需的核心技术源于企业内部的技术突破，是企业依靠自身力量，通过独立的研究开发活动获得的（叶子青，钟书华，2002）。应该说日本模式中，企业的自主创新所占的比重和贡献是很大的，企业在低碳技术创新中起主导作用。而日本政府主要是采取了税收优惠、通融资金、折旧优惠等经济手段来支持和维护低碳技术创新。

欧盟的低碳技术创新系统是以合作行动为基础的，而各地区在采取统一政策的同时，在本地区针对自身的特殊情况适当调整研究方向，制定出真正适合本地区的创新政策模式。因此，欧盟低碳技术创新呈现分散式联合研发模式（叶子青，钟书华，2003）。联合研究发展使欧盟各成员国共享研究费用，分担研究风险，互补稀缺资源和技能，并设定相同标准以适应经济、贸易一体化的进程。而各国实际情况和技术水平的差异又决定了某些技术项目还需各成员国分别研究开发，定期再进行交流。欧盟模式的核心是各成员国的企业，同时，联合 R&D，财政与金融及政府调节三个子系统对企业创新活动起着不可或缺的支持作用。由此可见，欧盟低碳技术创新模式是国家创新体系的延伸和极致应用，更是低碳技术创新国际合作的典范。

从台湾低碳技术创新现有的运行体系来看，台湾的低碳技术以从日本、美国直接引进为主，走产学研合作路径的低碳技术创新模式。经济部工业局永续发展组工安辅导科负责低碳技术的推广与交流计划，而财力法人中技社低碳技术发展中心则从 20 世纪 80 年代开始为配合国家经建发展策略及产业界的需要，先后成立了“能源技术服务中心”“工业污染防治中心”及“环保科技中心”，主要从事污染防治、污染预防与清洁生产、工业安全技术辅导、环保技术应用评估与新技术引起、环境管理与工安卫管理系统辅导、人员培训、环境咨询等服务。

8.2.1.2 福建低碳技术创新体系的构建

根据对国内外各地区低碳技术创新体系的比较，福建政府应该结合自身的产业特点和创新环境，借鉴国内外的成功经验，构建出真正适合本地区的低碳技术创新体系。具体来讲，福建低碳技术创新体系可以从以下几方面展开：

第一，要坚持企业在低碳技术创新中的主体地位。进行低碳技术创新是十分复杂的过程，需要人力、财力、物力、信息、组织等多种资源的协同作用，它是生产要素和生产条件的新组合，而这种新组合主要是由企业来实现的，在市场经济条件下，企业更贴近市场、了解市场需求，具备将技术优势转化为产品优势、将创新成果转化为商品、通过市场得到回报的要素组合和运行机制。企业家较之科学家，对通过自主创新提升竞争力与创造效益、谋求企业的发展壮大更为迫切。因此，企业是技术创新的主体，要实现低碳技术创新的发展，必须使企业真正成为低碳技术创新决策、投入、开发、承担风险和获取相应利益的主体，建立以企业为主体的低碳技术创新体系，以保证企业内部、企业与企业、企业与政府、企业与中介服务机构、企业与研究组织协同创新网络机制的顺利运行。福建政府应充分发挥推动和引导作用，围绕提升自主创新能力和产业核心竞争力，优化科技资源配置，大力推进集成创新和引进、消化、吸收再创新，积极引导创新要素向企业集聚，建立支持技术创新的合作体系、有利于科研成果产业化的转化体系，形成以企业为主体、市场为导向、产学研相结合的技术创新体系；完善科技发展机制，建立健全多渠道、多元化的技术创新投入体系；加强低碳技术的研发与使用，大力发展科技经济服务，加快建设创新转化服务平台，为福建低碳技术创新的主体创造良好的技术创新环境。同时，在企业层面上要不断增加企业在低碳技术创新和应用方面的投入，加强区域内科技园区的交流与合作，增强企业创新能力，使低碳技术创新成果尽快转化为现实生产力。

第二，注重产学研相结合。第 4 章的分析表明，低碳技术创新链起始于市场的需求，经过发明与设计，然后通过低碳技术创新示范项目将创新扩散出去，最后经过重新设计与生产以实现产业化，将低碳技术产品推向市场。低碳技术创新不仅要有高水平的研究开发人员，还要有优良的研究设施和先进的实验设备，大学、研究机构和企业界三个部门是一个国家或地区进行低碳技术创新的重要组成部分。因此，必须从整个创新链的视角着手，才能构建一个比较完善的创新体系，保障低碳技术创新的各种机制能有序运行。国内外各地区的产、学、研合作互动机制随着政策的调整不断地趋于完善，为其创新体系的建设打下坚实的基础。福建应该将建立健全产、学、研合作互动体制和机制作为技术创新体系建设的重要内容。在逐步增加低碳技术创新投入的同时，进一步采取切实有效的措施，探索建立产、学、研联合机制；引导高校和科研机构转变思路，改变管理机制，选择重大关键技术开展联合研究与开发，将研究成果能否成功转化为生产力作为衡量研发绩效的重要因素，并将成果转化与科研人员的切身利益挂起钩来；支持企业界与高校、科研机构共同建设低碳技术创新研发中心；政府还可以通过提供经费，制定适时可行的激励政策与规定，鼓励高校和科研机构或科技型企业的技术创新活动，推进高等教育和低碳科技的紧密结合，提高大学的科技创新能力，支持科技人员的自由探索和在发展需求与科学前沿紧密结合的基础研究领域开展创新性研究，积极抢占高技术制高点，营造稳定良好的技术创新环境，保障低碳技术创新机制与政策有序运作（朱益新，2008）。

第三，加快低碳技术创新平台建设。技术创新基础设施与条件同样是制约技术创新发展的重要因素，完备的低碳技术创新基础设施能为低碳技术的发展提供完备的使用平台，保证低碳技术创新的顺利发展。福建应进一步加强低碳技术创新基础设施与条件建设，加快科研仪器设备、科研信息与网络、科技创新平台、省级重点实验室和工程技术研究中心等方面的建设步伐；重点支持低碳技术企业孵化器建设等平台的建设，整合集成优势科技资源，构建产学研协作技术研发平台、科技成果转化平台、科技中介服务平台、低碳技术资源共享平台这四大创新平台，探索省市共建、多方联建等模式，打造公益性技术创新的服务环境，为低碳技术创新的发展提供重要的支撑作用。

8.2.2 政策保障机制

创新体系的构建和运作都离不开法律的引导和保障。对低碳技术创新的相关因素分析结果显示，法律政策环境可以直接和间接地影响企业进行低碳技术研发或购买低碳技术，以实现节能减排。在美国、日本和欧盟等国的低碳技术创新政策中，法律政策是很重要的组成部分，它们都有完善的相关的法律法规体系，都制定有较完善的与低碳技术创新相关的技术创新体系、环境教育和专利保护方面的法律法规，对低碳技术创新发展起到了很好的保障和激励作用。然而，现行的低碳技术创新法律的立法与执行仍处于初步的阶段，并严重影响到低碳技术的创新、推广。

8.2.2.1 国内外低碳技术创新政策保障机制

美国具有健全的低碳技术创新法律体系。一方面，美国具有完善的技术创新方面相关法律体系，美国早在 1980 年就专门制定了《史蒂文森—威德勒技术创新法》，并于 1986 年进行修订，改称为《1986 年美国联邦技术转让法》（宋毅，孙玉，1998）；还制定了《小企业创新发展法》、《大学与小企业专利法》、《全国合作研究法》、《技术转移法》等一系列技术创新相关法律，这对促进美国的低碳科技创新发挥了巨大的作用。另一方面，美国还具有日趋完善和严格的环保法律体系和执法机制，20 世纪 60 年代以来，美国国会陆续通过了 26 部环境法律，涉及水环境、大气污染、废物管理等方面，每部法律都对污染者或者公共机构应采取的行动有严格的法律要求，这在相当程度上促进了美国低碳科技的创新。

美国政府的财政直接补贴和税收支持政策，对低碳技术创新的支持主要集中在税收减免优惠上，2005 年 8 月通过的《2005 年国家能源政策法案》提出，在未来 10 年内，美国联邦政府将以 123 亿美元的拨款、补助和减免税收的优惠，鼓励石油、天然气、煤气和电力企业等采取节能措施，开发清洁能源（阎莉，2008）。在绿色采购政策方面，美国联邦政府是以美国环保局 EPA 的“全面性采购指导纲要”（CPG）为主，此外还包括能源之星与能源管理等，并以 EPA“环境优先性采购”（EPP）为参考依据。

日本完善的低碳技术创新相关法律体系，是其低碳技术创新能力处于世界领先水平的重要保障条件。1995 年以来日本陆续颁布了《促进容器与包装分类回收法》、《家电回收法》、《建设及材料回收法》、《食品废弃物再生法》、《促进建立循环社会基本法》、《促进资源有效利用法》和《绿色采购法》等一系列有利于低碳技术创新的法律法规，初步形成了较为完善的循环型社会的法律保障体系。2006 年 5 月 29 日，日本经济产业省编制了《新国家能源战略》，从发展节能技术、降低石油依存度、实施能源消费多样化等 6 个方面通过强有力的法律手段，保障各项节能减排措施的实施。2008 年 7 月，日本内阁通过了《建设低碳社会的行动计划》并向全社会公布。2009 年 4 月，日本环境省公布了名为《绿色经济与社会变革》的政策草案。其目的是通过实行减少温室气体排放等措施，强化日本的低碳经济（赵雪珂，2010）。日本在对低碳技术创新财政方面的支持主要体现在直接的研究开发补贴制度上，日本政府的税收优惠措施主要有以下几种：一是对于重大技术的研究开发设备的税收优惠，制定了实验研究用机械设备特别折旧制度和新技术企业用机械设备特别折旧制度；二是增加实验研究费的税额扣除制度；三是对于引进外国技术的税收优惠措施，规定减轻外国技术使用费的预扣赋税率以及免征重要机械产品的进口关税（邹和福，2007）。在绿色采购政策方面，2000 年日本颁布了绿色采购法，这是日本为建立循环型社会颁布的六个核心法案之一。绿色采购法规定，所有中央政府所属的机构都必须制定和实施年度绿色采购计划，并向环境保护部部长提交报告；地方政府要尽可能地制定和实施年度绿色采购计划（张瑛，2006）。此外，日本也十分重视对低碳技术创新的教育和对知识产权的保护，20 世纪 80 年代以来，日本专利法频繁地进行修改，几乎每年都修改一次（万君康，蔡希贤，1996）。而 2009 年 5 月 15 日起在日本全国开始实施了旨在促进节能环保家电消费的“环保积分制度”。为了提高国民利用新能源的意识，政府从娃娃抓起，面向公众，建立新能源公园，日本新能源公园不但具有示范作用，而且其本身也是新能源开发综合试验基地。

欧盟各成员国在环境法规的制定方面也积累了丰富的实践经验。2005 年 7 月 6 日，欧洲议会和理事会正式发布耗能产品环保设计框架指令，要求欧盟成员国最迟在 2007 年 8 月 11 日之前，制定相关产品的具体化要求并转化成本国法规，以确保 EUP 指令有效运行，这标志着欧盟将把控制工业产品对环境污染的焦点从产品生命周期的终点向前延伸，直至起点，即产品的开发设计阶段（沙林，刘昕，2005）。欧盟于 2007 年 11 月底提出策略能源技术计划（Set-Plan），这是欧洲建立新能源研究体系的综合性计划。在财政方面，欧盟各国也采取了多种财政补贴政策来促进低碳技术创新，如欧盟发表“欧盟税收与创新公报”，以改进无形投资（如培训）的税收制度。法国通过减免税，鼓励在工业、服务、住房建筑、交通运输等领域采用节能型设备，如政府采取多项措施，鼓励使用同时能生产电能和热能的设备。在绿色采购方面，2004 年 3 月出台了欧盟政府采购指令，在这强制性法律文件中指出采购进程中在选择技术规范和授予标准以及签署采购合同时，都需要纳入环境要求。2004 年 8 月，欧盟委员会发布了“政府绿色采购手册”，制定了统一的绿色采购纲领。为此欧盟委员会还建立了一个采购信息数据库。2007 年，欧盟的公共采购占其成员国国内生产总值（GDP）的 14%，其中绿色采购占公共采购的平均份额为 19%，瑞典达 50%、丹麦 40%、德国 30%、奥地利 28%、英国 23%，均超过欧盟的平均值。通过实施政府绿色采购，各国在温室气体减排、改善环境和节约资源和能源等方面都取得了显著成效。

中国台湾重视低碳技术创新实施的一系列政策包括：一是调整环保行政官僚体系。二是制定、颁布、实施了一系列有关环境与自然生态保护的法律规章，如“环境影响评估法”“空气污染防治法”“噪音管制法”“水污染防治法”“废弃物清理法”等 30 多项有关环境与自然生态保护的法律规章。三是以市场经济手段规范环保行为，建立环境税制。台湾还是继日本之后，全世界第二个制定《科学技术基本法》的地区。台湾将环保产业列为重点扶持发展的“十大新兴工业”之一，并制定许多优惠、奖励办法，以扶持环保产业的发展。具体措施体现在台湾当局资助比率较大项目和民间企业的研发补贴上。在绿色采购方面，台湾环保署提出了《机关绿色采购绩效评核指标及权重》来考核各级政府绿色采购的完成情况，在每年年终后 3 个月对各级政府执行情况进行考评，可见其推行绿色采购政策的决心（吴昊，2005）。

8.2.2.2 福建低碳技术创新政策保障机制构建

福建虽然也制定和颁布了若干科技创新方面的政策、法律和法规，但低碳技术创新方面的法律法规体系仍然不健全和不完善，在实践性和可操作性方面也还有一定的差距。福建应根据发展低碳经济的新要求，对低碳技术创新的政策保障机制进行完善。具体可以从以下几方面着手：

第一，完善技术创新的相关法律政策。进一步细化和完善《福建科学技术进步条例》、《福建省促进科技成果转化条例》等政策法规，同时在政策执行上下工夫，建立相应的政策法律制度，优化技术创新的政策法制环境，稳定低碳技术创新的市场机制，使科技创新的资源得到充分调动和整合，这是加快福建技术创新的关键。尤其重要的是建立完善技术创新专利保护制度，为了维护创新者的利益不受侵犯，更为了提高人们创新的积极性，政府应尽快建立技术创新保护制度，保护行为主体创新成果，并在创新技术的使用中进行产权收益的合理分配。知识产权制度能够保护低碳技术创新者的创新成果和创新积极性，保证企业创新活动能够获得与高风险、高投入相对应的补偿和收益，形成一批拥有自主知识产权和知名品牌、具有较强国际竞争力的优势低碳企业（张淑芳，2009）。知识产权保护应该渗透到创造、保护、利用和扩散的全过程，知识产权制度不能独立地发挥作用，福建要建立一个较为完整的知识产权保护和发展体系，保护低碳技术创新成果的产权不受侵害；调动企业对低碳技术研发的积极性，改变福建企业研发中心数量少、能力弱的现状。

第二，制定扶持低碳企业进行低碳技术创新的税收优惠政策。第 3 章对法律政策环境的评价中就已经论证，税收优惠对企业低碳技术创新投资有正面的刺激作用。税收政策作为国家宏观调控的重要手段，在促进企业加快进行预定研究开发活动、激励技术创新等方面发挥了主要作用。针对福建低碳技术创新的特点，构建鼓励低碳技术开发与转化的税收激励政策，可以从以下几方面进行：鼓励石油、化工、制造业等福建重点发展产业采取节能减排措施，通过向低碳技术创新的相关企业，尤其是中小型企业提供资金、技术、先进设备援助等措施，鼓励企业开发新的技术，使用清洁能源；规定对企业研究或采用控制碳排放量、促进资源循环利用的技术和设备，引进国外先进技术等行为进行税收优惠政策；增加对能源低碳技术的开发和推广使用等的财政投入，通过补偿和降低投资风险方面，切实降低企业进行低碳技术创新的成本，提高企业技术创新的积极性。

第三，完善绿色采购方面的政策。国内外各地区在进行政府绿色采购决策时都是以本国的环境标志计划为基础的，制订了绿色政府采购的行动计划和基本原则，通过政府的采购行为来表明某一低碳产品不仅质量合格而且符合特定的低碳要求，与同类产品相比具有节约资源、减少污染的优势。福建应该制订并实施绿色政府行动计划，拟定绿色采购的基本原则，鼓励相关的政府管理机构在其采购决策中考虑环境问题，组成绿色采购网络组织，建立绿色采购信息库，并建立监督考核机制对各部门绿色采购行为进行考评，切实从政府采购行动表明对低碳技术创新企业的支持，实现对低碳企业的激励。

第四，加强对教育政策的重视。在第 3 章对福建低碳技术创新的人文社会环境的实证结果显示：必须加强教育的投入力度，重视福建人民受教育水平的提高。教育政策是低碳技术创新政策的重要组成部分，各国一直以来都十分重视建设有利于低碳技术创新的文化环境，努力提高公民的科学文化素质和低碳环保意识。

福建在未来的政策立法上，一方面，要重视创新素质教育，坚持以提高全民科学文化素质为目的，大力发展技术创新事业，加强应用基础研究，普及推广科学知识，推动理论与实践创新的发展，在全社会形成学科学、爱科学、讲科学、用科学的良好风尚，努力促进社会主义物质文明和精神文明建设，进一步发挥其对经济社会发展的重要促进作用。另一方面，提高人们的环保意识及公众参与意识，采取多渠道、多层次和多方法对公民进行低碳环保宣传教育，重视对孩子低碳环保意识的培养，同时鼓励孩子有独立的想法，通过电视、网络、发行刊物、举办讲座等形式向民众普及低碳知识，进行低碳环保宣传教育，倡导低碳生活、低碳城市的理念。

8.2.3 组织保障机制

前面章节已经论述国家创新体系理论认为技术创新是政府有目的的推动下，企业、科研机构、教育系统、政府相关部门对社会资源进行重新配置的过程。特别是对于高风险、高难度和具有正外部效应的低碳技术创新来说，由于其正外部性、覆盖面广、难度大、风险大等特点，各种经济主体的协调合作显得格外重要。低碳技术创新的组织保障机制是指低碳技术创新体系内部各个有机构成部分相互作用的联系方式或形式，以达到有效、合理地分配资源，通过分工协作，实现低碳技术的研发与运用的结合，推动低碳技术创新发展进程的目的。合理高效的组织结构是低碳技术创新的组织保障，构建适合福建低碳技术创新的研发组织机制，是低碳技术创新成功的基础。

8.2.3.1 国内外低碳技术创新组织保障机制

美国科技创新组织机制最突出的特点是多元化，科研机构由企业、大学和非营利性组织等构成。美国极度重视自由与市场调节，企业间的合作和技术扩散也取得了很好的成果。企业是低碳技术创新的主体，在美国对低碳技术创新的投入中 80%来自企业。在低碳技术创新方面，美国的大学承担了 80%的基础研究工作。非营利性组织包括非营利研究机构和私人基金会。非营利研究机构能满足政府对低碳技术的控制和协调，但其研究成果并不直接投入市场。私人基金会一般资助政府、企业所不愿投资或难以涉及的项目，默默地推动着美国的低碳科技发展（叶子青，钟书华，2002）。美国的节能服务公司（ESCO）是美国低碳技术创新合作机制的一个典型。在美国，联邦政府和各州政府都支持 ESCO 的发展，把这种支持作为促进节能和保护环境的重要政策措施。政府机构与 ESCO 合作进行合同能源管理，达到既不需要增加政府预算，又取得节能效果的目的。美国的 ESCO 有几种类型：①独立的 ESCO，服务范围比较广泛，有学校、医院、商业建筑、公共服务设施、政府机关、居民和工厂企业。这些公司的业务随市场需求的变化而调整，也常常有自己独特的专业优势；②附属于节能设备制造商的 ESCO，这些 ESCO 以自己所生产的设备，组合各种成熟技术，打开节能服务市场；③附属于公用事业公司（电力公司/天然气公司/自来水公司）的节能服务公司，如附属于电力公司的 ESCO 不仅能弥补因节电而引起的电力公司的销售损失，而且可以通过 ESCO 的服务，提高供电质量，改善电力公司在电力供应市场中的竞争地位（佚名，2008）。

日本的科学技术研究机构几经变迁，情况比较复杂。日本政府通常把他们分为三大类：即“公司”“研究机构”和“大学”，这三类研究组织构成了日本低碳技术创新的主体。“公司”是指实施科学技术研究的企业，其中占绝大多数的是中小企业。“研究机构”指以科学技术方面的实验和研究为主要业务的组织，包括国立、公立、民间等研究机构。“大学” 是指进行科学技术方面研究活动的大学。在日本，集中于各大院校的研究力量不可忽视，东京大学、早稻田大学等高校都是技术创新中的骨干（叶子青，钟书华，2002）。

在欧盟，低碳技术创新的科研项目主要由各国企业、高校、研究机构和欧洲联合研究中心共同承担，其企业、大学和研究机构间的技术扩散和人员流动受到了广泛的重视。欧盟制订了一系列计划将低碳技术创新成果扩散到产业部门。各式推广中心、验证和示范项目、中介机构，特别是泛欧中介中心网络保证了绿色技术研究、开发、投入生产到进入市场一路“绿灯”，成就了欧盟绿色产业的旺盛生命力（叶子青，钟书华，2002）。企业在欧盟低碳技术创新中占据主角位置，企业的低碳技术创新投入占欧盟总环保投入的五成以上，并能根据不断更新的政策、法令转变自身研究发展方向，以适应新的潮流。在欧盟低碳技术创新中扮演重要角色的企业可分为三类：一是跨国公司；二是大型垄断企业的环保设备分部；三是专业化企业。高校通常承担国家下达的大项基础研究任务。欧洲曾是两次科学革命和技术革命的发源地，基础科学水平历来较高，高等院校基础研究力量较强。研究机构是政府提供资金的公共研究组织，它与高校共同承担基础研究项目，独立完成信息提供及应用开发项目，有的研究机构在其所在国内还扮演“数据库”的角色。欧洲联合研究中心是一个合作组织，主要从事各成员国有共同需要、规模较大的科研项目（叶子青，钟书华，2003）。

台湾低碳技术创新产学研合作机制的完善，是依靠经济部工业局、财力法人中技社绿色技术发展中心、财团法人台湾绿色生产力基金会、学术研究机构、政府部门附属之研究机构、财团法人研究机构、公民营企业研究部门等政府部门和民间组织的协同配合来实现的。台湾的科技孵化器和创业育成中心系统是低碳技术创新的重要组织和平台。孵化器本身能够提供商业服务，技术服务是以管理和支援为主体的组织。主导单位由政府带动大学、研究机构，并希望看到民间企业和一些投资业。创业育成中心系统是由开发主体进入育成中心成为新创公司，创业育成中心本身的贡献，不管是整体的还是区域性的都对经济发展有所贡献，在技术上有创新，创造一些就业的机会，而创业育成中心有利润，就能够继续成长，从而开发成功的产品。其对进驻厂商提供的支援服务包括：低成本的空间、信誉、管理咨询、会计、法律及其他专业性咨询服务渠道、资金渠道、企业经营、教育训练、影印、接待、文字处理服务、电脑资讯服务等。在能源和环境领域，针对台湾地区产业永续发展以及国际性能源、环境的需要，工研院致力于环境洁净技术以及洁净能源技术的发展，借以协助国内产业突破发展障碍，并以再生能源、节约能源科技的发展，建立国际领先型的能源科技，引领国内厂商参与及投入，带动新兴能源及环保产业的发展。

8.2.3.2 福建低碳技术创新组织保障机制构建

福建应通过建立产学研合作机制，逐步形成以国内外市场需求为导向，企业为主体，政府、高校、科研及中介机构为纽带的新型合作机制，确立产学研低碳技术创新高端化合作的战略定位，大力推动低碳产业技术创新战略联盟和科技创新服务平台建设，实现低碳技术创新各要素的优化组合，提高创新资源的利用效率和技术创新绩效。随着政府对环境污染和资源能源消耗重视程度的不断提升，低碳产品市场竞争节奏的不断加快，企业进行的低碳技术创新面临更多的技术创新要素投入和更大的市场风险，这种发展速度和投入强度逐渐超出了单个企业、高校或科研机构的承受能力。企业虽然是技术创新主体，但其技术创新活动需要获得高校和科研机构的智力支持。福建应具体从激励机制、约束机制和利益分配机制等方面来对这种新型合作机制进行建设。

激励机制是促进产学研合作产生、持续进行并产生技术创新成果的作用机制。政府在低碳技术科研课题或项目审批时，可向产学研合作申报者倾斜，对资源、环境约束下的特殊项目或重大项目要求产学研共同申报，高校和科研机构主要负责低碳科技的基础研究，提供最新的科技和研究成果，企业负责应用技术的研究开发、工艺创新和低碳产品创新，并进行科技成果的试验、产业化推广；政府可设立产学研合作专项资金，对于“三废”减排技术、新能源技术、资源回收利用技术、新材料等低碳技术创新的关键技术、共性技术以及前瞻性技术，政府专项资金可以作为产学研合作机制中资金的重要来源之一，以降低高校、科研机构和企业的风险规避程度；构建专门的低碳技术创新产学研交流合作平台，为低碳企业、高校和科研机构合作三方提供技术需求、技术供给、拟合作项目等技术市场信息。

利益分配机制是调动低碳技术创新各构成部分、积极性和主动性，实现产学研合作成员利益最大化的机制，合理、科学的利益分配机制是产学研合作的根本驱动力。按照结合形式的不同，将低碳技术创新产学研合作模式归纳为四种：技术转让或技术协作为主的契约型、以研发基地为载体的共建型、技术入股或者兴办实体的一体化型、产学研战略联盟（李书辉，向娟，2009）；针对以上四种合作方式，产学研合作的主要付款方式有三类：总额支付、提成支付、混合支付和按股分利（孙俊华，汪霞，2009）。产学研合作三方可根据各自实际情况协商确定合作方式和利益分配方式，并在签订合同时即将各方应该承担的责任、履行的义务和享有的收益以成文的形式予以明确规定，使建立起来的利益分配机制具有法律效力，使各方的利益获得法律保障，促进各方积极地进行低碳技术创新，并将技术创新成果进行试验、产业化推广。

约束机制是实现低碳技术创新产学研合作规范化、合法化发展的机制。政府应加快低碳技术创新合作机制的相关法律法规的建设与完善工作，对合作研究中不同主体之间的权利和义务关系进行规范，对在处理知识产权和利益分配中出现的纠纷作出明确规定，对产学研合作三方的违约行为的惩罚进行规定，为产学研合作研究提供法律保障，保护产学研合作三方的权益。约束机制有利于规范低碳技术产学研合作成员的行为，将低碳技术创新各构成部分的优势资源充分利用在合作项目的研发、产业化推广过程中。

8.2.4 资金保障机制

低碳技术创新是一项高投入的创新活动。低碳技术创新主体要投入更多的资金进行低碳技术的研发，培养低碳技术创新人才等，在低碳技术的应用上也要购置低碳的机械设备，因此，资金在很大程度上影响着低碳技术创新的成功概率大小。但是，正如第 3 章对福建低碳技术创新资金环境的评价内容显示，在当前的市场竞争环境下，企业往往更注重对经营业务相关项目的投资，而在低碳技术的研究和管理等方面不会主动追加投资。此外，福建企业在进行低碳技术创新时，面临因技术创新要素投入超过企业的承受能力而带来的资金不足，难以抵抗市场风险的问题。因此，福建需要建立合理的资金保障机制，通过协调企业自身、政府、金融机构、风险投资公司等各方的利益分配，保证低碳技术创新的资金投入，共同促进低碳技术创新的发展。

8.2.4.1 国内外低碳技术创新资金保障机制

美国低碳技术创新是政府主导型的，除了企业在创新中的积极作用，政府的研究开发开支在全社会研究开发总支出中一直占有很高比例（20 世纪 60 年代最高时达到 65%，过去 10 年一直在 30%左右）。政府对大学、国家实验室从事基础开发的支持以及大企业研究实验室对基础研究的投入保证了美国处于知识创新的前沿；规模巨大的军事采购和全球化的市场，为新产品创造了有效的需求，激励了企业的持续研发投资；而金融支持，催生了新产业的诞生和成长，这使美国的创新体系充满活力。美国政府科研经费投入不论是总量还是其占 GDP 的比重一直都位居世界前列，且呈逐年平稳递增的趋势。美国政府的科研投入占 GDP 的比重，从 1955 年的 1.5%上升到 1986 年的 2.8%，自 1990 年以后科研投入比例一直在 3%以上（刘云中，2007）。2006 年，美国联邦政府研究开发投入达 1 320 亿美元，该年的国情咨文称，未来 10 年内美国联邦将加倍扩增科技计划研究经费，主要投入纳米科技、超级计算机应用、新能源开发等领域的研发（孙辉，2006）。

日本低碳技术创新是企业主导型的，日本低碳技术 R&D 经费主要由民间企业自行负担。从国家、地方公共团体、民间各自负担费用比例来看，国家及地方公共团体负担 30%，民间自筹 70% 。2004 年日本科技型民营企业的研发总费用约 13. 5 兆日元，占全日本研发费用的 79. 7%左右，而政府机构和大学等的研究经费仅占到 20%左右；这些数据表明日本企业承担着较多的 R&D 费用，产业界的 R&D 积极性很高（王承云等，2006）。日本从 20 世纪 60 年代开始，建立一种叫“新技术开发事业团”的投资模式，“事业团”是由政府出资作为基本金，吸收民间资本参加，集技术中介和投资于一身的财团法人，每年定期向大学及科研机构征集信息产业化的成果，介绍给信息开发的企业，由“事业团”提供大部分开发资金（一般为 70%），让企业与成果发明者协作开发，成功后获得的利益，三方按一定比例分享，若开发失败，事业团的投资不收回。因为对成果作严格筛选，成功率高，不仅促成大批科技成果产业化，本身收益也迅速壮大，开始的资本金仅有 3 亿日元，30 年后达到了 125 亿日元。

欧盟低碳技术创新的资金机制同样是以产业界为主。2004 年欧盟在各领域的 R&D 投资比重中，产业界最多，为 54%，政府投资为 35%，世界主要经济体的海外 R&D 投资则达到 9%。欧盟的 R&D 投资结构极为多样化。尽管从总体来看，产业界是 R&D 的主要投资来源，但 2003 年，欧盟有 11 个国家（尤其是新成员国）的 R&D 投资主要来自政府。产业界的 R&D 投资主要为自投自用，2003 年，欧盟国产业界 R&D 投资的 81%为本企业投资。产业界 R&D 支出份额最高的是制造业。各国制造业 R&D 支出占 R&D 支出总额的比例不尽相同，2003 年最低的是冰岛 28%，德国最多，为 91%。与美国、日本和中国注重实验性开发方面的 R&D 支出不同，欧盟 25 国在应用研究领域的 R&D 支出最多。欧盟国家更注重基础研究，许多新成员国在基础研究领域的 R&D 支出甚至超出其本国 R&D 支出总额的 1/3。

台湾技术创新研发经费以企业部门投入占比最高，其次为政府部门。台湾企业投入大量的资金进行绿色科技的研发和技术的进口，政府也逐年增加对低碳技术创新的投入。2000 年，台湾 200 人以上企业投入技术创新活动的经费约为新台币 5.64 亿元，其中制造业创新密度为 4.1%，仅次于瑞典、瑞士、波兰、芬兰、德国等国家，但高于欧盟平均值（台湾“国科会企划处”，2003）。2003 年工业局专案经费款项约 20 亿新台币，其中台湾绿色生产力基金会经费为 3 000 万新台币，约占 1.5%（李育明，2005）。

8.2.4.2 福建低碳技术创新资金保障机制构建

福建应构建以政府为主的资金保障机制，通过资金支持、监督机制的建立，保障低碳技术创新运行机制的良好运转，加快低碳技术创新结果的产业化，从而切实保障低碳技术创新的发展。从第 3 章对福建科技环境的评价中可以看出，福建 R&D 经费内部支出不断增加，从 2000 年的 21.19 亿元增长到 2008 年的 102.13 亿元，增幅达 381.97%，但从整体看，福建 R&D 经费内部支出占 GDP 的比重还太小。近 6 年来，福建 R&D 经费内部支出占 GDP 的比重没有超过 1%，远低于全国平均水平。低碳技术投资的严重不足，致使福建企业低碳技术创新能力不强，运行机制不完善。当前美国、日本、欧盟等国家以及台湾地区都已明确资本市场是技术创新的重要机制保障，并建立稳定的低碳技术创新资金机制，不断加大对企业低碳技术创新资金的投入。

福建要有效推进低碳技术创新的运行，首先应构建低碳技术创新的资金支持体系，加大财政资金对低碳技术创新的投入，并建立监督机制以保证资金的到位并跟踪投入效果；鼓励企业通过制定管理制度、灵活折旧、利润留存、提取公积金等方式建立低碳技术创新引导基金，实行政府科技入股，推动企业低碳技术创新，有效解决企业在创新过程中的资金投入不足问题，提高企业对低碳技术创新和应用的积极性。其次，政府要加快低碳技术项目融资体制的改革，建立低碳技术贷款风险补偿机制，促进低碳产业资本与金融资本的结合，改善银行对低碳企业的融资政策，充分发挥财政性投资导向作用，拓展投融资渠道，利用资本市场筹措资金，引导社会资源向低碳企业流动，进一步提高低碳技术项目的投融资水平。再者，继续发挥创业风险投资对技术创新的“推动器”作用。福建应该在已经制定了创业投资企业税收优惠政策的基础上，设立创业风险投资引导基金，引导社会资金进入创业风险投资领域，用于搭建创业投资企业服务平台，对创投企业的投资实行风险补偿，支持低碳型企业购买保险以分散低碳技术创新风险，进一步鼓励对低碳企业进行风险投资，完善低碳企业创业投资的机制，从制度层面上保证创业风险投资的规范性和有效性。

8.2.5 人才保障机制

人才是知识的主要载体，是创新的决定性因素，只有拥有一套良好的人才引进、评价、培养、留人的人才机制，吸收优秀的科技人才为我所用，才有科技创新的可能。在低碳技术的研究开发和技术应用以及产业化的实现过程中，那些掌握了先进技术与知识的人才资源尤为重要。数量充足、结构合理、富有主动性、创造性和进取精神的高素质创新型科技人才梯队，是低碳企业技术创新的重要保障。各国为了延揽科技人才，制定了一系列的优惠措施和激励机制，为地区科技创新和高科技产业发展集聚了大批的创新人才。

8.2.5.1 国内外低碳技术创新人才保障机制

美国的技术创新步伐一直位于世界前列的重要原因之一是其大力鼓励人才的科技创新。不论是爱迪生发明电灯，还是比尔•盖茨创办微软的神话都体现了美国鼓励创新的人才机制。首先是自由流动、自由择业的人才体制保证了人才的自由流动，一定程度上保障人民自由思想、自由探讨的权利，这体现在低碳技术创新中就是鼓励广大社会主体积极寻求和表达自己的想法，使人才有用武之地。其次，从企业内部看，能做到因人制宜、量才使用，为人才创造良好的科研条件和工作环境并为取得成就的人才提供丰厚的激励。美国的期权制度就是其激励科技人才的一个很好做法。该制度给予科技创新者、技术精英机会，以智力、知识形态的资本作为公司、企业资本加持股权，或拥有认购的期权，实现智力投入，这是完全市场经济产权制度创新的重要改革和创新机制。这不仅极大地激发了人才的创新能力，更为其科技创新能力的大大提高奠定了坚实的人才基础。

日本战后从一片废墟中站起继而实现经济腾飞，被公认制造了世界上最成功的经济增长，其中，科技的进步源于高科技人才的技术创造。长期以来，日本十分重视对高科技、高素质人才的培养，并逐步建立起了良性的人才培养、选择、竞争、交流机制和充满竞争的研究环境。日本企业不论规模，都拥有一支过硬的科研队伍，企业科研人员占日本科研人员总数的 70%。企业都想方设法招揽人才。日本文部科学省《科学技术要览》的统计数据显示，截止到 2005 年 3 月底，日本全国研究人员总数为 790 932 人，其中官方研究机构为 33 894 人，大学为 291 147 人。2001 年日本提出了以教育科技改革、综合人才开发为主体的科学技术人才战略，并出台了 240 万科技人才综合开发计划、研究据点形成计划（COE）和人才培养机构评价推进计划。同时将文部省与科技厅合并为文部科学省推行国立大学和国立科研机构独立行政法人化的教育、科技体制改革。通过建立“科学技术特别研究员”和“基础研究特别研究员”制度，调整研究生院理工科的专业设置等一系列措施。有效促进了国家教育科技管理机构的高效率、协调运转。采取将由同行评议的个人和小型研究小组的科研经费在 2005 年度 33 亿美元的基础上，五年内增加 30%的激励措施，为充分发挥高校和科研机构的自主性，培养具有创造性的基础研究和应用型人才，培育国家科技竞争力奠定了基础（周锐，2006）。

欧洲长期以来把发展教育和吸引人才纳入创新战略的核心部分，为低碳技术创新创造了良好的人才条件，也为创新人才创造了良好的创新环境。2006 年 9 月 13 日，欧盟创新峰会提交的《欧盟全面创新策略》报告中提出了 10 项鼓励创新的措施，其中有 1 项是“建立一个开放、竞争的欧洲人才市场，制定新法规，保证高水平科技人才为欧洲研究创新服务，吸引外国研究人员落户欧洲”。欧盟委员会提出，评判欧洲的科研活动和项目将遵循四个基本原则，即合作、创新、人才和能力（佚名，2008）。2009 年，欧洲从事科学研究的人数仅占总人口的 8.3%，而美国和日本分别为 8.1%和 9.3%，美国有 110 万科学家和研究人员，欧盟仅有 85 万。2009 年，欧盟委员会在第六科研计划中建立了一项吸引人才的机制，主要体现在吸引外国留学生和奖励回欧洲的科学家。欧洲国家为填补科学研究人员空缺，欧盟委员会在 2010 年提出了“蓝卡”计划，即欧盟计划在未来 20 年间从亚、非、拉地区吸纳 2 000 万高级专业技术人才。“蓝卡”作为欧盟颁发的一种工作和居留许可证，有效期为两年，可申请延期。欧盟 27 个成员国可按实际情况决定发放数量和工作领域，持有该卡者将享有很多优惠，比如可以优先获得家庭团聚签证；满两年以后，可选择到欧盟其他国家工作；享受与欧盟成员国公民同等的社会保障和劳动条件等。

台湾地区历来重视对科技创新人才的培养。在 1998 年 12 月 29 日立法院通过的“科学技术基本法”中，针对科技人才之保障的规定有第十四条、第十五条、第十六条、第十七条。第十四条规定政府应改善科技人员的工作条件，并健全科研环境。第十五条规定对科技人员特殊待遇与奖励。第十六条规定对科技人员研究自由的保障。第十七条提供放宽政府科技人才禁用管道、促进产官学界人才交流与延揽国外人才的依据。台湾有关当局还提供了很多优惠条件，如提供旅费和零用金，将海外任职统计入资历，企业管理硕士返回后的月工资比同类人员工资高 1～2 级；在公立大学任职的除薪酬外，还发给研究补助和房屋津贴，协助安排眷属就业等。这一系列的措施吸引了大批岛外的人才回到台湾，有力地促进了台湾科技创新和高科技产业的发展（陈伟雄，2008）。

8.2.5.2 福建低碳技术创新人才保障机制构建

第 3 章对技术创新科技环境评价中，就得出了福建应重视从事研究与开发活动的人才，加大科技活动人员投入力度的结论。福建应深入实施人才强省战略，加强人才培养和引进，吸引海内外优秀人才，重视人才资源的开发与管理工作，完善人才激励机制，促进人才合理有序流动，努力构建低碳技术创新的人才支撑体系。

首先，要促进低碳技术创新人才的自由合理流动。福建应坚持“政策倾斜、重点投入、优化环境、畅通渠道”的工作思路，形成“市场驱动、政府推动、部门联动、企业主动”的人才工作格局，努力建立低碳技术产业人才市场，健全专业化、信息化、产业化的人才市场服务体系，深化户籍、人事档案管理制度改革，加快推进人事制度改革，打破人才流动的区域、行业、身份等限制，按照市场化的管理机制，逐步建立起综合性人才服务机构，促进人才合理有序流动，形成科学合理的激励机制和鼓励创新的环境。

其次，加强低碳技术创新人才培养和引进。一方面应该加强人才培养与培训，开发人才创新潜力。转变教育观念，在传授知识和技能的同时，也树立生态和技术创新意识，为终身学习打下基础；设立节能减排、新能源开发利用、资源循环利用等专业，建立以科技项目为主要载体的创新人才实践、培养机制，支持高级创新人才争取参与国家和福建科技发展计划项目，在实践中加快培养造就一批具有较高水平的低碳技术研发人才；同时，加强与国内外著名高校和科研院所的沟通和合作，建立培训点，以学术交流、技术培训、挂职锻炼等形式，选送骨干科技人才参加培训，提升低碳技术人才的创新能力，引进国外著名资格认证和培训机构，加快培育一支能力强、素质高的研发队伍。另一方面要通过多渠道聘请、引进人才，重点是培养和引进各级学术技术带头人、一线创新人才，具有专利、商标等自主知识产权的海内外高层次的低碳技术人才或团队来闽工作、创业，在科研开发、自主创业方面给予大力支持，鼓励他们进行低碳技术成果转让或技术指导。

再者，要完善低碳技术创新人才的激励机制。第 7 章中协同创新网络的企业内部机制构建中就提出，人才的引进和留住是提高福建企业低碳技术创新能力的重点。因此，重视人才资源的开发与管理工作，努力激发低碳技术创新人才的创新、创造和创业热情，完善人才评价、使用、激励机制，充分发挥其才能并能从中获得成就感、满足感和实现自我价值，努力促进人才、项目、技术、资本高效对接；建立与完善人力资本参与分配的机制，在劳动收入方面体现知识、技术与管理等复杂劳动的价值，让人力资本所有者参与企业的剩余分配，获得相应的资本收入，以激发低碳技术创新人员创新积极性（周玉梅，2007）。在企业内部应该通过健全低碳技术创新人才职业发展规划机制，建立顺畅的沟通方式和信息交流机制，树立“以人为本”的价值观，营造充满信任与亲密感的文化氛围，能有效激励人才，为技术创新人才创造良好的工作环境，提高其技术创新的积极性，从而促进企业与人才的共同发展。

本章小结

本章在前文研究以及对相关研究回顾的基础上，论证低碳技术创新保障机制建立的理论意义与现实意义，通过分析低碳技术创新的发展现状，阐述了建立低碳技术创新保障机制的必要性。

低碳技术创新保障机制主要是通过低碳技术创新体系、政策保障机制、组织保障机制、资金保障机制、人才保障机制等方面对其进行构建，本章借鉴了美国、日本、欧盟、中国台湾等国内外地区低碳技术创新保障机制构建的经验，结合福建低碳技术创新发展的实际情况，得出福建低碳技术创新的保障机制构建政策建议：第一，应该建立坚持企业在低碳技术创新中的主体地位，注重产学研相结合的低碳技术创新体系；第二，应该从法律、财政政策、采购政策、教育政策等方面完善其法律保障机制；第三，逐步形成以国内外市场需求为导向，企业为主体，政府、高校和科研机构为纽带的新型合作机制；第四，完善低碳企业资金投资保障机制；最后，重视低碳技术创新人才的培养与激励机制，促进人才合理有序流动，努力构建低碳技术创新的人才支撑体系。

参考文献

[1] Acs Z J，D B Audmtseh. Innovation and Small Firms[M]. Cambridge，MA：MIT Press. 1990.

[2] Acs Z J，D B Audretsch. Innovation and Tachnological Change：An International Comparison[M]. Oxford：Basil Blaekwell，1991.

[3] Amit Garg，Kainou Kazunari，Tinus Pulles. 2006 年 IPCC 国家温室气体清单指南[R]. 政府间气候变化委员会：17-23.

[4] Andrew Tylecote. Emmanuelle Conesa. Corporate Govemance Innovation Systems and Industrial Performance[J]. Industry and Innovation，1999，6（1）：25-50.

[5] Ang B W，Zhang F Q，Choi K H. Factorizing Changes In Energy and Environmental Indicators Through Decomposition [J]. Energy，1998，23（6）：489-495.

[6] Baysinger Barry D，Kosnik Rita D，Turk Thomas A. Effects of Board and Ownership Structure On Corporate R&D Strategy[J]. Academy of Management Journal，1991，34（1）：205-214.

[7] Beause Jour L，Gordon L，Smart M. A CGE Approach To Modeling Carbon Dioxide Emissions Control in Canada and the United States[J]. World Economies，1995，18（4）：457-488.

[8] Bencivenga，Valerie R，Bruce D Smith. Transaction Costs，Technological Choice and Endogenous Growth[J]. Journal of Economic theory，1995（67）：53-177.

[9] Berkhout F. Technology Regimes，Path Dependency and the Environment[J]. Global Environment Change，2001：1-4.

[10] Bound J，Cumins C，Oriliches Z，et al. Who Does R&D and Who Patents?[A]. R&D，Patent，and Productivity[C]. Chicago：The University of Chicago Press. 1982：21-54.

[11] C Freeman，L Soete. The Economics of Industrial Innovation. London and Washington，1997.

[12] Dasgupta，S，Wheeler，D. Water Pollution Abatement By Chinese Industry：Cost Estimates and Policy Implications[R]. World Bank Publications，1996.

[13] Dav Isw B，Stanstad A H，Koomey J G. Contributions of Weather and Fuelmix to Recent Declines in Us Energy and Carbon Intensity [J]. Energy Economics，2003，25（4）：375-396.

[14] Decanio S. Barriers Within Firms To Energy-efficient Investments[J]. Energy Policy，1993，21（9）：906-914.

[15] Department of Trade and Industry. Our Energy Future Creating a Low Carbon Economy[R]. ENERGY WHITE PAPER，2003.

[16] Drejer I，Jorgensen B H. the Dynamic Creation of Knowledge：Analyzing Public-private Collaborations [J]. Technovation，2005，25（2）：83-94.

[17] Edgerton，David. From Innovation To Use：Ten Eclectic theses On the Historiography of Technology[J]. History and Technology，1999（16）：11-36.

[18] Edwin Mansfield. the R&D Tax Credit and Other Technology Policy Issues[J]. The American Economic Review，1986，76（2）：190-194.

[19] Elkington J. Towards the Sustainable Corporation[J]. California Management Review，1994，36（2）：90-100.

[20] Freeman C. Networks of Innovators：A Synthesis of Research Issues[J]. Research Policy，1991，20：499-514.

[21] Freeman RE. Strategic Management：A Stake Holder Approach[M]. Boston，Pitman. 1984：34-39.

[22] G・多西. 技术进步与经济理论[M]. 北京：经济科学出版社，1992.

[23] Gary Tighe. From Experience：Securing Sponsors and Funding For New Product Development Projects[J]. Journal of Product Innovation Management. 1998（5）：289-297.

[24] Grabowski Henry. The Determinants of Industrial Research and Development：A Study of the Chemical，Dmg，and Petroleum Industries[J]. Journal of Political Economy，1968，76（1）：292-306.

[25] Grimaud. Pollution Permits and Sustainable Growth in a Schumpeterian Model[J]. Journal of Environmental Economics and Management，1999，38（3）：249-266.

[26] Hadjimanolis A. Barriers To Innovation For Mes in a Small Less Developed Country（Cyprus）[J]. Technovation，1999，19（9）：561-570.

[27] Hamberg E. Size of Firms，Oligopoly，and Research：The Evidence[J]，Canadian Journal of Economicsand Political Science，1964，30（1）：62-75.

[28] Harford，J. D. Firm Behavior Under Imperfectly Enforceable Pollution Standards and Taxes [J]. Journal of Environmental Economics and Management，1978（1）：26-43.

[29] Harrison，Kathryn. Is Cooperation the Answer?Canadian Environmental Enforcement in Comparative Context[J]. Journal of Policy Analysis and Management，1995（14）：221-245.

[30] Hasan Iftekhar，Wang，Haizh. The Role of Venture Capital on Innovation，New Business Formation，and Economic Growth[Z]. FMA Annual Meeting，2006.

[31] Hellmann T M Puri. The Interaction Between Product Market and Financing Strategy：The Role of Venture Capital[J]. Review of Financial Studies，2000，13（9）：59-84.

[32] Henriques I，Sadorsky P. The Determinants of an Environmentally Responsive Firm：An Empirical Approach[J]. Journal of Environmental Economics and Management，1996，30（3）：381-395.

[33] Hicks. A theory of Economic History[M]Oxford：Clarendon Press，1996.

[34] Hoffman A J. Linking Organizational and Field-Level Analyses—The Diffusion of Corporate Environmental Practice[J]. Organization and Environment，2001，14（2）：133-156.

[35] Hosono Kaoru，Tomiyama Masayo，Miyagawa Tsutomu. Corporate Governance and Research and Development：Evidence From Japan[J]. Economic Innovation New Technology，2004，13（2）：41-164.

[36] IPCC. Climate Change 2007：Migitation. Contribution of Working GroupIII. To the Fourth Assessment Report of the Inter Governmental Panel on Climate Change［M］. Cambridge University Press，New York，2007.

[37] IPCC. In：Metz B，Davidson O，Swart R，Pan J（Eds.），Climate Change 2001：Mitigation：Contribution of Working Group III To the Third Assessment Report of the Intergovernmental Panel on Climate Change[M]. Cambridge University Press，Cambridge，UK，2001.

[38] Isabel Cantista，andrew Tylecote. Innovation Corporate Governance and Supplier-Customer Relationships，A Study From the Specialty Chemicals and Electrical Equipment Industries[Z]. Sheffield University Management School. Discussion Paper，2003.

[39] J. Pradhan. Liberalisation，Firm Size and R&D Performance：A Firm Level Study of Indian Pharmaceutical Industry[Z]. Discussion Paper#40，2003，RIS，New Delhi.

[40] Jacob Schmookler. Economic Sources of Inventive Activity[J]. The Journal of Economic History，1962，22（1）：1-20.

[41] Jolly V. Commercializing New Technologies： Getting From Mind To Market[M]. Boston：Harvard Business School Press，1997：54-60.

[42] Joon-Woo Nahm. Nonparametric Quantile Regression Analysis of R&D Scales Relationship for Kereaom Firms[J]. Economics，2001（26）：259-270.

[43] Kaya Yoichi. Impact of Carbon Dioxide Emission on GNP Growth： Interpretation of Proposed Scenarios[R]. Presentation To the Energy and Industry Subgroup，Response Strategies Working Group，IPCC，Paris，1989.

[44] Koaum S，Lcmcr J. Assessing the Contribution of Venture Capital To Innovation[J]. Rand Journal of Economics，2000（31）：674-692.

[45] Kortum S，J Lerner. Assessing the Contribution of Venture Capital to Innovation[J]. Journal of Economics，2000，31（4）：674-692.

[46] Kumar Nagash，Mohammed Saqib. Firm Size，Opportunities for Adaptation and in Houser&D Aetivity in Developing Countries：The Case ofindian Manufacturing[J]. Research Policy，1996，25（5）：12-22.

[47] L. Bovenberg，Sjak Smulders. Environmental Quality and Pollution-augmenting Technological Change in a Two-sector Endogenous Growth Model[J]. Journal of Public Economics，1995，57（3）：369-391.

[48] Lail S. Determinants of R&D In An LDC：The Indian Engineering Industry[J]. Economic Letters，1983，37（3）： 379-383.

[49] Laplante B，Rilstone P. Environmental Inspections and Emissions of the Pulp and Paper Industry in Quebec[J]. Journal of Environmental Economics and Management，1996（31）：19-36.

[50] Liddle B T. Privatization Decision and Civil Engineering Project[J]. Joumal of Management in Engineering，1997（36）：73-78.

[51] Lundvall B. National Systems of Innovation：Towards a Theory of Innovation and Interactive Learning[M]. London：Pinter Publishers，1992：121-132.

[52] M I Hoffer. Advanced Technology Paths to Global Climate Stability： Energy for a Greenhouse Planet J. Science，2002，298（5595）：981-987.

[53] Magat W A，Viscusi W K. Effectiveness of the EPA's Regulatory Enforcement：The Case of Industrial Effluent Standards[J]. Journal of Law and Economics，1990，33（2）：331-360.

[54] Malik A. Markets for Pollution When Firms are Noncompliant[J]. Journal of Environmental Economics and Management，1990（2）：97-106.

[55] Masahiko Aoki. Innovation in the Governance of Product-System of Innovation：The Silicon Valley Model[M]，California：Stanford University Press，2000.

[56] Mueller D C. The Firm Decision Process：An Econometric Investigation[J]. Journal of Political Economy，1967，81（1）：58-87.

[57] Nadeau L W. EPA Effectiveness at Reducing the Duration of Plant-Level Noncompliance [J]. Journal of Environmental Economics and Management，1997（1）：54-78.

[58] Nicholas Stern. Stern Review on the Economics of Climate Change[M]. Cambridge University Press，Cambridge，UK，2006.

[59] Nicholas Valery. 工业创新[M]. 北京：清华大学出版社，1999：13-20.

[60] Nugent. Small and Medium Enterprises in Korea：Achievements，Constraints and Policy Issues[J]. Small Business conomics，2002（18）：85-119.

[61] OECD. Indieators To Measure Decoupling of Environmental Pressure from Economic Growth[R]. Summary Report，OECDSG/SD，2002.

[62] Oerlemans LAG，Meeus MTH，Boekem A FWM. Do Networks Matter For Innovation? The Usefulness of the Economic Network Approach In Analyzing Innovation[J]. Journal of

Economic and Social Geography，1998，89（3）：298-309.

[63] P. F. 德鲁克．创新与企业家精神[M]．上海：企业管理出版社，1989.

[64] Paul A Herbig，Frederick A．Innovationjapanese Style[J]．Industrial Management & Data Systems，1996，96（5）：11-20.

[65] Pekkarinen S，Harmaakorpi V．Building Regional Innovation Networks：The Definition of an Age Business Core Process in a Regional Innovation System [J]． Regional Studies，2006，40（4）：401-413.

[66] Peneder M．The Impact of Venture Capital on Innovation Behavior and Firm Growth[J]．Venture Capital：An International Journal of Entrepreneurial Fiance，2007，12（2）：83-107.

[67] Philip G Berger．Explicit and Implicit Effects of the R&D Tax Credit[J]．Journal of Accounting Research，1993，31（2）：131-171.

[68] R．库姆斯．经济学与技术进步[M]．北京：商务印书馆，1989.

[69] Rob Hart．Growth，Environment and Innovation—A Model With Production Vintages and Environmentally Oriented Research[J]. Journal of Environmental Economics and Management，2004，48（3）：1078-1098.

[70] Romain，Astrid，Bruno Van Pottelsberghedela Potterie．The Economic Impact of Venture Capital[J]．Working Paper WP-CEB：#04/014，Universite Libre de Bruxelles，2004.

[71] Scherer F．Size of Firm，Oligopoly，and Research：A Comment[J]．The Canadian Journal of Economics and Political Science，1965，31（2）：256-266.

[72] Shakeb Afsah，Benoit Laplante，David Wheeler．Controlling Industrial Pollution：A New Paradigm[R]．The World Bank Policy Research Department，1996.

[73] Shaker A，Zahra，et al．Entrepreneurship in Medium-Size Companies：Exploring the Effects of Ownership and Governance System[J]．Journal of Management，2000（26）：9-47.

[74] Siddharthan N S．In-House R&D，Imported Technology，and Firm Size：Lessons from Indian Experience[J]．The Developing Economies，1988（3）：212-221.

[75] SL Stafford．Can Consumers Enforce Environmental Regulations? The Role of the Market in Hazardous Waste Compliance[J]．Journal of Regulatory Economics，2007，31（1）：83-107.

[76] Song M．The Effect of Perceived Technological Uncertainty on Japanese New Product Development[J]．Academy of Management Journal．2001，44（1）：61-80.

[77] Steve Pacala，Robert Socolow． Stabilization Wedges： Solving the Climate Problem Forthe next 50 Years with Current Technologies［J］． Science，2004，305：968－972.

[78] Subrahmanian K K．Determinants of Corporative R&D[J]．Economic and Political Weekly,

1971，12（1）：169-171.

[79] Subrahmanian K K. Market Structure and R&D Activity：A Case Study of Chemical Industry[J]，Economic and Political Weekly，1971，8（1）：117-120.

[80] Tykvova T. Venture Capital in Germany and Its Impact on Innovation[Z]. Social Science Research Network Working Paper，2000：23-29.

[81] Umar Nagash，Mohammed Saqib. Firm Size，Opportunities for Adaptation and in House R&D Aetivity in Developing Countries: The Case ofindian Manufacturing[J]. Research Policy，1996，25（5）：12-22.

[82] Wackernagel M，Onistol，Bellop，et al. Ecological Footprints of Nations. In：Commissioned by the Earth Council for the Rio+5 Forum . International Council for Local Environmental Initiatives，Toronto，1997：4-12.

[83] Wackernagel M Onistol，Bellop，et al. National Natural Capital Accounting with the Ecological Footprint Concept. Ecological Economics，1999，29：375-390.

[84] Wackernagel M，Rees W E. Our Ecological Footprint：Reducing Human Impact on the Eaah[M]. Gabriola Island：New Society Publishers，1996. Fan Ying ，Liu Lan-Cui，Wu Gang，et al. Changes in Carbon Intensity in China ：Empirical Findings from 1980—2003[J]. Ecological Economics，2007（62）：683-691.

[85] Worley J S. Industrial Research and the New Competition[J]. Journal of Political Economy，1961（69）：183-186.

[86] WU L，KANEKO S，MATSUOKA S. Driving Forces behind the Stagnancy of China's Energy-Related CO_2 Emissions From 1996 To 1999：the Relative Importance of Structural Change，Intensity Change and Scale Change [J]. Energy Policy，2005，33（3）：319-335.

[87] 安德鲁·坎贝尔，凯瑟琳·萨姆斯·卢克斯. 战略协同[M]. 北京：机械工业出版社，2000：36-38.

[88] 安洪，栗良进. 山西发展低碳经济的战略选择[J]. 理论探索，2010（3）：98-102.

[89] 安沃·沙赫. 创新投资与创新的财政激励[M]. 北京：经济科学出版社，2000.

[90] 百度百科. 低碳[EB/OL]. http：//baike. baidu. com/view/1551966. htm，2010-05-20/2010-11-29.

[91] 蔡虹，许晓雯. 我国技术知识存量的构成与国际比较研究[J]. 研究与发展管理，2005，17（4）：15-20.

[92] 蔡文娟，陈莉平. 社会资本视角下产学研协同创新网络的联结机制及效应[J]. 科技管理研究，2007（1）：172-175.

[93] 曹辉. 城市旅游生态足迹测评——以福建省福州市为例[J]. 资源科学，2007，29(6)：98-104.

[94] 曹景山．自愿协议式环境管理模式研究[D]．大连：大连理工大学，2007.

[95] 陈浩．企业环境管理的理论与实证研究[D]．南京：暨南大学，2006.

[96] 陈宏辉，贾生华．企业利益相关者三维分类的实证分析[J]．经济研究，2008（4）：80-90.

[97] 陈军．世界各国政策绿色采购的发展现状[J]．中国物流与采购，2004（11）：42-47.

[98] 陈伟雄，台湾科技创新机制分析及其对福建省科技创新发展的启示[J]．科海交流，2008（11）：87-89.

[99] 陈文韬．区域创新环境的地区差异及其对创新绩效的影响[D]．长沙：湖南大学，2008.

[100] 陈余珍，聂华．福建省生态足迹与生态承载力的动态分析[J]．科技信息，2010（9）：171-172.

[101] 程昆，刘仁和，刘英．风险投资对我国技术创新的作用研究[J]．经济问题探索，2006（10）：17-22.

[102] 程源，雷家骕，杨湘玉．技术创新：战略与管理[M]．北京：高等教育出版社，2005：21.

[103] 池仁勇．区域中小企业创新网络的结点联结及其效率评价研究[J]．管理世界，2007（1）：105-121.

[104] 单宝．解读低碳经济[J]．内蒙古社会科学，2009（6）：75-78.

[105] 邓线平．低碳技术及其创新研究[J]．自然辩证法研究，2010（6）：43-47.

[106] 丁丁，周冏．我国低碳经济发展模式的实现途径和政策建议[J]．环境保护和循环经济，2008（3）：4-5.

[107] 董炳艳，绿色技术创新研究[D]．北京：中国农业大学，2005：35.

[108] 杜明军．构建低碳经济发展耦合机制体系的战略思考[J]．中州学刊，2009（6）：54-60.

[109] 无．对美国国家创新体系演进的几点认识——突出特征、决策过程和创新战略动态[J]．调查研究报告，2007（129）：1-28.

[110] 冯・贝塔兰菲．一般系统论[M]．北京：科学文献出版社，1987：14-16.

[111] 弗朗西斯•福山．信任：社会美德与创造经济繁荣[M]．海口：海南出版社，2001.

[112] 福建发改委 闽政[2006]50 号．福建“十一五”能源发展专项规划[EB/OL]．http：//www.fuzhou.gov.cn/zfb/xxgk/ghjh/ghwj/200810/t20081017_40068．htm，2008-10-17/ 2010-04-24.

[113] 福建发改委 闽政[2006]52 号．福建“十一五”电力发展专项规划[EB/OL]．http：//www．chinapower．com．cn/article/1085/art1085360．asp，2007-07-09/2010-04-24.

[114] 福建发展改革委．福建打造“6•18”平台促进创新科技成果产业化[EB/OL]．http：//www．sdpc．gov．cn/dffgwdt/t20090223_262512．htm，2009-02-23/2010-05-12.

[115] 福建日报．福建海洋环境整治见成效清洁海域面积升至 53%[EB/OL]．http：//www．xinhuanet．com/chinanews/2009-07/11/content_17066578．htm，2009-07-11/2010-10-24.

[116] 福建省发展新型建筑材料领导小组办公室. 第二届海峡绿色建筑与建筑节能博览会在福州成功举办[EB/OL]. http：//www. fjxxjc. com/web/news_1. asp?vid=201&catalogid=52，2008-06-02/2010-09-24.

[117] 福建省环境保护产业协会．“2009 首届海峡西岸（福州）节能环保与绿色人居博览会”暨国际保护臭氧层宣传活动在福州国际会议展览中心开幕[EB/OL]．http：//www．fjepi．com/work．asp?vid=3110，2009-11-27/2010-10-24.

[118] 福建省经济贸易委员会．福建省节能环保产业振兴实施方案[EB/OL]．http：//www．fjetc．gov．cn/NewsInfoShow．aspx?newsID=16412，2010-02-01/2010-10-24.

[119] 福建省经济贸易委员会．上半年家电行业经济运行与产业安全分析[EB/OL]．http：//www．fjetc．gov．cn/NewsInfoShow．aspx?newsid=20600&columnID=30，2010-09-13/2010-10-24.

[120] 福建省科学技术厅．2008 年福建科技发展报告[M]．福州：海潮摄影艺术出版社，2009：82.

[121] 福建省科学技术厅．福建科技年鉴 2009[M]．福州：福建科学技术出版社，2009.

[122] 福建省企业信息化工作联席会议办公室．2008—2010 年福建省企业信息化行动方案[EB/OL]．http：//www．fjit．gov．cn/catalog/1167/11896．html，2008-12-26/2010-10-24.

[123] 福建省统计局．2008 年福建统计年鉴．北京：中国统计出版社，2008.

[124] 福建省统计局．2009 年福建统计年鉴．北京：中国统计出版社，2009.

[125] 福建省统计局．2010 年福建统计年鉴．北京：中国统计出版社，2010.

[126] 福建统计局．福建分地区、分性别外来人口户口登记地状况[EB/OL]．http：//www.stats-fj.gov.cn/pczl/rkpc/rkpcsjhtm，2003-02-23/2010-05-12.

[127] 福建统计局. 福建高新技术产业发展状况研究[EB/OL]. http：//www. stats-fj. gov. cn/fxwz/tjfx/0200908030027．htm，2009-07-21/2010-01-15.

[128] 福建政府发展研究中心课题组．福建科技政策法规体系建设研究[EB/OL]．http：//www.china-science.org/bbs/ShowPost.asp?ThreadID=183，2010-05-26/2010-10-24.

[129] 付允，马永欢，刘怡君等．低碳经济的发展模式研究[J]．中国人口·资源与环境，2008，18（3）：14-19.

[130] 付允. 低碳经济的发展模式研究[J]. 中国人口·资源与环境，2008（3）：14-19.

[131] 傅家骥．技术创新学[M]．北京：清华大学出版社，1998：54.

[132] 古利平，张宗益，康继军．专利与 R&D 资源：中国创新的投入产出分析[J]．管理工程学报．2006，20（1）：147-151.

[133] 郭宏．基于协同创新的高技术企业绩效管理研究[D]．天津：天津大学，2008：31-32.

[134] 国家统计局编．2008 年国家统计年鉴．北京：中国统计出版社，2008.

[135] 海峡都市报. 福建首个核电厂将建落户福清[EB/OL]. http: //news. fjii. com/2006/08/30/418485. htm，2006-08-30/2010-04-24.

[136] 韩廷春，龙源. 投融资机制与技术创新：基于中国省级区域的实证研究[J]. 科研管理，2007，28（4）：105-114，140.

[137] 何德文，陈浩波. 绿色技术是实现可持续发展目标的源动力[J]. 新疆环境保护，1999，21（2）：1-5.

[138] 何建坤. 发展低碳经济，关键在于低碳技术创新[J]. 绿叶，2009（7）：46-50.

[139] 何培忠. 日本环境教育的发展[J]. 国外社会科学，2005（6）：110-111.

[140] 胡鞍钢. “绿猫”模式的新内涵——低碳经济［J］. 世界环境，2008（2）：27-29.

[141] 黄栋. 低碳技术创新与政策支持[J]. 中国科技论坛，2010（2）：37-40.

[142] 姬振海. 低碳经济与清洁发展机制[J]. 中国环境管理干部学院学报，2008，18（2）：1-4.

[143] 焦玥. 基于主成分分析的企业物流绩效综合评价方法研究[D]. 山东青岛：青岛大学，2006.

[144] 解学梅. 中小企业协同创新网络与创新绩效的实证研究[J]. 管理科学学报，2010，13（8）：51-64.

[145] 靳俊喜等. 低碳经济理论与实践研究综述[J]. 西部论坛，2010（4）：97-104.

[146] 赖流滨，张汉文. 湖南省低碳技术创新对策研究[J]. 大功率变流技术，2010（5）：1-5.

[147] 李长真，贾钢涛. 构建农业科技推广长效机制的思路和对策[J]. 科技管理研究，2009（1）：54-55.

[148] 李翠锦，李万明，王太祥. 中国企业低碳技术创新的新制度经济学分析[J]. 现代管理科学，2004（11）：25-26.

[149] 李凯，王秋菲，许波. 美国、欧盟、中国绿色电力产业政策比较分析[J]. 中国软科学，2006（2）：54-60.

[150] 李婷，董慧芹. 科技创新环境评价指标体系的探讨[J]. 中国科技论坛. 2005（4）：30-36.

[151] 李育明. 现况及未来展望[EB/OL]. http：//185140. ntpu. edu. tw/class/cp_ie04/%A4u%B7~%A5%CD%BAA%BE%C7%B4%C1%A5%BD%B3%F8%A7i（%BA%F1%A6%E2% A5%CD%B2%A3%A4O）. pdf，2005-09-18/2008-08-12.

[152] 李忠民，韩翠翠，姚宇. 产业低碳化弹性脱钩因素影响力分析——以山西省建筑业为例[J]. 经济与管理，2010（9）：41-45.

[153] 理查德·R. 纳尔逊. 美国支持技术进步的制度[M]. G. 多西. 技术进步与经济理论. 北京：经济科学出版社，1992.

[154] 梁中. 低碳产业创新系统的构建及运行机制分析[J]. 经济问题探索，2010（7）：141-146.

[155] 林留芳，接民，张金禄. 耗散结构理论视角下技术创新动力机制的研究[J]. 商场现代化，2007（01X）：87-88.

[156] 刘传江，冯碧梅．低碳经济对武汉城市圈建设“两型社会”的启示[J]．中国人口·资源与环境，2009（5）：16-21．

[157] 刘凤幸，沈能．金融发展与技术进步的 Geweke 因果分解检验及协整分析[J]．管理评论，2007，19（5）：3-8，20．

[158] 刘劲杨．知识创新、技术创新与制度创新概念的再界定[J]．科学学与科学技术管理，2002（5）：5-8．

[159] 刘兴倍．管理学原理[M]．北京：清华大学出版社，2004：317-318．

[160] 刘燕娜，洪燕真，余建辉．福建省碳排放的因素分解实证研究[J]．技术经济，2010（8）：58-62．

[161] 刘云中．对美国国家创新体系演进的几点认识——突出特征、决策过程和创新战略动态[J]．调查研究报告，2007（129）：1-28．

[162] 柳卸林．技术创新经济学[M]．北京：中国经济出版社，1993：1-2．

[163] 鲁志国．广义资本投入与技术创新能力的相关关系研究[D]．杭州：浙江大学，2005．

[164] 陆小成，刘立．基于科学发展观的区域低碳创新系统架构分析与实现机制[J]．中国科技论坛，2009（6）：32-37．

[165] 陆小成．区域低碳创新系统的构建——基于技术预见的视角[J]．科学技术与辩证法，2008（6）：97-103．

[166] 马克思．资本论 第一卷[M]．北京：人民出版社，1975：203．

[167] 马晓微．我国经济发展与能源消费关系实证研究[J]．中国能源，2007，29（5）：30-34．

[168] 毛加强，崔敏．创新网络下的产业集群技术创新实证分析[J]．科技与经济，2010，24（3）：19-23．

[169] 纳尔逊，温特．经济变迁的演进理论[M]．北京：商务印书馆，1997．

[170] 聂莉．论可持续发展中绿色文化因素的制度安排[J]．学术研究，2006（2）：56-60．

[171] 牛玲飞．城市环境对国家高新区技术创新能力影响分析[J]．科技和产业，2008，8（7）：9-14．

[172] 欧阳建平，曹志平．技术创新定义综述及定义方法[J]．中南工业大学学报（社会科学版），2001，7（4）：349-351．

[173] 潘开灵，白列湖．管理协同机制研究[J]．系统科学学报，2006（1）：45-48．

[174] 秦颖．企业环境管理的驱动力研究[D]．大连：大连理工大学，2006．

[175] 邱寿丰．2008 年福建省生态足迹和生态承载力[J]．发展研究，2009（12）：80-83．

[176] 裘苏．浙江省低碳经济发展模式探讨——日本和台湾经验借鉴[J]．开放导刊，2006（6）：28-34．

[177] 任奔，凌芳．国际低碳经济发展经验与启示[J]．上海节能，2009（4）：10-14．

[178] 沙林，刘昕．欧盟掀起绿色革命新浪潮——欧盟耗能产品新指令评析[J]．中国标准化，2005（12）：73-74.

[179] 宋毅，孙玉．美国技术创新法及对我们的启迪[J]．中国科技论坛，1998（2）：50-52.

[180] 苏文土．一个“6·18”校企合作的成功案例——华大机电·华隆机械创新设计中心[EB/OL]．http：//www．globrand．com/2009/204493．shtml，2009-03-25/2010-10-24.

[181] 孙辉．美国创新型国家的基本特征和主要优势[J]．全球科技经济望，2006（8）：15-24.

[182] 孙南申．论技术创新的法律保障[J]．上海财经大学学报，2007，9（4）：17-23.

[183] 孙贤迅．经济信息：福建强力治理企业环境违法行为[EB/OL]．http：//news.sohu.com/20071101/n252986152．shtml，2007-11-01/2010-10-24.

[184] 台湾国科会企划处．“台湾地区技术创新调查报告”第三产业24次行政院科技顾问会议筹备会议报告[R]．台北：台湾国科会企划处，2003.

[185] 郃言．加强两岸环保产业合作，共促两岸绿色经济发展[J]．台声，2008（6）：41-42.

[186] 唐敏．外国政府绿色采购制度及其对我国的启示[J]．商场现代化，2008（26）：9-10.

[187] 陶良虎．低碳经济：湖北经济发展超越的新路径[J]．湖北行政学院学报，2010（1）：24-30.

[188] 万后芬．绿色营销[M]．北京：高等教育出版社，2001：144-154.

[189] 万君康，蔡希贤．技术经济学[M]．长沙：华中理工大学出版社，1996：19-20.

[190] 万秋山．全球政策绿色采购政策发展现状和我国的对策[J]．环境科学动态，2005（3）：23-25.

[191] 汪应洛．系统工程理论方法与应用．北京：高等教育出版社，2002：33-57.

[192] 王承云，杜德斌，李岩．日本建设创新型国家的政策与路径[J]．科学学研究，2006（8）：125-127.

[193] 王海芹，邹骥．关于技术转让与发展中国家温室气体控排的研究［J］．环境保护．2009（1）：12-40.

[194] 王善礼．区域创新环境对区域技术创新效率影响的实证研究[D]．重庆：重庆大学，2008.

[195] 王文军．低碳经济发展的技术经济范式与路径思考[J]．云南社会科学，2009（4）：114-117.

[196] 王晓慧，金起文．低碳经济视域下绿色企业文化的构建[J]．中国商贸，2010（20）：86-88.

[197] 王雪苓．当代技术创新的经济分析：基于信息及其技术视角的宏观分析[M]．成都：西南财经大学出版社，2005：31-40.

[198] 魏江．完善企业技术创新动力机制的对策研究[J]．科学管理研究，1998，16（6）：1-3.

[199] 温肇东，陈明辉．创新价值链：政府创新政策的新思维——以台湾创新政策为例[J]．管理评论，2007，19（8）：3-9.

[200] 翁媛媛，高汝熹．科技创新环境的评价指标体系研究——基于上海市创新环境的成分分析[J]．中国科技论坛，2009（2）：31-35.

[201] 吴贵生．技术创新管理[M]．北京：清华大学出版社，2000：15.

[202] 吴昊．倡导绿色采购 政府做什么[EB/OL]．http：//www．caigou2003．com/ gpnews/ lvse/200507/20050725105719_47920．html，2005-07-25/2008-08-02．

[203] 吴晓波，赵广华．论低碳产业集群的动力机制——基于省级面板数据的实证分析[J]．2010（8）：15-20．

[204] 吴肇光．福建发展低碳经济的现实选择[J]．福建论坛·社科教育版，2009 专刊：220-225．

[205] 谢芳．企业集团内部协同创新机理研究[D]．浙江：浙江大学，2006：29．

[206] 谢和平．发展低碳经济 推进绿色经济[J]．院士论坛，2010（9）：5-11．

[207] 新华社．《中共中央国务院关于实施科技规划纲要增强自主创新能力的决定》[J]．中国制造业信息化，2006（4）：6-8．

[208] 新浪河南．资源节约和环境保护 提升我国石材产业[EB/OL]．http：//henan．sina．com．cn/ city/2010-05-20/2804．html，2010-5-20/2010-10-24．

[209] 刑世和．福建耕地资源[M]．厦门：厦门大学出版社，2003：2．

[210] 邢继俊．发展低碳经济的公共政策研究[D]．湖北：华中科技大学，2009：92-105．

[211] 徐国泉，刘则渊，姜照华．中国碳排放的因素分解模型及实证分析：1995—2004[J]．中国人口·资源与环境，2006，16（6）：158-161．

[212] 徐中民，陈东景，张志强等．中国 1999 年的生态足迹分析[J]．土壤学报，2002，39（3）：441-445．

[213] 徐中民，张志强，程国栋等．生态经济学理论方法与应用[M]．郑州：黄河水水利出版社，2003：65．

[214] 徐中民，张志强，程国栋等．中国 1999 年生态足迹计算与发展能力分析[J]．应用生态学报，2003，14（2）：280-285．

[215] 许庆瑞．研究、发展与技术创新[M]．北京：高等教育出版社，2000：43．

[216] 严正等．福建省“十二五”规划总体思路．福建社会科学院．

[217] 阎莉．日本技术创新政策制定的理论依据及其政策手段选择[J]．日本研究，2000（4）：24-30．

[218] 杨东宁，周长辉．企业自愿采用标准化环境管理体系的驱动力：理论框架及实证分析[J]．管理世界，2005（2）：85-95．

[219] 杨开忠，杨咏，陈洁．生态足迹分析理论与方法[J]．地球科学进展，2000，15（6）：630-636．

[220] 杨志，张洪国．气候变化与低碳经济、绿色经济、循环经济之辨析[J]．广东社会科学，2009（6）：34-42．

[221] 姚小涛，张田，席酉民．强关系与弱关系：企业成长的社会关系依赖研究[J]．管理科学学报，2008，11（1）：143-152．

[222] 叶耀明，王胜．金融中介对技术创新促进作用的实证分析——基于长三角城市群的面板数据研究[J]．商业研究，2007（8）：106-111．

[223] 叶子青，钟书华．美、日、欧盟绿色技术创新比较研究[J]．科技进步与对策，2002，19（7）：150-152．

[224] 叶子青，钟书华．美国绿色技术创新现状及趋势[J]．科技管理研究，2002（2）：56-58．

[225] 叶子青，钟书华．欧盟的绿色技术创新[J]．中国人口·资源与环境，2003（6）：113-116．

[226] 叶子青，钟书华．日本绿色技术创新现状及发展趋势[J]．科技与管理，2002（4）：116-119．

[227] 亦东．浅析美国成为环保大国中的政府行为[J]．环境保护，2003（10）：57-59．

[228] 高露，林蔚然．在竞争中求生存 创新中求发展——2006 年欧盟的竞争与创新政策回顾[J]．全球科技经济望，2007（5）：34-35．

[229] 陈文婕，曾德明．低碳技术创新面临“锁定效应”关键在技术创新[N]．光明日报，2010-03-30．

[230] 佚名．国外节能服务公司发展概况[J]．有色冶金节能，2006，23（4）：52-54．

[231] 易成栋．区域创新环境研究[D]．武汉：华中师范大学，2001．

[232] 俞俏萍．海峡西岸的低碳经济之路[J]．长沙大学学报，2010（4）：13-17．

[233] 约瑟夫·熊彼特．经济发展理论[M]．北京：商务印书馆，2000：73-74．

[234] 曾健，张一方．社会协同学[M]，北京：科学出版社，2000：18-23．

[235] 张波．中小企业协同创新模式研究[J]．科技管理研究，2010（2）：5-7．

[236] 张坤民，潘家华，崔大鹏．低碳经济论[M]．北京：中国环境科学出版社，2008：431-432．

[237] 张坤民．低碳世界中的中国：地位、挑战与战略[J]．中国人口·资源与环境，2008，18（3）：1-7．

[238] 张玲，赵丽雨．基于知识存量的政府公共 R&D 投入溢出效应实证研究[J]．图书情报工作，2010（8）：81-84．

[239] 张瑛．政策绿色采购的国际经验与借鉴[J]．地方财政研究，2006（2）：53-55．

[240] 张媛媛，张宗益．创新环境、创新能力与创新绩效的系统性研究——基于面板数据的经验分析[J]．科技管理研究，2009（12）：91-94．

[241] 张宗益，张莹．创新环境与区域技术创新效率的实证研究[J]．软科学，2008，22（12）：123-127．

[242] 赵昌平，王方华，葛卫华．战略联盟形成的协同机制研究[J]．上海交通大学学报，2004，3：417-421．

[243] 赵付民，邹珊刚．区域创新环境及对区域创新绩效的影响分析[J]．统计与决策．2005（4）：17-18．

[244] 赵立娥．湖南省碳排放现状及低碳经济发展战略研究[J]．物流工程与管理，2010（9）：13-17．

[245] 赵雪珂．日本发展低碳经济对我国的启示[J]．环渤海经济望，2010（5）：23-25．

[246] 赵玉林．创新经济学[M]．北京：中国经济出版社，2006：16-18．

[247] 中国环境与发展国际合作委员会．低碳经济和中国能源与环境政策研讨会会议概要[Z]．内

部材料，2007（5）：35-38.

[248] 王东波，廖志华. 福建省发展改革委主办618低碳产业馆[N]. 中国经济导报，2010-06-17.

[249] 中国石材网. 2010年石材行业发展走向[EB/OL]. http：//www. princestone. net/index. php?_m=mod_article&_a=article_content&_r=_page&article_id=72，2010-08-06.

[250] 中国政府采购网. 2008年全国政府采购规模达5 990.9亿元[EB/OL]. http：//www.ccgp.gov.cn/tjzl/961347. shtml，2009-08-06/2010-04-28.

[251] 中华环保联合会. 绿色消费意识调查报告出炉，绿色消费认识全面者不足三分之一[EB/OL]. http：//www. chinadevelopmentbrief. org. cn/newsview. php?id=534，2009-05-08/2010-08-29.

[252] 周锐. 日本科技创新政策体系的探析[J]. 学术，2006（12）：80-81.

[253] 朱四海. 低碳经济发展模式与中国的选择[J]. 发展研究，2009（5）：10-14.

[254] 庄贵阳. "十一五"期间能源强度下降20%目标约束下我国的能源需求及政策措施[J]. 经济研究参考，2006（77）：5-15.

[255] 庄贵阳. 中国经济低碳发展的途径与潜力分析[J]. 太平洋学报，2005（11）：79-87.

[256] 庄卫民，龚仰军. 产业技术创新[M]. 上海：中国东方出版社，2005：1-3.

[257] 邹和福. 企业科技创新机制建设的对策研究[J]. 当代经济，2007（4）：36-37.